U0207339

山地森林城市

曾卫 著

科学出版社

北京

内 容 简 介

　　城市是自然环境与人类社会结合的产物，在双重影响下形成不同的城市形态。本书由 2010 年中国上海世博会重庆馆主题陈述方案"山地森林城市·重庆"为引导，以山地城市和森林城市研究为基础，用城市建设实践项目为支撑，从生态环境足迹、城市足迹和人居足迹出发，探索山地特殊地质地理环境与社会文化环境相耦合的城市形态——山地森林城市。

　　这是一本大众城市文化普及与科学技术专业相结合的阅读书籍，可供城乡规划学、建筑学和风景园林学等相关学科领域的研究人员阅读，也可用于资源环境、城乡规划管理、风景园林管理等部门参考，以及对城市问题和城市研究感兴趣的广大读者阅读。

图书在版编目（CIP）数据

山地森林城市 / 曾卫著. —北京：科学出版社，2020.10

ISBN 978-7-03-063763-5

Ⅰ．①山…　Ⅱ．①曾…　Ⅲ．①山地－城市林－建设－研究－中国

Ⅳ．①S731.2

中国版本图书馆 CIP 数据核字（2019）第 281090 号

责任编辑：华宗琪　朱小刚 / 责任校对：孙婷婷
责任印制：罗　科 / 封面设计：凌　琳

科　学　出　版　社 出版

北京东黄城根北街 16 号
邮政编码：100717
http://www.sciencep.com

四川煤田地质制图印刷厂 印刷

科学出版社发行　各地新华书店经销

＊

2020 年 10 月第　一　版　　开本：720 × 1000　B5
2020 年 10 月第一次印刷　印张：16 1/4
字数：330 000

定价：130.00 元

（如有印装质量问题，我社负责调换）

研究人员名单

研 究 主 持：曾 卫

主要研究人员：曾 卫　许 可　牛丽娟　袁 芬

　　　　　　　　童 果　黄 侨　陈雪梅　李 芬

参与研究人员：许华华　陈东亮　尤娟娟　杨 清

　　　　　　　　江 征　张 伟　梁 容　郭可为

　　　　　　　　曾一龙　龚道香　李宏东　王 旭

　　　　　　　　刘江乔　高小欣　马 肖　吴 越

　　　　　　　　郑其聪　陈肖月　王梦倩　金 昕

　　　　　　　　尹艺霖　王 华

参与工作人员：封 建　杨 春　谢雨丝　周钰婷

　　　　　　　　李 震　王琳琳　陈明春　李林蔚

本书研究得到以下国家及地方科研课题资助

● 国家自然科学基金项目"基于地质生态变化下的山地城镇规划新技术与方法研究"（51378517），2014年1月~2017年12月。

● 重庆市人民政府"2010中国上海世博会重庆馆'山地森林城市'主题演绎研究"，2008~2010年。

● 重庆市开州区规划局"重庆市开州城乡资源调查与规划研究"，2010~2011年。

序

　　第一次见到曾卫教授是在 2008 年，那时在筹备以"城市，让生活更美好"为主题的 2010 年上海世界博览会。为了中国馆的展示，我们逐一讨论了中国馆各省（自治区、直辖市）的主题演绎。曾卫教授团队的主题演绎从上百个方案中脱颖而出，为重庆馆策划了主题为"山地森林城市重庆"的展示方案。提出要站在世界城市发展的角度去搜寻、思考未来城市发展之路，向世界展示一个城市与自然和谐交融的、具有独特影响力的世界唯一的山地森林城市。当时我作为上海世界博览会的主题演绎总策划师参与讨论中国馆各省（自治区、直辖市）的主题演绎。我们当时认为，每个省（自治区、直辖市）应当展示的是城市的发展理念，而不是城市的建设成就。为此我与曾教授在我的办公室进行了深入的讨论，重庆馆的主题演绎符合总体构思，既有城市的特点，又有未来发展的理想。因此重庆馆的主题演绎获得成功，并在世界的舞台上向全世界展现出重庆山城特有的魅力。

　　上海世界博览会的主题不仅聚焦城市，也涉及生活。我们欣喜地看到上海世界博览会的影响在继续推进，上海世界博览会演绎的主题和精神并没有结束，上海世界博览过后近十年来，许多城市都以各种方式展现世博会的主题演绎。曾教授也在继续探索城市的未来发展模式，这本《山地森林城市》就是他多年思考与实践的结晶。《山地森林城市》也是上海世界博览会主题更高层次的深化演绎。

　　山川和地形地貌、气候是自然的赋予，但是城市空间是社会的产物。城市集中展现了人类文明的全部重要含义，城市是文化创造、技术创新、物质文明建设的源泉。正如英国社会学家格迪斯和布兰福德所说："城市，作为一种社会器官，通过它的运行职能实现着社会的转化进程。城市积累着、包蕴着本地区的人文遗产，同时又用某种形式在一定程度上融汇了更大范围内的文化遗产——包括一个地域，一个国度，一个种族，一种宗教，乃至全人类的文化遗产。"

　　《山地森林城市》一书探讨了我国数量众多的山地城市的发展规律和空间结构模式，论述的主旨是城市空间结构体系，作者有许多思想的火花，提出了一系列关于生态城市的新理念。城市生态历来就是城市文化的表现，该书中回顾了城市建设中生态思想的历史演进过程，总结出了人类历史从农业革命、工业革命到生态革命的三个发展阶段。全书以生态作为主线，关注生态思想由自发、失落、觉醒到转向生态自觉的价值观念变化。全书拓展了生态的概念，提倡从单纯的自然环境生态观扩展为全面的广义生态观，包括自然生态、文化生态、社会生态、经济生态等诸多方面的协调发展。曾教授指出人类赖以生存的社会、经济、自然环境是一个复合庞大的整体，必须以系统的视野来综合考虑，重新审视人居环境、人、自然环境之间的相互适应关系。

重庆是全世界最大、人口最多的山地城市，山、水、城完美地交融，历史悠久，人文积淀深厚。曾教授指出世界的发展必须将城市、生态、人类的发展相融合，面对自然环境的恶化、人口增长的压力，未来的重庆应该结合自身独特的山地森林风貌特色，走可持续发展的城市发展道路。如果重庆建设成为山地森林城市的样板，其全球化的意义是不言而喻的。

郑时龄
2020 年 2 月 7 日

郑时龄：中国科学院院士，曾任同济大学建筑与城市规划学院院长、同济大学副校长、中国 2010 年上海世界博览会的主题演绎总策划师等职。现为同济大学建筑与城市规划学院教授，同济大学建筑与城市空间研究所所长，同济大学中法工程和管理学院院长。还担任中国建筑学会副理事长，上海建筑学会理事长，国务院学科评议组成员，法国建筑科学院院士，美国建筑师学会荣誉资深会员，并荣获"上海市教育功臣"荣誉称号。

前　言

（一）背景

"人们来到城市是为了追求更美好的生活"［亚里士多德（Aristotle）］，但人口增长迅速使城市变得拥挤，城市交通、环境和安全变得越来越糟糕。

根据联合国的预测，到 2050 年世界人口将增至 91.5 亿人，其中近 70% 的人口生活在城市，这标志着人类居住环境、就业机会和生产方式的转变，社会的深刻变革、资源与环境的挑战、不恰当的消费需求和不合理的开发利用将进一步加剧资源的供需矛盾。人类为了自身的生存需要，必须探索保证城市有序、健康发展的道路，必须完善正确引导资源利用与城市发展的政策和措施。

21 世纪是生态世纪，是人与自然和谐相处的世纪。与自然紧密接触，在绿色、恬静、安逸的环境中享受生活是人们的美好憧憬。建设人与自然的和谐相处、面向 21 世纪的田园牧歌式的城市自然生态环境，也越来越成为现代城市建设者的理想追求。摒弃千城一面的建城模式，使现代都市人走出钢筋混凝土的丛林，为人们创造诗意的安居，是城市规划建设者努力追求和发挥作用的方向。

（1）资源与生态环境恶化

中国科学院地理科学与资源研究所城市地理与城市发展研究室研究团队基于 1950～2006 年的相关统计数据，分析了 57 年来生态足迹及其强度、生态盈亏及环境质量综合指数等表征资源利用总量、资源利用效率、生态承载能力和生态可持续发展能力指标之间的定量关系，并指出在现有的城市化发展模式下，生态超载将更加严重，生态环境质量将持续恶化，因此改变现有的城市发展模式，是中国城市化进程所面临的严峻任务。

（2）城市空间结构模式的转变

2011 年我国的城市化率达到 51.27%，这意味着我国城市发展将面临巨大的转型，来自区域、国内以至国际的竞争将大大增强，因此我国城市迫切需要城市产业结构和空间结构的调整，以巩固和强化中心城市的地位与实力；城市资源的重新配置和城市空间重构将引起城市结构的改变，促进城市的转型；大城市"撤县设区"而引起的行政变更将改变原有地域结构（邹德慈，2002）。这些因素的变化作用于城市空间结构，将出现新的城市发展模式。

（3）地域性模式的需求

我国城市经济的快速发展对城市环境、城市功能和城市结构调整提出了新的要求，同时也使城市面临空间资源日趋紧张的困境，正确选择适合国情和当地资源环境条件的城镇化模式已经成为当务之急，同时当前城市正出现结构化变迁，中国"城市本土化形态"构建面临全面挑战。我国幅员广阔，各地条件不同，地域空间受自然环境、自然资源、建成环境、人文环境、投资环境等的影响，每个地域的区位条件、空间条件及空间关系必然不同，不同的空间条件和空间关系适合不同的城市，也就导致不同的城市发展模式。

（4）历史转换期中的理想追求

回顾城市规划的历史，可知凡社会大变革的时代，都有与其相对应的新思想和新方法的产生。

例如，19世纪末，经过了工业革命的欧洲，其城市建设的思考方式发生了巨大的变化。这一时期提出的田园城市等方案，加快了大规模工业地带的诞生和人口集中的诸多对策（主要是生活环境的改善和住宅的提供）。

汽车时代来临后，城市结构与城市间的关系受到了很大的影响。借助汽车，人们的活动范围有了飞跃的扩大。日常生活发生了巨大的变化，城市也开始不得不应对汽车社会的挑战。勒·柯布西耶的"光明城市"构想，就是针对这个问题提出的大胆设想，对其后的世界城市规划产生了很大的影响。

而今，城市迎来了历史转换期。其主要原因就是近年来出现了环境问题。环境问题应该被视为关乎人类生存的根本性问题。它是由于人类对便利性和合理性的追求所带来的"副作用"，其并非人类的本意，也与过去的情形有很大的不同。

而且，对于环境问题，至今还没有发现切实有效的治理对策。从历史必然性的角度而言，面对环境问题，城市必须具有崭新的存在方式。

（二）视角

当今世界正经历一个快速城市化的过程，在这个过程中城市与地球生物圈的关系日益紧密，城市扩张与自然环境的矛盾被凸现出来，在城市建设中只有处理好城市与自然的关系，才能创造更美好的生活、更美好的城市，而未来人、城市、自然三者也必将融为一体，成为不可分割的整体。这是全球可持续发展城市对人与自然和谐相处的诉求与愿望（图1）。

图1　影响城市发展模式的重点要素

在城市发展的进程中，城市规划发挥的作用越来越大。"规划先行"的重要性也得到了认可；从另外一个角度说，城市规划是对城市发展的展望性干预。城市规划，一方面体现了规划者对城市发展规律和未来的把握，另一方面体现了人们对美好城市的构想，也体现了人类对城市的主观期望。虽然乌托邦式的理想城市模式带有主观性，可能与当时的社会发展状况不匹配，但仍表明了人类社会对城市发展方向的思考和探索，也说明了城市规划的本质就是为人们提供理想的生活模式和城市发展方式。

在城市规划学科探索的过程中，需要将目光转向城市规划的"空间本体"上来。第一，人类为实现美好城市生活，就需要为城市寻找一个适合的空间结构，建立一种地域性城市空间模式。第二，现代城市发展和空间研究趋向表明，城市发展和空间研究是城市规划学科的"空间本体"论，空间研究将区域与城市、生态与环境、社会学与经济学、规划学与人居学等学科联系起来，所以说城市发展和空间研究将是城市研究的本源。第三，对于规划师来说，只有具备空间规划的专门知识，才能进行规划的社会、经济、环境的效益评估，才能进行规划决策的风险分析和前瞻研究，才能进行城市物质形态的规划和设计，才能真正发挥规划师的作用。

城市森林作为城市生态建设的主体，在改善城市环境、维持和保护城市生物多样性、提升市民生活品质、增强城市综合竞争力、促进城市实现可持续发展方面具有重要作用，受到各国的高度重视。山地城市森林规划为地域性城市空间模式提供了先天的本底条件，是山地城市空间结构模式的先决条件。

所以，本书以西部山地城市为研究对象，进行城市空间结构的实证研究和理论研究，基于森林城市作为山地城市空间结构优化的视角，探索山地城市合理发展模式，希望对我国城市空间结构理论的研究做出贡献，对世界山地城市空间结构模式的研究提出见解。

（三）期望

（1）开拓生存空间的需要

随着世界人口的增长，人类耕地资源的需求与城市开发建设的矛盾将日渐加剧。土地资源短缺已经成为一个世界性问题。西方的一些主要发达国家在经济高速发展的20世纪60年代都因城市化和工业发展损失了相当的土地，而我国的相关国情更加严重，农业耕地绝对面积大，人均相对面积小。

"合理利用土地，保护耕地"，基于此城市建设已不再回避山地，积极主动地向山地进军以寻求更大的生存空间已成为当今城市空间拓展的趋势。

（2）获取资源的需要

人类的发展史就是对资源的利用历史，人类获取动物资源、植物资源以获取基本的生存延续，通过对土地资源、水资源和气候资源的选择来定位聚居点，通过各种矿产资源来满足工业化的大量生产。特别是随着工业革命的产生，人类对矿物的需求量日益加大，并形成了一些新兴的工业城市，如攀枝花、个旧、抚顺等，逐渐由一个工业区发展成生活设施齐全、充满活力的城市。显然，山地富含各种自然资源，能为人类提供现代社会文明所依赖的各种物质资料，是各种经济资源的藏身之地。为了获取资源，人们也不得不向山地进军。

（3）回归自然的需要

不论是王侯将相还是布衣百姓，对自然山水的亲近都是一样的。从古代的离宫别苑、私家园林，到现在的城市公园、小区绿地，都表达了人们回归自然的心态。特别是工业革命以来，虽然城市为人们提供了丰富的物质生活和精神生活的舞台，但人们也忍受着城市的快节奏、紧张和烦闷的氛围。长期以来形成的对大自然的隔离和疏远使人们更加渴望回到自然的怀抱中去。于是，城市郊野旅游在工作之余便成为人们最佳的休闲娱乐方式（图2）。

(a) 漂流　　　　　　　　　　　　　　　　　　(b) 远足

图 2　城市郊野旅游

其实，在人类的城市建设活动中，人们对大自然的渴望和生态的回归，从古至今，都不曾中断。从古巴比伦的空中花园，到古罗马的别墅庄园，从中国的园林设计到日本的枯山水，再到后来的纽约中央公园，以至到现代的城市湿地公园和森林公园，都承载着在城市营建过程中，人类回归自然、注重生态的强烈愿望。

麦克哈格的《设计结合自然》不仅是在理论上的重大突破，而且还标志着生态学方法第一次完整地引入城市规划之中，从而拉开了城市生态空间建设的结构主义序幕。20世纪80年代以来，西方发达国家纷纷开展生态城市规划与建设。其中，最具代表性的是理查德·雷吉斯特的美国城市伯克利的生态城市建设。

　　国内学者钱学森 1990 年提出了"山水城市"的生态城市概念，极具中国特色，倡导运用中国园林艺术的处理手法来塑造现代化城市，达到人与自然和谐共处的美好境界。有学者也明确提出城市是典型的社会-经济-自然复合生态系统和建设天人合一的中国生态城思想。还有学者也提出了乐山绿心环形的生态城市空间结构，并总结出了一套生态城市理论与规划设计方法。

　　人类进入 21 世纪以后，即步入"生态时代"的行列，生态思想成为人们解决所有与生命现象有关问题的具有普遍意义的指导思想。在这一时代背景下，城市建设中强调与自然融合的生态学思想也成为研究的热点。

曾　卫

2020 年 1 月

目　　录

第1章 山地森林城市相关理论综述

1.1 古代聚落的自然环境自觉

1.1.1 中国城镇的朴素自然环境价值观

中国古代城市规划思想与传统思想文化不可分割,从龙山文化、仰韶文化时期部落种族对聚居位置的选择,到封建主义时期城市与建筑的选址建设,无不体现先哲对生态环境与地质环境的重视。我国古代"匠人"从哲学的角度思考都城营建及人类经济社会活动与生态环境和地质环境的密切关系,逐渐形成城镇地质生态的朴素生态价值观,集中表露于道家"风水相地"的生态自然观、儒家"天人合一"的生态哲学,以及《周礼·考工记》中整体布局的生态系统思想。

1. "风水相地"的自然环境要素与城市选址

风水是在汉代形法与堪舆的基础上所形成的一种数术,用来满足古人相地、建城、修房、择墓的需求,其目的在于趋吉避凶。古人认为坟地周边山水环境或住宅基地形势会给葬者家族或住户带来福祸。到了现代,学者进一步认知了其理性的科学本质,人们更多的是追求风水的心理享受、空间美学价值与文化内涵,学者认为风水学是一门集合地理学、环境学、天文学、建筑学、伦理学、美学等为一体的综合性交叉学科(亢亮和亢羽,1999)。风水的生态自然理念来源于庄子与《周易》中的思想,将地质生态环境统一于"阴"与"阳"这一对立统一的矛盾体中。从地质生态学的角度上理解,风水理念就是要宏观协调地质生态环境中各个子系统之间的关系,从而营造出最佳的组合结构。风水的生态自然理念所涉及的生态要素与"气"和"形"的思想密切相关,"气"与"形"是风水地质生态环境要素的表现形式。

(1)"气"

关于"气",古时写为"炁",是风水理念的思想核心。风水学认为"天、地、人"三者都具有"阴""阳"二"气",大气圈、岩土圈、水圈这些非生物圈层与生物圈一样,都蕴含着万物化生的"气"。若自然环境系统中的地质环境、生态环境等子系统营造出土地肥沃、山环水绕的"吉气",便会促进人们的生产与生活及身心健康。反之,则不利于经济社会活动的可持续发展,甚至促发大骨节病、克山病等各种地方病。理想的风水穴一般为马蹄状，方位朝阳，三山环抱，前有临水的开阔场所，后为群山主峰……因此，风水理念的地质生态要素在"气"的层面包含山体、水体、地形地势、地质构造、小气候、植被等。

（2）"形"

关于"形"，即形法。风水理念认为山脉、水体等地质生态要素的外部形态潜在地反映了自然法则，匠人与风水师在风水相地的过程中需重视勘查山川江河的形势，讲究顺应山丘地势与水流形态，因地制宜修筑宅第、营建都邑，并讲究各地质生态要素之间的配合与协调作用，形成独特的空间美学特征。我国先哲将城市选址注重的地势地形等地质生态要素高度总结概括为龙、穴、砂、水、向。

龙，即龙脉，指气脉流畅、蜿蜒而至的山脉，风水学认为龙脉不能断，即一旦山体出现崩塌、冲沟、滑坡、泥石流等地质灾害，或位于地质断裂带等地质结构不稳定的地段则不利于在此选址筑城。

穴，指龙脉聚集而成的场所，是城镇重要的发展建设用地，古时人们甚至将穴的形状隐喻成孕育之穴，象征风水环境有着如同母体一般涵养孕育生气的功能与特征。

砂，指城址四周的砂山，对城镇中建筑的日照、风向、气候等均有影响，起到聚气的作用，同时可为城镇发展供给自然资源条件。在典型的风水空间形式当中，城址后有靠山（即镇山，龙脉），左侧山体称为青龙，右侧山体称为白虎，形成外围环抱城镇的脉络形势。

水，"龙之血脉"（《周易·阴阳宅》），水的作用有利又有弊，既能有利于构建优质人居环境，又能带来洪涝等水文地质灾害。在典型风水空间形式中，水呈环抱状，曲线拥护城址，使"气"聚集于城址当中而不外泄；古代对于都城中水流的源头、水口、水质、水量、水性、水形、水向及水势均有相关评价标准，可通过引水开湖、水口分水、城堤逼水等技术方法解决都城水文地质条件。例如，都江堰便是通过水口分水的形式起到了分水、蓄水、泄洪与沉沙的作用。

向，指朝向，以单栋建筑来说，建筑选址时选择"负阴抱阳"，建筑修建时需要"坐北朝南"。

风水理论中"气"与"形"的地质生态要素深刻影响着古代都城与村镇的选址。《周礼·地官司徒》更是系统总结了针对城镇选址的综合评价标准与技术手段："惟王建国，辨方正位，体国经野""以天下土地之图，周知九州之地域广轮之数，辨其山林、川泽、丘陵、坟衍、原隰之名物"，对城镇环境容量、自然资源等进行评估与统计。管子进一步提出人们需永续利用自然资源，森林资源利用时需"宫室必有度，禁发必有时"（《管子·八观》），并提出都城选址时需充分考虑周边山水自然环境："凡立国都，非于大山之下，必于广川之上，高毋近埠而水用足，下毋近水而沟防省"（《管子·乘马》）。地形地貌、水文地质、地质构造、植被、小气候等地质生态要素所营造的风水环境是一个和谐有序的生态单元，既能有效调控城镇地质灾害与生态灾害，又具备战争防御的功效，保障城镇生态安全与社会安全。这些地质生态要素之间存在着主次关系，有序地维持着地质生态环境以便萌发"生气"。例如，砂、水、龙、穴、向，在整体共生的基础上相互作用、相互制约、有机协同，从而构成一个有序的耗散结构，不仅可以通过"藏风聚气"增强地质生态系统的稳定协调，还能依靠各个要素的共生共存关系，促进地质生态系统从无序紊乱转向有序协调，保障城镇地质生态环境的稳定性，增强对外界影响的调适能力，从而使城镇的"生气"持续兴旺。

2."天人合一"的自然环境哲学与城市营建

"天人合一"思想源自于人们在农耕劳作中对人与自然两者关系的朴素思考，是中国传统文化对天人关系的概括总结，深刻影响着古代人居环境所承载的社会、文化、经济的发展。"天人合一"的生态哲学思想将人与宇宙万物看作一个相互作用的有机整体，其本义是指人与自然之间和谐统一的关系：它认为人与自然之间存在着一种血肉相依的生态关联，人类在生产生活中需要尊重自然、顺应自然，尊重自然生态环境及地质环境，促进人与自然的和谐共生、持续发展。这种朴素的可持续发展思想，对现代城镇处理人与自然两者之间的关系依旧具有理论指导意义，还深刻影响着我国古代都城营建、建筑布局、景观塑造、园林建设等。

（1）古代都城的选址倾向

大量古代城市的选址、规模、空间形态、功能布局及地域特色等方面均体现出"天人合一"的生态哲学思想。首先，中国古代都城不仅在选址时考虑气候、地形、水源、生物多样性等因素，还讲究"高亢、向阳、避寒、近水"等原则，并且依据地理环境、自然资源及生态环境承载力等对都城的规模大小进行合理规定：《周礼·考工记》将之分成采邑、城邑与王城，《管子·乘马》强调人口、环境与资源三者之间有机的协调，体现"天人合一"生态营国思想。

（2）古代都城的礼制观念

《周礼·考工记》曾记载："匠人营国，方九里，旁三门，国中九经九纬，经涂九轨，左祖右社，面朝后市，市朝一夫"，这种体现儒家礼乐思想的城市规划制度隐含的哲学思想是古人对自然的尊重与敬畏，追求与生态环境及地质环境的沟通和协调，深刻影响着我国古代都城的建设布局。

（3）古代都城的生态哲学

一方面，古代都城中设置各种祭祀功能性建筑实现人与天地之间进行某种沟通及人与自然和谐相处的目的，如明清时期北京城继承了元大都的规划思想，并修建日、月、天、地四坛，象征天子乃"宇宙中心"，这种"象天法地"的规划理念，是"天人合一"思想的一种具化表达（图1.1）；另一方面，由于古代都城营

|　　　(a) 北京天坛象征"天圆"　　　|　　　(b) 北京地坛象征"地方"　　　|

图 1.1　明清时期北京天坛、地坛

建讲究"天人合一"，人工环境与地域自然环境实现协调与平衡，不同古代都城显出不同的风貌特征，如"十里青山半入城"的常熟，"古宫闲地少，水巷小桥多"的苏州，"地拥金陵势，城回江水流"的南京等（表 1.1）。

表 1.1　我国古代主要城镇地质生态环境条件分析

城镇	地质生态环境条件
齐临淄	齐临淄选址于淄河冲积扇区域，地质稳定，利于通风与采光，也可避免洪水侵袭，城南群山怀抱，可有效防御战争与自然灾害。整体城市形态较为规则，东西两侧顺应淄河与水系的走向，岸线较为曲折，体现了《管子》"因天才、就地利"的尊重并利用自然生态环境进行灵活布局特征，山、水、城融为一体
燕下都	燕下都地处洪水冲积平原，山峦环抱，四周环水，水在燕下都得到充分利用，既可以开凿为运粮河道，也可结合城墙护城。内城散布 30 余处利用天然土台筑成的建筑夯土台，体现古代建筑追求"天人合一"的生态哲学思想
淹城	淹城位于吴中平原地段，依山傍湖近海，东南临太湖，西通滆湖，周边水资源丰富。其内城、外城与子城及各自的护城河所构成的三城三河的形势与城市的生态环境、社会经济环境，以及城市防御功能相吻合，为其重要特征
汉长安	汉长安南靠秦岭，北临渭水，东濒灞河，皂河绕其西侧而过，故汉长安西北侧城墙顺应河流岸线与地形变化仿北斗星之曲折修筑。宫殿区坐落于龙首原高地，可俯瞰全城；宗庙、辟雍与社稷等祭祀礼制类建筑设置于南侧，是先民追求建立人与自然和谐关系的物质空间
六朝建康	六朝建康位于长江畔丘陵起伏地区，山、河、湖等地质生态环境较为复杂，南凭秦淮河，山川地势"龙盘虎踞"，都城规划因地制宜、因势利导地利用自然山等现状地形筑城，城市朝向充分考虑山水形态与生态环境，增强其空间轴线与艺术效果。整个城市平面顺应自然呈现不规则形态，城墙曲折变化，是我国古代不规则城市平面的典型代表之一
唐长安	宇文恺在唐长安选址时充分运用风水的生态哲学思想，讲究"形胜"与"象天法地"，南对终南山，北临渭水，西为平原，龙首原高地从东北处伸入城内，而东南部为曲江池与丘陵地段。由于占地规模大，而资源有限，城市建设时"取之有度，用之有节"，并建立城市管理机构颁布城市卫生的相关法律，推崇城市生态环境保护的思想。现代也有学者认为，唐长安大规模的建设消耗大量森林资源，破坏区域生态环境，使洪涝、旱灾等自然灾害频发
东都洛阳	隋唐东都洛阳处于江淮洛阳盆地内，背山面水，负阴抱阳，气候温润，交通便利。地理区位与独特的山水环境使其成为唐朝的经济中心。河流水系交织串接城市各个部分，其中自然水系包括洛水、谷水、伊水及瀍水，人工水系包括漕渠、泄城渠、写口渠、通济渠及运渠，自然水系与人工河流相互融汇，形成了繁荣的城市水运交通，并形成生态网络美化城市环境

城镇	地质生态环境条件
宋平江府	宋平江府（苏州）位于长江下游，城四面环水，江河湖塘彼此贯通，城外群山起伏，自然资源丰富，城市建设因地制宜，充分利用自然水文条件，修建山水园林，并创建了陆路交通与水陆交通相互结合的城市交通系统，许多纵横交错、疏密有致的河道系统与城市街道并行设置，一般为前路后河。此外，城市建筑群及生活街坊也与河道有着有机联系，从而形成一幅江南水乡的美好图景
元大都	元大都三山环绕，皇城中部以琼岛与积水潭为中心，囊括大面积风景优美的海子（湖泊），同时水面与绿化及园林景观相结合，形成独特的城市地质生态环境。此外，刘秉忠为元大都修建了引水工程与排水工程，开通高梁河、通惠河等漕运，而金水河与太液池等宫廷水系为内苑用水，并开通明渠向城外排水
合川钓鱼城	合川钓鱼城是修筑于钓鱼山之上的防御性城市，地形地势险要，台地层层错落，山下沟壑纵横，是理想的军事防御基地。城池三面临水，并与嘉陵江、渠江及培江相扼。合川钓鱼城依山建成，环水筑池，具有山地城池的典型特征
明清北京城	明清北京城继承并发展了元大都时期的城市水运系统与排水系统及景观绿化系统，其园林建设方面较元大都有较大发展，堆土成山形成景山公园，多个私家园林依水建设，圆明园、颐和园等休闲空间也由城市内部扩至城市郊区。此外，城市布局强调中轴线，增强了宫殿庄严的氛围，使城市具备整体布局的生态系统
明清淮安	明清淮安地处江淮平原，京杭大运河经过淮安流入黄河。淮安是明清时期的漕运重镇，拥有较为完善的城壕系统，城市的发展与漕运水地质状况密切相关，漕运带动了淮安社会经济的发展，漕运系统的堵塞与衰竭及海运的开通，清朝咸丰年间淮安城也因此日益衰败。由此可见，地质生态环境深刻影响着城市的社会经济活动与可持续发展

1.1.2　西方早期城市营建中的朴素自然环境思想

古希腊时期，建筑师希波丹姆按照几何与数的规律，建立了一种追求理性、秩序、均衡与美的城市规划模式——希波丹姆模式（图1.2），讲究与自然环境的协调发展，城墙一般结合周边自然山体进行修建，城市的边界常也以山体或者海洋等自然屏障为界，呈现不规则的城市形态，充分体现了古希腊人本主义的价值取向；在城镇建设层面，古希腊雅典卫城顺应并利用复杂的地形地势变化，用乱石砌筑挡土墙形成高差各不相同的建设平台，整座古希腊雅典卫城的公共建筑群被安排在高于城市20～30m的石灰岩山体之上，追求人的尺度与自然地质生态环境和谐相处，整体上构成了一种自由、活泼的建筑景观，同时使古希腊雅典卫城成为整个雅典的视觉中心，取得了极高的艺术成就（图1.3）。

古罗马时期，古罗马建筑师维特鲁威在总结希腊、罗马及伊达拉里亚城市建设结合自然环境的实践经验，在《建筑十书》中强调城市的选址、形态及空间布局形式与城市自然环境有着密切关联。在建筑选址建造时需勘查周边道路、地形、风向、方位、水质、阳光等地质生态影响因子，而城市也须位于地形高爽的位置，且远离病疫滋生的沼泽地段、避开酷热浓雾等气候恶劣地段，保障优质的水源与丰富的自然资源及便利的交通条件，从而才能使城市得以可持续发展。

　　图 1.2　希波丹姆式代表城市

　　图 1.3　古希腊雅典卫城平面

　　文艺复兴时期，阿尔伯蒂在《论建筑》一书中强调人是自然环境的组成部分，人的伦理审美及社会经济活动均是对自然和谐的一种模仿，体现出了朴素的自然主义生态哲学。法国启蒙时期的思想家孟德斯鸠在《论法的精神》一书中强调地理环境决定论，他认为气候、土壤等地质生态环境因子与一个民族的风俗、性格、道德等有着密切的联系，这与《建筑十书》中的相关论述观点具有异曲同工之处。

1.1.3　尊重自然环境是东西方筑城的共同点

　　在国外，中世纪西欧的城市则是自发成长的，充分利用地形地貌和河湖水面，营造出美好的环境景观和亲切宜人的尺度。例如，中世纪意大利最富庶的威尼斯，一条大河从城中弯曲而过，城市被划分为许多块状，城市水系作枝节状分布，形成以舟代车的水上交通。威尼斯肥沃的土质，就地取材的石块，加上用邻近内陆的木头做的小船往来其间，一起构成了世界上最美的水上街景，成为中世纪意大利最美的水上城市（图 1.4）。这种因势利导、尊重自然并与之协调的建城思想反映出朴素的生态意蕴。

　　在古代城市发展的最初阶段，城市没有与农业分离，城市中有大片耕地、果园和菜园。当时城市规模仍然直接受农业生产力和运输条件的限制，城市的大小及其人口多寡直接受周围农村提供剩余农产品多少的制约。这种建城的朴素生态思想与当时生产力水平和社

　　图 1.4　威尼斯景观

会经济条件相适应，在聚落选址、布局、绿化等方面自发地考虑了生态平衡的要求，体现了一定程度的自发性，具有了朴素生态学思想的萌芽。城市往往是自发演变发展，有机生长，城市结构与形态也不断得到调节与改进，并发展形成了一些固有的模式和观念，如中国的"天人合一""风水模式""山水园林模式"等，造就了中国古代特有的山水园林城市模式，又如"水光潋滟晴方好，山色空蒙雨亦奇"的杭州，"七条琴川皆入海，十里青山半入城"的常熟等（图1.5）。

图 1.5　常熟景观

而西方古代城市通过营造园林来协调人工空间与自然空间的矛盾，大至帝王的苑囿，小至百姓的庭院，如古巴比伦的空中花园、古罗马的别墅庄园、法国古典主义园林，以及英国风景式园林等"园林营造"模式。

于是，中外早期城市营建中的朴素生态思想，形成了传统的人居环境建设的典范。

1.2　近代城市营建的自然环境失落

18 世纪，以纺织机械的革新和蒸汽技术的发明为核心的技术革命与产业革命，开启了机器化的大工业时代，打破了原来脱胎于封建城市的那种以家庭经济为中心的结构布局，引起了城市结构的深刻变化，表现在聚居形态上，就是大量农业人口涌入城市，投入大工业生产，城市建设史无前例地高涨，城市开始陷入盲目追求最大经济利益的误区。城市在旧有的躯体上迅速增长、盲目蔓延、无序扩张，功能布局混乱，工业和居住混杂，居住条件恶化，贫民窟蔓延，建筑拥挤、紊乱，河流污染，卫生条件恶化等。芒福德（1989）认为："在 1820～1900 年，大城市里的破坏与混乱情况简直和战场上一样。"

而与此同时，人类与自然的关系也彻底改变了。工业革命促进了社会生产力和科学技术的大发展，增强了人类认识和改造自然的能力，人类对自然环境的依赖也逐步减弱，人类相信自己是世界的主宰，可以随意地支配、改造甚至破坏自然。人类与自然的关系不再和谐，而是逐渐变得对立和冲突，肆无忌惮地向郊区蔓延、侵占耕地良田，逢山开洞，遇水架桥，围海造田……面对一次次的"胜利"，人类的生态意识逐渐失落，对自然从过去的遵从变得不屑一顾，反映在城市建设上就是"生态失落"。工业革命结束了前工业社会时期那种田园牧歌式的美好时代（图 1.6）。

图 1.6　18 世纪工业革命景观

1.3　现代城市发展的自然环境觉醒

工业革命、城市化对城市乃至人类社会产生的深刻影响和带来的尖锐矛盾，渐渐唤起了西方先哲对城市的生态关怀，有识之士纷纷提出各种设想和理论学说，来治疗一系列城市症结，并试图实现他们"让城市回到自然中去"的伟大理想。

这种生态思想的回归与萌芽可以追溯到 18 世纪中后期在美国掀起的城市公园运动，之后从生态角度研究城市空间结构的思想便如雨后春笋般呈现，比较有代表性的有美国的城市公园运动、霍华德的"田园城市"、马塔的"带形城市"、沙里宁的"有机疏散"，以及以海上城市、插入城市、行走式城市等为代表的技术乌托邦模式。上述城市空间模式无论是从强烈的人本主义关怀还是从天马行空的技术狂想，都体现了人们期望通过构建合理的城市空间结构来创造宜人的城市环境的美好愿望。

1.3.1　城市公园运动

19 世纪后半叶，美国开展了保护自然、建设绿地和公园系统的运动。美国的马什（G. P. Marsh）从认真的观察和研究中看到了人与自然、动物与植物之间的相互依存关系。马什主张人与自然要正确地合作，并试图打破城市中总是充满密集房屋的旧有空间观念，如从设置公园到绿化系统分割、"肢解"块状臃肿的市区，进而逐渐形成一种新的城市空间概念。

1858 年美国景观之父奥姆斯特德（F. L. Olmsted）注意到，现代城市的无规律发展和人口的不断增长，造成了城市环境的日益恶化及社会道德的逐渐破败。他主张用风景绿化建设来医治这种病态的现象，城市中的绿化和公园能协助社会的优良改革，使市民的物质与精神生活由于接触自然而得到提高。于是在 1859 年，他在喧嚣的曼哈顿核心地段，设计了长为 4000 米、宽为 850 米，面积为 340 万平方米的城市中央公园（图 1.7），给高楼林立、拥挤嘈杂的城市增添了一个绿色的城市之肺。继而在全美掀起了城市公园运动。而后奥姆斯特德又设计了波士顿公园系统，以线性空间连接河流、草地、泥滩等城市自然空间，形成了"翡翠项链"的城市绿色开敞空间体系。1870 年他指出，城市要有足够的呼吸空间，要为后人考虑，城市要不断更新和为全体居民服务，并且归纳出城市绿地系统规划的主要原则：以城市自然脉络为依托，使城市公园实现有机地联系。虽然这些运动没有从根本上解决工业社会发展引起的环境问题，但它在拥挤嘈杂的城市中留出了自然景观，给人耳目一新的感觉。并且，他的理论和实践对欧美城市公园绿地建设和城市规划与建设产生了很大的影响。

图 1.7　美国纽约中央公园

1.3.2　霍华德的"田园城市"

"田园城市"是埃比尼泽·霍华德（E. Howard）在 1898 年在《明天——一条通向改革的和平道路》一文中提到的，它针对现代工业社会出现的一系列城市问题，提出了"城乡磁体"的理想城市模式，它兼有城市与乡村两者的优点，并使城市生活和乡村生活像磁体那样相互吸引、共同结合。这个城乡结合体称为"田园城市"，是一种新的城市形态，既可具有高效能与高度活跃的城市生活，又可兼有环境清静、美丽如画的乡村景色，并认为这种城乡结合体能产生人类新的希望、新的生活与新的文化。

霍华德建议围绕大城市建设分散、独立、自足的田园城市。在霍华德的"田园城市"中，所蕴含的生态思想主要表现在以下两个方面：一是对城市规模的控制，为控制城市规模、实现城乡结合，霍华德主张任何城市达到一定规模时，应该停止增长，其过量部分应由邻近的另一个城市来承担，并且这种增长模式使城市周围始终保留着一条乡村绿化带和优美的田园风光；二是城市组群间的有机结合，霍华德认为，随着时间的推移，"田园城市"会形成多中心复杂的城市聚居区，即若干个小城市围绕着一个大城市，形成一个城市组群，并通过道路和铁路把城市群连接起来。如此一来，虽然每一位居民生活在小城市中，但事实上却是生活在一座庞大而无比美丽的城市组群之中，并且保持了"田园城市"应有的规模和乡村的风光特色，达到与大城市同等的公共生活水平和质量（图 1.8）。

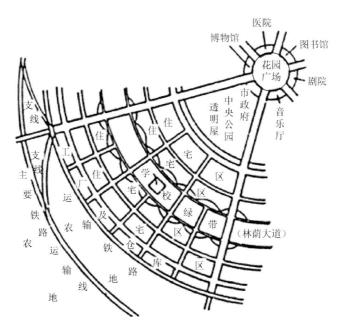

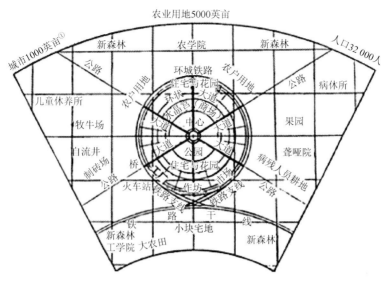

图 1.8　"田园城市"模型与图解

1.3.3　马塔的"带形城市"

1882 年，西班牙工程师阿图罗·索里亚·伊·马塔（A. S. Y. Mata）提出了"带形城市"的理论，他认为传统的从核心向外圈层式扩展的城市形态必然带来城市的拥堵和环境的恶化等一系列城市问题，主张城市平面布局呈狭长带状发展，以交通干线作为城市布局的主脊骨骼；城市的生活用地和生产用地，平行地沿着交通干线布置；大部分居民日常上下班都横向地来往于相应的居住区和工业区之间。这样既可以使居民享有城市生活的便利，又兼有乡村生活的美好。

"带形城市"理论虽然很好地解决了城市环境的恶化问题，但却忽略了城市功能的复杂性和集聚性，割裂了城市内在的有机联系，带有浓重的乌托邦色彩。但在当时的时代背景下，该理论的提出仍然具有重大的历史意义。20 世纪 30 年代该理论在苏联得到了新的发展，并逐渐演变出"连续功能分区"的思想。

1.3.4　沙里宁的"有机疏散"

1918 年，芬兰建筑师伊里尔·沙里宁（E. Saarinen）为缓解大城市由于城市机能过于集中所产生的弊病，提出了有关城市发展及其布局结构的新学说——"有

---

① 1 英亩≈4046.86m²。

机疏散"（organic decentralization）。沙里宁在他的《城市：它的发展、衰败与未来》一书中指出：城市结构要符合人类聚居的天性，便于人们过共同的生活，又不脱离自然，使人们居住在兼具城乡优点的环境中。他认为要把城市的人口和工作岗位分散到可供其离开中心合理发展的地域上去，对"日常的活动"可作集中布置，不经常的"偶然的活动"则作分散布置，重工业、轻工业都应该疏散出去而不安排在中心城市里，使城市空间结构以有序的分散来取代无序的集中，并且与自然史加协调和融合。该理论虽然源自于城市分散主义，但与霍华德独特的"行星体系"不同。这种思想在大赫尔辛基规划中得到了充分的体现（图 1.9）。

重庆主城区所呈现出的"有机分散、分片集中、分区平衡、多中心、组团式"空间结构形态也在一定程度上受其影响。

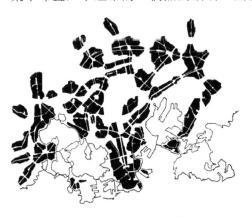

图 1.9 　大赫尔辛基规划

1.3.5 技术乌托邦模式

早在 20 世纪初，法国建筑师柯布西耶就提出了"架空城市"和"光辉城市"的构想与模型，主张对大城市实施"外科手术"式的干预，运用先进的工程技术来解决城市发展的问题，集中人口，将阳光、空间和绿地等引入城市，营造"公园中的城市"的构想。

随着世界新技术革命的发展，更多的学者将目光投向了现代科技手段，希望以技术来解决城市问题。各国规划工作者提出了各式各样的未来城市构想。例如，竹菊清训的海上城市；库克（P. Cook）的插入式城市模型（plug-in city）；赫隆（K. Uerron）的行走城市模式；波利索大斯基的吊城方案；意大利建筑师索莱利以植物生态形象模拟城市的规划结构，设计出的"仿生城市"；日本三井建设所构想的"子母型城市"；等等。

上述未来城市的构想仍在探索之中，理论与实践仍有很大距离，但其紧密结合现代科技和高度重视自然生态的基本思想，已经蕴含着自觉的生态意识，也反映出了未来城市建设的基本趋势（表 1.2）。

表 1.2　基于"社会城市"思想的几个大城市规划

名称	发展模式	城镇地质生态环境分析
大伦敦规划	圈层式发展模式	大伦敦规划方案将距伦敦市中心 48km 范围内分成外圈、绿带圈、近郊区与内圈四大圈层，其中绿带圈宽 8km，区域范围内严格控制城市建设，包含大型公园绿地、湿地、森林、湖泊、果林农田等地质生态因子，此外，在外圈中结合原有 20 余座旧城镇组成卫星城，以承载伦敦富余的工业与人群
华盛顿规划	放射形长廊模式	以区域现有城镇作为卫星城或聚居点，并结合道路系统建设六条宽 6.4～9.6km、长 32～48km 的长廊地带，连接各个城镇。长廊与长廊之间为大片自然地质生态环境，囊括山体、农田、湖泊、河流等地质生态因子，包括 12.12 万 hm^2 绿地
莫斯科总体规划	片块式多中心发展模式	莫斯科于 1971 年批准第三版城市总体规划，在核心区及片块之间设置一系列楔状绿地，将郊区森林公园与城市相连接。此外，每片块根据自然地质生态环境进行功能分区与空间布局，如西南片区地势较高、地形复杂、环境优美，故重点设置高校、科研等教育功能用地
成都田园城市	网络化、多中心、组团式发展模式	2009 年成都确立建设人与自然和谐相处、城乡一体的"世界现代田园城市"的目标，形成网络化、多中心、组团式发展模型的城乡空间布局结构，将"山、水、林、田"等自然生态基底融于"城"，在绿色田野的背景之下以主城为中心营造一个规模适度、城乡协调发展、生态环境优越、适宜居住的现代田园城市

1.4　当代城市建设的自然环境自觉

20 世纪 50 年代以来，不断爆发的环境危机及由于环境污染而造成的八次较大的轰动世界的公害事件再次向人类敲响了警钟。人们开始重新审视人类与自然的关系，以追求人与自然和谐为目标的生态化运动在世界范围内蓬勃展开，并且正向各方面渗透。强调与自然融合的生态思想已成为研究的热点，并在全球范围内得到了积极的响应。

1971 年，伊安·麦克哈格（I. L. McHarg）通过《设计结合自然》一书，以丰富的资料、精辟的论断，详细阐述了人与自然环境之间不可分割的依赖关系、大自然演进的规律和人类认识的深化。他提出以生态原理进行规划操作和分析的方法，使理论与实践紧密结合。正如芒福德（1989）所说，为了建立必要与自觉的观念、合乎道德的评价准则、有秩序的机制及在处理环境的每一个方面时取得深思熟虑的美的表现形式，麦克哈格既不把重点放在设计上面，也不放在自然本身上面，而是把重点放在介词"结合"（with）上面，隐含着与人类的合作及生物的伙伴关系的意思。设计结合自然理念的提出不仅在理论上有了重大突破，还标志着城市规划领域第一次采用系统介入生态学方法进行思考，从此便拉开了城市生态空间建设的序幕。

1987 年《我们共同的未来》一书提出了"可持续发展"（sustainable development）

的概念，即"既满足当代人的需求，又不损害子孙后代满足其需求能力的发展"。这一思想很快受到国际社会的重视和广泛认同。之后，又通过了《21 世纪议程》《里约环境与发展宣言》《伊斯坦布尔人居宣言》等一系列国际宣言，表达了维护人类生存环境，改善人类住区生活质量采用可持续的生产、消费、交通和住区发展方式，防止污染，尊重生态系统承载能力的思想决心。这种思想的产生在人类住区发展史上具有划时代的意义，是重要的历史性转折点，它打破了人们对传统工业化思路和现代化模式的崇拜，带领着人类价值观走向根本性的转变，并直接指向了一种新的文化与新的文明——生态文明，人类逐渐迈入"生态时代"。

1994 年，美国学者霍纳蔡夫斯基首次提出了"生态优先"的思想，并从单纯强调"保护"，开始走向利用生态来引导区域的开发，逐渐演变为"生态导向下的区域发展"途径，并引导了旨在平衡发展与保护关系的美国"精明增长"的区域发展模式和目标。

在上述思想与理论的支撑下，各国积极开展了生态城市的规划研究与实践，具有代表性的有理查德·雷吉斯特领导的美国城市伯克利（Berkeley）的生态城市建设、巴西的库里蒂巴（Curitiba）、澳大利亚的怀阿拉（Whyalla）、丹麦生态村计划及荷兰在全国尺度上提出的生态基础设施（ecological infrastructure，EI）概念。

20 世纪 80 年代之后，城市发展与地质生态环境协调关系的研究跨入一个多元发展的新阶段。与城镇地质生态环境研究紧密相关的政策纲领、学科建设、理论研究及实践应用都取得了丰硕的成果，为城镇地质生态多维生态价值观建设打下了坚实的基础。①在政策纲领方面，1984 年联合国"人与生物圈计划"提出生态城市建设的五项基本原则；1992 年 6 月 3 日，联合国环境与发展大会通过《里约环境与发展宣言》与《21 世纪议程》纲领性文件；2002 年国际生态城市大会在深圳举行并通过《关于生态城市建设的深圳宣言》，为城市地质生态环境的研究提供理论与实践指导；我国《国家新型城镇化规划（2014—2020 年）》中明确提出通过扩大森林、湖泊、湿地等自然地质生态环境的面积等方式，构建绿色健康的生产、生活方式与消费模式。②在学科建设方面，社会学、生态学、经济学、环境学与地理学等学科之间的交流和融合逐渐频繁，城市地质学、城市生态学、地质生态学等交叉学科日趋成熟，其相关理论与原理的深入探讨为城镇地质生态多维生态价值观的构建提供支撑。③在理论研究方面，如沙里宁（1986），以及其他中外学者在深入研究城镇发展与城镇地质生态环境之间关联机制的基础之上，认为城市生态环境、地质生态环境与人类社会经济活动协调共生是未来城镇发展的方向。此外，"生态城市""智慧城市""森林城市""低碳城市""绿色城市""山水城市""海绵城市"等现代城市发展理论，为城市与地质生态环境和谐相处提供了新的方法、途径与思维。

1.5 本 章 小 结

　　本章回顾了城市建设中生态思想的历史演进过程，总结出了人类经历从农业革命到工业革命、再到生态革命三个历史阶段，与之相伴的生态思想也由生态自发、生态失落、生态觉醒继而转向生态自觉的价值观念变化。从最初单纯的自然环境生态观逐渐扩展为更全面的广义生态观，其中包括自然生态、文化生态、社会生态、经济生态等诸多生态方面的协调发展。同时，也意识到人类赖以生存的社会、经济、自然环境是一个复合庞大的整体，必须以一种系统的眼光来综合考虑。

　　在人与自然关系日益恶化的今天，迫切需要从一种新的、本性的视野和角度来重新审视人居环境、人、自然环境之间的相互适应关系。人类聚居已走向环境生态相适应的城市营建。

第2章 走向山地城市——山地城市基本理论与特征

2.1 山地城市的概念和基本特征

2.1.1 山地城市的基本概念

山地城市没有一个严格的定义，一般叫山地城市或者山城，如在日本叫作"斜面城市"（slide cities），在欧美叫作"坡地城市"（hillside cities），即城市修建在倾斜的山坡地面上。山地建筑学家黄光宇在《山地城市学原理》中界定了山地城市的特点，他认为山地城市是一个相对的概念，泛指城市的选址和建设在山地地域上的城市。工程学中，当城市发展地形内有断面坡度≥5%，垂直分割深度（2km×2km计算面积相对高差）≥25m的地貌特征的城市为山地城市。

从上面的定义来说，我国的山地环境在全国都有分布，各地域相关山地城市规划和建筑学的理论研究和实践都有所开展，如华南地区、闽浙地区、楚湘地区等，各地域的学者针对各自的自然环境、文化特点、地理气候条件、生活需要，进行了卓有成效的城市规划和建筑创作活动，成绩显著，形成各地的理论体系和学术影响。其中，以山地人居环境最为集中，环境和生态问题最为突出、对中下游地区影响最大当属西部地区。典型的山地城市，如中国的香港、重庆、青岛、攀枝花，美国的丹佛和圣弗朗西斯科，希腊雅典和瑞士苏黎世；等等。

1992年，经中国科学院、建设部批准，在重庆大学成立了山地城镇①与区域环境研究中心，并分别于1998年、2002年在云南和贵州成立分中心，主要任务是"开展有关山地城镇与区域发展战略的研究和山地城镇规划及设计的科学研究，使它逐步成为我国开展山地城镇与区域环境研究人才与国内外学术交流的基地"。1998年，联合国秘书长安南宣布了把2002年定为"国际山地年"，表明山地城市及山地可持续发展将成为21世纪全球环境与发展的一项重大研究课题。总之，山地城镇及其空间建设的研究现在越来越受到国内外的重视。

2.1.2 山地城市的主要特征

1. 山地地形地貌与城市空间格局

城市发展空间自然的有限性，对周边环境具有更大的依赖性，也对城市的空

---

① 本书中的城市与城镇都是指的城市，城镇是指建制镇。

间格局造成很大的影响。例如,在城市内部,交通、生态、功能等方面呈现出山地城市的独特性;在区域环境中,对自然空间环境和生态及社会经济来说,山地城市的城乡关系整体比较强,山地城市相对于平原城市,空间形态更分散,山地城市与自然生态空间比平原城市更易结合,空间融合的关系更容易构建。山地城市的产生与发展的决定要素在于其"山地地形地貌",其是限定城市空间形态及结构的最主要因素,也是与一般城市相比的本质区别。

2. 地质生态环境与地质灾害

我国西部地区包括陕西、甘肃、宁夏、青海、新疆、广西、云南、贵州、四川、西藏、内蒙古及重庆 12 个省(自治区、直辖市),地处我国江河上游,自然资源丰富,自然地理、地质构造复杂、地质生态环境脆弱,地质灾害种类繁多,且发生频度高,危害严重。

3. 山地城市规模与城市建设

从城市规模来看,除少数大城市(如中国重庆)外许多山地城市都是中小城市。城市职能随社会、经济、自然条件的变化而变化,但是目前山地中小城市空间结构的发展,面临诸多问题。山地中小城市的职能相对山地大城市较简单,但部分山地中小城市空间结构限制了投资和优势政策的投入,也限制了产业的选择,从而限制了山地城市的发展方向和发展潜力;山地中小城市的人均用地指标较山地大城市宽裕,容易导致山地中小城市的土地利用粗放,从而使山地中小城市空间结构松散;山地中小城市规模小,城市中心单一,容易造成功能结构不完善、交通不系统,为城市的拓展造成不便;山地中小城市与乡村联系密切。

4. 地形地貌对市政交通组织影响

复杂的地形地貌是山地城市形态形成的根本原因,也是地域性空间布局的基本要素。市政交通是山地城市空间拓展的轴向导向,也是山地城市功能生长的最佳区位,还是山地城市空间形态演变的重要因素,而山地城市的地形地貌条件对山地城市市政交通造成很大的影响和制约,不利于山地城市市政交通系统的组织和规划。

2.2 山地环境对城镇空间布局的影响

2.2.1 对山地城镇空间发展方向的影响

山地城市由于坡度变化大、地形地质环境复杂,对山地城市发展建设带来巨大的困难,山地城市用地的选择稍有不慎将对随后的城市建设带来一系列隐患。

因此山水环境对山地城镇空间发展方向的选择至关重要。城市一般沿河流发展，因为靠近水的地方能满足生产生活用水的需要，交通便利。《管子·乘马》有言："凡立国都，非于大山之下，必于广川之上；高毋近旱，而水用足；下毋近水，而沟防省"。历代都城建设，大都山环水足，避害趋利，选择具有良好的自然环境、自然阻力较小的地方，以此来保障城市的安全发展与营运。山地城镇受山体、水体的影响，通常在山体与水系之间的地带寻找最适宜城镇空间发展的方向。以下针对山地城镇发展的不同阶段分别论述山体、水体对山地城镇空间发展方向的影响。

1. 山体对山地城镇空间发展方向的影响

山体对山地城镇空间发展方向的影响最直观地体现在山地城镇与山体的距离关系上，大致可分为城山相离型和城山相融型两种（图2.1）。

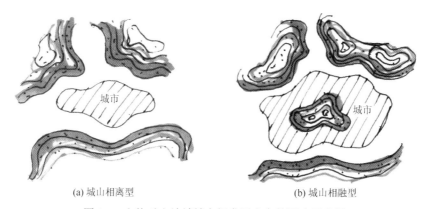

(a) 城山相离型　　　　　　　　　　(b) 城山相融型

图 2.1　山体对山地城镇空间发展方向的影响示意图

（1）城山相离型

这种类型的城市发展用地比较充足，根据避害趋利的原理，不需要利用山丘坡地的发展，城市建设用地基本位于完整、平坦的平原上，城市发展远离周边的山坡地带，防止遭受地质灾害的风险。城市发展方向面向平原，沿着山谷平原延伸扩张，而山体只是作为城市发展的背景、屏障。

（2）城山相融型

这种类型的山地城市地形复杂，山地城市被若干山脉丘陵分割，山地城市发展用地受到限制，随着山地城市不断发展的需要，山地城市用地的不足使山地城市必然向山体延伸，从而不得不利用可能具有地质灾害风险的地段，一些体量较小的山体就被山地城市用地包围。这时的山地城镇开发建设必须严格限制工程活动对地质环境的扰动作用，山地城镇建设发展方向沿着坡度的方向进行变化。这时山地城镇的一些用地或功能已经与山体相融合，即形成真正的"城在山中，山在城中"的现象。例如，乐山保留中心山体作为城镇的绿心，城镇在不断发展扩张的过程中，不断与中心山体相融合，最后形成现在的城中山。

2. 水体对山地城市空间发展方向的影响

山地城市一般位于河流水系发达的地方，山地城镇的形成和发展与江河、湖泊有着密不可分的关系，水体对山地城市的发展产生较大的影响，使山地城市沿河谷中的盆地或河谷发展。这时山地城市面临的地质环境问题主要是洪水、泥石流和塌岸等。本书将水体与山地城市空间发展的关系分为三种：沿江、河一侧发展，沿江、河两侧发展，被江、河分割朝多个方向发展，如图 2.2 所示。

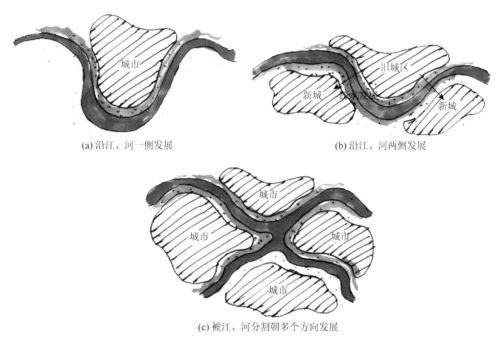

(a) 沿江、河一侧发展 　　　　　　 (b) 沿江、河两侧发展

(c) 被江、河分割朝多个方向发展

图 2.2　水体对山地城市空间发展方向的影响示意图

（1）沿江、河一侧发展

这种主要是指具有一定宽度的江、河水体流经城市。这类山地城市一侧有较多适宜城市发展的用地，地质生态环境稳定；另一侧适宜建设的用地少，且江、河流比较宽，跨江建设所消耗的成本过高且会对地质生态环境造成一定破坏，因此使这类山地城市沿江、河一侧发展呈带状延伸。

（2）沿江、河两侧发展

这类山地城市主要是指有一定宽度的江、河流经城市。这类山地城市一开始被局限在一侧发展，随着城市人口、城市功能的增长及科学技术水平的发展，城市用地不能满足发展的需要，城市的规模必须朝河岸对面扩张才能满足经济快速增长的需要，于是就形成了城市跨河发展、两岸并举的空间形态。这种情况必然会对沿河周边的地质生态环境产生较大影响，破坏了其原有的生平衡系统，水文、地质条件复杂，会对周边的海洋环境、河流或湿地环境产生一定的破坏。因此，这类工程建设必须编制环境影响报告书，以维持地区的地质生态环境安全。类似的城市如上海，其城市跨越黄浦江发展。其中，浦东新区的发展，尤其是心脏之地——陆家嘴直接给旧城浦东带来活力，整体提升了城市的形象，使上海一跃发展成为国际性大都市。

（3）被江、河分割朝多个方向发展

这类山地城市一般被两条或以上线性水体呈网状穿越，这类城市围绕河流交汇的点不断向外扩张，使城市往往在水岸多侧朝多个方向同时发展，由几个相对独立的组团形成整体组成城市。

2.2.2　对山地城镇功能结构的影响

山地城镇山脉众多、谷深坡陡，地形地质环境复杂。山地城市用地往往被山体、河流水系分割，山地城镇由于山水交织密布，在给城市带来自然生态景观文化资源的同时也给山地城镇建设发展带来了很多的不便，如造成山地城镇地质、地形地貌的物质系统不稳定，若山地城镇选址、功能结构布局不当会使区域生态系统失衡。因此山地城镇的功能结构在很大程度上受山水环境条件的制约，不可能如一般城镇一样集中发展，而必须结合地质生态环境，自然生态资源进行合理规划布局。我国西南地区的山地城镇多沿河流修筑，山地城镇大多集中在长江及其支流（如嘉陵江、乌江）的边缘，如重庆、攀枝花、仁寿县等，山地城镇的功能结构是与山地地形环境长期作用的结果，这些山地城镇的功能结构受地形环境、山水格局的影响其功能结构大体呈现多组团式布局，并且受不同山地城镇实际情况的影响，其组团式空间结构呈现一定的多样性，具体可大致归纳为以下三种。

1. 多中心、组团式布局

重庆作为典型的山地城市，城市用地被自然分割，长江、嘉陵江穿城而过，另外有多条支状水系遍布境内，众多山脉贯穿其中。受特定的山水环境的影响，重庆的空间布局规划采取"有机松散、分片集中、分区平衡、多中心、组团式"的结构模型，适应山、江交汇的自然地理条件特点。类似重庆的这种多中心、组团式布局结构一般分布在山水相交的地带，如宜宾、合川等。这类城市不仅加强了对山水环境的保护与尊重，减少了城市问题的产生，还能进一步凸显城市个性。

2. 长藤结瓜式布局

攀枝花也是典型的山地城市，地势崎岖，地质构造复杂，褶皱、断裂发育。金沙江水系、雅砻江水系在此汇合。城市布局受地质条件、山水资源环境等的制约，沿金沙江两岸展开，形成东西长达 55km 的长藤结瓜式布局。这类城市由于受山体、河流的限制，往往沿江河的一侧或两侧狭长的地带发展，如万州。

3. 指状布局结构

仁寿县位于四川盆地南部、川中丘陵地区。规划区地形起伏，越溪河发源于仁寿县，是岷江一大支流，景观丰富。为避免城市化进程中可能出现的城市无序蔓延扩张，以及对生态环境和城市交通带来不利影响，其城市总体规划结合山水自然条件，沿主要道路呈扇形分布为五个大小不等的组团，组团之间绿网、农田、水系形成永久性绿带和自然景观丰富的开敞空间，从而形成了指状布局结构（图 2.3）。工作与居住、生产与生活就地平衡，指掌之间有便捷的公共交通相联系；指掌内部交通以步行为主，自行车交通为辅，创造了舒适的居住环境和便捷的工作条件。

图 2.3　仁寿县指状布局结构示意图

　　综上可见，山地城镇由于受自然山水环境的限制影响，其布局结构不能像平原城市一样集中连片式的发展，而是以自然山水条件为基底形成有机疏散、分片集中多组团的布局结构。山地城镇的这种布局模式，对保护城市生态环境、彰显城市特色、促进城市健康发展等方面具有有利条件。

2.2.3　对山地城镇空间形态的影响

　　山水环境作为影响城镇空间形态最重要的自然因素，在一定时段内会使山地城镇呈现空间形态的有机分散性发展，在某些情况下又会促使山地城镇的空间形态呈现空间形态的多维集约性发展。

1. 空间形态的有机分散性

　　山地城镇分布式发展是山地城镇发展的主流方式。其中，自然条件的阻隔和地形的限制与引导，是造成山地城镇空间形态分布式发展的主要制约因素。一方面，河流、山峰等山水条件相连相间，对山地城镇产生巨大的分隔作用，也由于山体河流周边地段地质生态环境的不稳定性，山地城镇一般很少有大片集中平缓适宜的建设用地，适宜的建设用地分布零散，山地城镇空间形态呈现分块状态。当旧城发展到一定程度后必然向外扩张呈现跳跃式的发展（图 2.4），即在旧城外围重新选择适宜建设的新城进行发展，从而使山地城镇空间形态表现为分散发展的模式。因此，山地城镇建设用地的自然分散是山地生态环境自然演化的结果。另一方面，受现代西方有机疏散理论、卫星城理论等的影响，城镇的发展会有意识地利用良好的山水环境跳出现有的无限制扩张的"摊大饼"模式，跳过山脉或水体，在城镇中心区周围建设新区，引导城镇中心区的有机疏散，避免城镇中心区的过度拥挤而带来一系列地质生态环境问题。因此，山地城镇空间形态的分散发展又是人为有意识引导、控制的结果。

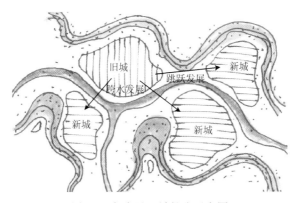

图 2.4　仁寿县旧城扩张示意图

2. 空间形态的多维集约性

山地城镇在快速城镇化进程中空间形态呈现明显的多维集约性趋势。分析其原因有两个：一个是内因，随着城镇化进程的加快，城镇中心的区位优势越来越显现，城镇功能不断向中心集聚，地价上升，这样必然使城镇功能向三维空间集约发展；另一个是外因，山地城镇由于其山水格局的地质生态复杂性，制约了城镇空间的水平拓展，山地城镇"人-地"关系的矛盾决定了山地城镇在有限的空间内集约化发展。以重庆主城区渝中半岛为代表（图2.5），近年来其空间呈现出高层高密度集约化发展形态。渝中半岛顺应山水格局，遵从区域的自然地形、山水条件，空间形态随地形采取自由式布局。在竖向设计上采取错层、吊脚、附岩等各种手法，最大化利用山体岩石，化解地形高差对城市空间组织的限制，形成多样化的景观空间，使城市空间形态与自然环境相适应。例如，重庆洪崖洞景点就是一典型的在竖向空间上巧妙地利用现有的爬坡、岩石等条件而形成的具有巴渝传统建筑特色的吊脚楼实例（图2.6）。

图2.5　多维集约式发展的重庆主城区渝中半岛

综合以上，山地城镇分散与集约共同发展所呈现的特殊景象是山水生态环境与聚居空间实践互动的结果。分散与集聚必须适度，过度集聚会超越生态环境承载力，破坏自然生态系统，过度分散又不能满足经济发展的需要，且会给基础设施建设带来较大困难，导致新区与城市中心区联

图2.6　洪崖洞充分利用山体的吊脚楼形式

系不便、交通运输效率低等。前工业社会受自然环境和生产力的制约，城市的空间拓展顺应山形水势，自发地演化出"大分散、小聚集"的三维景观特质。在生产力高度发展及快速城镇化的现代，赋予了"大分散、小聚集"以新的内涵，即山地城镇分散发展的生态格局和山地城镇空间发展的高度"集约化"。可以断言这将是未来山地城镇发展的必由之路。

2.3 山地城市空间结构基本特征

2.3.1 山地城市空间结构外在构成要素

从城市的空间结构形态特征看，山地城市空间结构具有五个外在构成要素：节点、梯度、通道、网络、环与面，其是分析山地城市空间结构的形态要素。

1）节点。山地城市是由不同功能的地块组成的，这些地块包括商店、银行、工厂、住宅等城市居民生活和工作的实体空间。这些实体空间的功能不同，导致某些实体空间成为山地城市居民的聚集地点，这就形成了山地城市的核心或节点，如中心商务区、交通枢纽、工业区、山头湖面等。

2）梯度。山地城市节点的存在，导致山地城市核心区的形成，通过山地城市经济效益和土地价格的影响，客观上必然形成由核心向外缘的空间梯度。山地城市节点是山地城市发展的主要动力和山地城市活动的主要场所，一般承担山地城市的主要职能，与山地城市的空间布局有直接的关系。按照功能类型可以分为商业核心、政治核心、生态核心、文化核心等；按照等级可以分为城市中心区、城市副中心区等。

3）通道。由于空间梯度的存在，节点之间形成通道。而山地中小城市最重要的通道包括内部山体、城市河流、城市快速路、主干路等。对于山地中小城市来说，"绿道"的建设对城市空间结构和城市环境有很大的影响，如宜宾城市布局就体现这样的理念，"沿着诸如河滨、溪谷、山脊线等自然走廊，或是沿着诸如用作游憩活动的废弃铁路线、沟渠、风景道路等人工走廊所建立的线形开敞空间，包括所有可供行人和骑车者进入的自然景观线路与人工景观线路"，不难看出，"绿道"强调的是一种自然与人平衡发展的生态观，一方面要有"绿"，即要有自然景观；另一方面要有"道"，即要满足人游憩活动的需要，并不要求为了保护自然而完全限制人的活动。

4）网络。节点与通道组成城市空间结构的网络系统。这种网络系统是通过多种渠道、多种方式来实现的多部门、多系统和多企业之间的社会经济联系网络。针对山地中小城市来说，山体和绿地将影响城市布局的形式，构建生态网络来营造城市布局是其中的一个特色。例如，株洲河西新城城市空间布局就体现了网络的理念。

5）环与面。由网络的边界构成不同的环（cells），由环生长成各具特色的面（surfaces）。这些面也就是本书进行山地城市集聚与扩散分析的基本单元：城市社会区和城市功能区。

2.3.2　山地城市空间结构演变要素

一般城市空间结构的演变始终受到两个因素的制约和引导：无意识的自然生长发展及有意识的人为控制，两者交替作用而构成城市生长过程中多样性的空间结构形态。其中，人类对城市发展的干预几乎是伴随着城市一起生长的，人类对城市空间结构的干预活动具有积极主动性和目的性两大特征。因此，城市空间结构发展常常并主要受人们的主动作用的目的、方式与能力所影响，它与人们的价值观念与价值取向直接相关，与人类的经济、政治和社会力量密切相连。吴良镛（2001）将人居环境从内容上划分为自然系统、人类系统、社会系统、居住系统、支撑系统五大系统进行研究（图 2.7）。在具体形态上，表现为自然地理、人口、技术、物资、信息、资金、观念等，城市形态发展必然要受它们的影响。

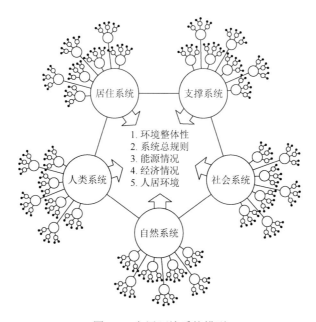

图 2.7　人居环境系统模型

以下首先对自构与被构这两种演化发展模式进行深入分析，从而得出山地城市空间结构演变自构与被构的深层次机制。

1. 山地城市空间结构演变的自构与被构

（1）山地城市空间结构演变的自构

物理学中的"耗散结构"理论用于城市系统的分析，可以解释城市的自发进化现象，系统论称为自组织演化。城市作为一个开放、复杂的超级系统，明显具有"耗散结构"特征，具有自组织演化与进化的功能。城市的自构概括的就是这种自发进化的过程，在此它表现出强烈的主体性。

城市的自构导致城市空间结构物质要素的进化。将达尔文的进化论用于城市，使城市空间发展具有了生命的形态特征。城市的历史展现了进化的全过程：从村庄到集镇，从集镇到城市，从城市到区域特大城市，再向城市绵延带发展。不同层次的城市形态结构的逐步复杂化和完善化，是城市进化的总体趋势。而针对山地中小城市来说，其城市的演化经历了从村庄到集镇、从集镇到中小城市的演变过程，其城市空间结构进化往往是和功能主义紧密相连的。城市在自身之中包含了某种演变的轨迹和某种潜在的可能性的展开。城市空间结构变迁可以看作是由包括这种展开过程的机制所决定的现象，城市系统则可以被看作是具有清晰边界的统一体。

城市社会经济要素运动成为城市自构的本质，城市空间结构演化就是这种运动过程在用地空间上的反映，并表现为一对既矛盾而又统一的空间分散。在经济力量的作用下，城市其他结构要素如交通、区位、政策、社会心理及文化等也随着城市用地矛盾的激化而发挥积极作用，于是新的城市空间结构有可能产生。这有两个方面的结果：其一是城市的自组织调节能力发挥作用，通过自身的适应而达到需求目的，这是城市结构的"自愈"功能；其二是矛盾急剧激化，城市结构的"自愈"能力不能调和这种矛盾时，结构便会崩溃，或转化为新的结构。这便是城市的进化。

城市中每一个结构要素都存在着自身特殊的建构要求，如交通线总有以最短距离获得最大效益的趋向。工业区、商业区则不仅仅要置于交通便捷的区域，还有自动集成"范围经济"的要求。在没有人为干涉的条件下任其发展，它们总是自发性地自我修正成合理的自构形式。

山地城市的自然环境条件，使其城市空间布局较平原城市有更为复杂的影响要素，而山地中小城市也与山地大城市或山地小城镇的发展条件及策略不同。

而针对山地城市的特点，其空间结构与平原城市相区别的自构要素包括地形地貌要素、丰富的动植物资源、自然生态环境的脆弱性和山地气候特征、山水格局、中小城市建设需求等要素。

1）地形地貌要素。山地城市多变的地形地貌条件不仅作为一个重要的限制因素对城市的布局、交通的选择和组织、城市建设的成本等方面产生重大的影响，而且为其他自然环境因素带来决定性影响。例如，复杂多变的地貌环境是滑坡、崩塌、泥石流等自然灾害形成和分布及水土侵蚀发生的主要内在条件；多变的地形带来丰富多样的小气候条件，培育了多样化的动植物类型；山脉和水系的形成和演变孕育了不同于平原的山地景观与文化；等等。

2）丰富的动植物资源。山地中小城市丰富的地貌特征——丘、脊、岭、坡、沟、谷等，这些垂直变化大的地形条件使其土地表面所受的太阳辐射产生了差异，对风态、日照、温度、湿度、土壤、水文植被等产生了较大影响，从而产生相对独立的不同于同地带气候类型的气候环境条件，由此带来适应不同气候环境的不同的动植物。因此，山地区域往往除具有其所在地气候类型下的常见动植物外，还包括相应小气候环境下的各种动植物群落，以及较平原城市丰富的多样化的物种种类。山地城市小气候环境的多变导致物种的多样性和遗传多样性，这就更利于山地城市生态系统的稳定和物种的保存。

3）自然生态环境的脆弱性和山地气候特征。城市建成区的生态系统大部分不能自我循环，因此本身就具有脆弱性的特点。而山地城市由于地貌环境复杂、地表切割强烈、地形破碎严重而带来坡地稳定性差、地貌环境抗干扰能力低和灾变敏感度高。与此同时，山地往往由于局地小气候的多样，局部雨量有可能较大，地表水水量涨落差距大，山洪发生的概率较高，再加上冬、夏季日照差距大带来的地表土壤易松动，这些因素都很容易造成水流对表面土壤的剧烈冲刷，进而形成水土流失。而土壤是自然环境的根本，一旦水土流失，不仅带来众多的塌方、泥石流、洪水等自然灾害，更重要的是造成地表动植物无法生存、土壤更加容易流失的恶性循环。

4）山水格局。山地城市最大的特色是山水格局，这决定了山地城市的布局和山地城市各部分的组织模式。山水格局不仅是山地城市布局模式和空间结构的基础，还是历史文化、城市特色建设的有力资源，也是山地城市建设最宏观的自然背景。

5）中小城市建设需求。由于城市职能、地形限制等，山地城市建设的拓展和建设具有本身的特色。由于山地地形中适宜建设用地的面积少，山体及水域等对向外交通联系的阻隔、城市交通服务面受限，以及适宜建设的用地条件有限的现实，山地城市的建设成本要大大高于其他平原城市，因此采用高密度高强度发展是在残酷现实面前山地城市建设必然的选择。

对于山地城市，自然地貌是决定山地城市空间格局的最主要要素，往往形成以上三种类型：山地城市位于山体和水域一侧、山地城市位于山体之间、山地城市位于山体和水域之间（图2.8）。

（2）山地城市空间结构演变的被构

每个历史时期都伴随着一些思想家对城市理想模式的探索。从希波丹姆的方格网城市到维特鲁威的八角形理想城市，以及从乌托邦、太阳城、新协和村到田

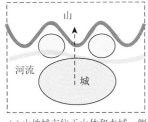
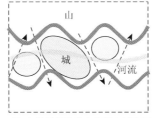
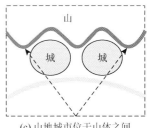

(a) 山地城市位于山体和水域一侧　(b) 山地城市位于山体和水域之间　(c) 山地城市位于山体之间

图 2.8　山地城市空间布局特色

园城市、工业城市及带形城市，都体现了人类希求更好的生存、自卫、发展和追求美好、稳定的城市生活的本能。至今，随着技术手段与理论的成熟，规划的干预更是无孔不入，大量的新建与改建对城市的发展产生了巨大的影响，人们幻想的理想城市在实际中一个又一个地实现了。历史地考察城市，可以发现城市的发展都是由两种动力来推动的。一个是城市自构产生的动力，它缓慢、内在地起作用，当积蓄到一定程度时，会使城市发生较大跃迁；另一个是人凭借自己的主动性与目的性，人为地对城市进行干预，使之向自己既定的方向发展，往往表现得快速、外向与突变。城市结构被动地建构起来，可以称为城市的被构。

区域交通基础设施的建设给山地城市发展带来机遇和挑战。一方面，高速铁路和高速公路等区域交通基础设施对地区经济产生催化作用（吸引新的活动从而促进地区经济的发展）或促进作用（在城市地区新的基础设施将调节已经在增长的经济）。区域交通对山地城市的影响有利有弊，如对于交通不便的山地城市，是一个很好的对外窗口和发展机遇，也有可能出现会促进人口和产业的外流、沿线城市的多重竞争等；另一方面，一些山地区域中心城市的交通基础设施向外延伸也为周边的山地中小城市进一步融入区域、对接山地区域中心城市提供支撑。

山地城市也出现交通拥堵问题。山地地形地貌对山地城市的交通系统有较大的限制，而随着山地城市的发展，部分山地中小城市机动车辆增加、多种交通方式混行、交通规划与管理不足等问题开始出现，进而造成交通拥堵的问题。

山地城市在生态城市建设上潜力突出。山地城市的环境保护和生态建设的意义重大。而山地城市一般有丰富的动植物资源、大片的植被和森林、独特的山水格局等自然生态条件，有建设生态城市、幸福城市、健康城市和绿色城市等的基础。相对于山地大城市，山地中小城市可以在小范围进行试点活动，提供生态城市的示范和模板。

山地城市通过对接央企加快产业壮大转型升级。央企与地方合作由来已久，针对有一定产业基础或资源基础的城市，加大投资力度和政策优惠力度，促进山地城市的产业转型与升级。

城市自构与被构分别为城市自组织深化能力与人为规划干预能力所驱动。当它们的合力方向一致时，城市人为建构可以强化自构的发展方向；当它们合力方向不一致时，它会阻碍或延缓城市的自构过程。当然，城市人为建构可以修正自构的方向。

2. 城市空间结构形态发展的深层结构

城市空间结构是各种人类活动与功能组织在城市地域上的空间投影，是指城市各物质要素的空间区位分布特征及其组合规律，它是以往城市地理学及城市规划学研究城市空间的核心内容之一。

从其表征上看，城市各组成物质要素实体和空间的形式、风格、布局等有其规律；而从其实质的内涵来说，城市正是一种复杂的人类政治、经济、社会、文化活动在历史发展过程中交织作用的物化，是在特定的建设环境条件下，人类各种活动和自然因素相互作用的综合反映，是技术能力和功能要求在空间上的具体表现。

所以，仅仅在物质要素的形式上的探讨无法解决"空间发展"问题，应该对社会和历史内涵所表现出的、组成城市用地发展的因素做出圆满的解释，山地城市空间结构可以概括为三个结构系统：生态网络、经济网络和社会网络。

1）生态网络由自然网络、交通网络、资源网络等构成，是城市之间结构系统的物理要素，它通过生态位的形成作用于城市空间。山地中小城市自然地理条件引导城市发展方向，自然环境分为地质、地貌、水文、气候、动植物、土壤等多方面，它们都直接或者间接地影响山地城市空间的发展，主要体现在山地城市的选址，以及山地城市本身的空间特色和空间功能的环境质量。另外，城市所处的自然条件特色是产生城市空间特征的主要因素之一。不同气候产生不同的建筑形式和组群形态，形成各自的空间特征。当今的科学发展观和可持续发展战略使城市建设的自然观念重新得到重视，并进一步得到发展：当今的城市建设强调城市结构对自然环境的适应、城市与环境的共生等。随着人类对自然界认识的加深，城市用地空间发展的自然环境结构也将表现为多种新的形式。不同的交通运输时代，形成不同的城市空间结构，而山地中小城市沿河流、山体的布局也促进其空间形态的演变，如城市中心的位移，不同城市的线形、生长轴空间等。

2）经济网络包括服务网络、市场网络、生产网络、劳动力网络、资本流动。山地城市经济网络直接作用于城市功能，二者是相辅相成的。经济的发展是生产关系和生产力的共同发展。它们包括生产方式、经济制度、产业结构、经济流通等多方面，无一不对山地城市用地空间形态产生影响。例如，中国古代井田制，体现在土地界分和分配制度上就是方格网状，与其相适应的军事制度、宅居制度等对古代城市形态影响较大，里坊制构成了古代城市基本用地空间结构特征。宋代以后，由于工商业的发展，其城市的经济方式由消费性城市转变为以手工业和工业为主的生产型工商城市，城市中特定功能的工业、商业、交通、金融、管理等专门化用地空间代替了传统的前店后坊式居住、手工业和商业混合空间，产生了现代城市用地的功能分区。

3）社会网络强调社会中的群体属性。宗教、习俗、血缘、政治、文化等形成各种层面的社会网络。社会网络涉及社会关系与空间关系，社会组织的整体性和分离性是用地空间互动及分离的根本原因。城市不同用地空间的形成与发展是社会生活的需要，也是社会生活的反映。

在每个特定地区，群体的文化传统及其演进，对城市用地空间的组织与发展产生影响，形成城市空间的文化特色。城市空间的文化特色主要表现为城市空间物质形态积淀和延续历史文化，另外它又随居民整体观念和社会文化的变迁而发展。城市空间结构形成后又反过来影响生活在其中居民的行为方式和文化价值观念。例如，中国古人造城的"天人合一""天星地形、上下相因"的理念对古代城市中象征权力的宫室系统和祭祀系统空间布局产生根本影响。古代五行和阴阳八卦学说对城市、建筑的空间定位一直影响着中国传统城市的发展，直到封建社会末期。

以上所述的深层结构都不是孤立地在山地城市空间结构中起作用的，而是相互影响、相互促进的。

2.3.3　山地城镇空间结构主要可调控因子

1. 生产、消费、居住功能空间的分布

生产性空间倾向于形成整体甚至是划一的城市形态，通常利用轴线、交通路线组织结构的生长，富于逻辑性和理性；消费空间倾向于奢华、享受与及时行乐的价值风尚，它们着意于取代早期生产性空间的节俭、勤奋和积累的价值伦理，直接导致形成丰富多彩的城市空间形态和多元化风格，其分布也呈现多核心、专门化的特点。

在城市结构的相互联系，以及结构拓展中，公共交通是生产性的、普遍性的、结构性的空间联系方式，其容量越大，越能有效地促进城市结构化，从而形成整体、紧凑的城市形态，个性化交通，如小汽车是消费性的、解构性的空

间联系方式，其数量越多，城市公众意义上的效率越低，占用的资源越多，从而形成分散的城市形态。

居住空间历来都依附于生产空间和消费空间，只是按照社会生态的规律，在形态上表现为分层分布。公共交通节点处能容纳大量的居住空间、消费空间和生产空间，而随着个人交通的发展，居住空间也开始出现与生产空间、消费空间分离的郊区化迹象，生产空间、居住空间和消费空间的组织方式开始有了较大的灵活性，空间临近的依赖性正在迅速消失或减弱。

山地城市由于山水格局，不能像平原城市那样拓展，多形成组团、带状、环形等空间结构模式，组团的特点决定了城市空间结构变化的基本态势，而每个组团或带状节点形成一个结构性的中心，一般为生产中心或消费中心，而居住是依附于中心分布的。实际上，城市各种功能区之间，以及各种功能区内部各组成部分的排列和组合关系，便形成城市的空间结构，并通过城市交通通信形成整体。例如，重庆市主城区的多中心组团模式，每个组团有不同功能的中心，而居住围绕中心发展。

城市交通方式和设施的进步，以及规划和政策的干预，使生产功能与消费功能呈现混合形态，其生产空间、消费空间和居住空间也随之进行了调整，如乐山空间结构的演变。

2. 城市空间结构生态系统影响

城市生态系统是一个具有极其明显的复合生态系统结构特征的人工生态系统，社会、经济、自然三个亚系统是必不可少的结构组成部分，产生了生产、生活、生态三大功能，其中生态功能主要由城市中自然环境提供。

根据现有的对城市生态服务功能的研究，城市生态服务功能可以分为五种类型：第一是供给，为人类生产和生活提供水、能、气、土、矿产、生物等物质和能量；第二是孕育，通过熟化土壤、稳定大气、保持水土孕育更好的城市生态环境；第三是调节，调节人类生活的局地气候、净化环境污染、促进灾害减缓，保持生态多样性；第四是流通，促进城市生态系统养分和废弃物的循环再生；第五是支持功能，为社会发展、科学研究、文化教育、旅游休闲、精神文明等提供信息、景观和美学环境。

2.3.4　山地城市空间结构对路网布局的影响

山地城市由于受蜿蜒起伏的地形条件的制约，道路不可能像平原城市一样完全进行格网式布局。因此，山地城市道路布局多采用以自由式为主、棋盘式为辅的混合式布局模式。山地城市的空间布局大多呈分散组团状，一般组团内部采用棋盘式布局模式，组团外部之间地形起伏变化非常大，不可能如平原城市那样横平竖直地连接通畅，因此一般采用穿山隧道、盘山道、之字形线路等自由式道路来克服地形条件的不便，这也是山地城市的一大特色。但山地城市各组团之间的道路联系通常只有 1~2 条，使城市组团之间交通联系不便，组团内部一旦发生灾害，联系组团的道路将承载较大的交通压力，且不利于灾害的及时疏散与救援。

2.4　山地城市空间结构发展模式

结合山地城市自身的社会经济特征、生态环境条件、区位条件、资源条件、地貌特征等，山地城市往往采取各种灵活多变，形态各异的布局模式。

黄光宇（2002）通过对山地城市空间发展模式的研究，认为山地城市空间发展模式可划分为紧凑圈层式、紧凑放射式、狭卡连续式、组团式分散放射发展和带型分离式放射发展几种类型。

邹德慈（2002）认为"一般城市的空间形态同时具有整体上绝对的动态性和阶段上相对的稳定性特征"，并对一般城市空间形态运用"图解式分类法"进行形态类型分析，其认为城市空间形态结构可以分为如下类型：集中型、带型、放射型、星座型、组团型、散点型。

根据山地城市空间结构的基本特征，综合多位专家对山地城市空间结构的分类，本书将山地城市空间发展模式分为组团发展模式、带型发展模式、环绿心发展模式，每一种又包含不同的空间类型。

2.4.1　组团发展模式

该模式多用于地形起伏、山水相间的山地城市，其被山脉、江河、冲沟等所分割，形成组团型的空间结构形式，同时又可分为单中心组团型结构和多中心组团型结构。

1. 单中心组团型结构

由于自然条件的限制，外围各种功能区围绕中心区呈现不均等连片集结，若干方向较为发育，若干方向较不发育，总体呈现放射状。由于受若干自然条件（河流、山丘和湖泊等）和特定交通（铁路、公路和河道等）的深刻影响，山地城市向各个方向的扩展中表现出特定的不均衡。例如，宜宾 1982 年的总体规划。

2. 多中心组团型结构

集中的城市中心区被分散的若干城镇所代替，各类外围功能区也分置于各自的核心城镇和周边城镇中。影响此类城市结构分散的原因很多，主要包括地形条件的限制、生产协作的便利及分散布局思想等的影响。例如，宜宾 1997 年的总体规划。

2.4.2　带型发展模式

由于地形或自然地貌的限制，山地城市用地沿山体或丘陵、山谷、江河等呈现带状发展，这种城市一般规模不大、城市结构比较简单。

1. 单中心带型结构

这种类型结构与单中心组团型结构类似，不过在范围上沿山体或丘陵、山谷、江河等呈现带状拓展，其可以形成单中心带型结构，适用于规模较小的山地城市。例如，重庆石柱 1996 年的总体规划。

2. 多中心带型结构

在山地的自然生态环境中，当单中心带状城市规模进一步扩大，社会经济进一步发展，单中心带状城市将进一步向多中心带状沿河谷一侧或两侧发展。

这种类型结构是我国山地城市发展中较为常见的一种类型。山地城市中心区与外围功能区连片向两侧拉长，周边城镇和其他方向的外围功能区均不发育。在河谷地带，受狭长用地条件限制，同时还受沿河谷分布的交通线（铁路、公路和河道等）的影响，山地城市的带型发展则会表现出向两侧或多侧延伸，也有少数山地城市只会沿一侧延伸或退延。

2.4.3　环绿心发展模式

环绿心发展模式一般是围绕绿地、山体、水体等，向周围拓展的城市发展形势，其基本特点是围绕自然生态要素绿心（包括湖面、山头、林地、湿地等）的单中心或多中心发展。

其适用于地貌丰富、地形起伏变化的丘陵山地城市。例如，乐山的环绿心空间结构模式。

随着我国城镇化的加快，人口、资源、环境的压力进一步加大，城市间的竞争进一步加剧，联系也进一步加强。关注城市与区域的生态环境保护和可持续是城市建设的目标，而环绿心发展模式将更加被重视。

同时，随着城市规模的扩大，环绿心发展模式将进一步向多中心结构转化发展，从而形成比较复杂的区域城市的形态。例如，乐山市域空间结构。

2.5　本　章　小　结

本章的主要目的是总结山地城市空间结构的基本特征及发展模式，作为进行山地城市空间优化的基础。

首先，山地城市规模和山地地貌特征是山地城市的最主要特征，因此先研究山地城市的基本特征，作为研究山地城市空间结构的基础。

其次，重点研究山地城市空间结构基本特征，包括其外在要素、深层要素及主要可调控因子。外在构成要素包括节点、梯度、通道、网络、环与面；内在构成要素包括空间结构演变的自构和被构，以及生态、经济、社会三个结构类型；并针对山地城市特点，分析其空间结构的主要可调控要素。

最后，通过山地城市空间结构特征，归纳其空间发展模式，并分析案例。

通过以上研究，得出山地城市空间结构的基本特征和模式，即提供了可以进行优化的方面和类型，再结合森林城市目标的引导，为优化山地森林城市方法奠定基础。

第3章 走向森林城市——森林城市基本理论与特征

3.1 森林城市的概念

森林，是多种生命的集合体，既养育生命，也独自繁殖。我们的祖先，也曾以此为家。与森林共生并非理性，而是生命的真谛。故而，森林是永远的眷恋。

城市，是人类生活的空间。换而言之，是生活活动的森林。

森林城市，是人们对美好生活的向往和期盼。如果把城市当作人类的居所，其原点就是森林。森林城市的主题，就是通过把森林融入城市，营造未来人类生活的可持续环境。

3.1.1 森林城市概念的提出

从 20 世纪 60 年代中期开始，国外一些林学家，从人类生活和生存的角度出发，提出在市区和郊区发展城市森林，把森林引入城市，让城市坐落在森林中，通过调整人类、社会、森林之间的关系，促使城市社会、经济与自然的协调发展。

1962 年，美国政府在户外娱乐资源调查报告中，首先使用"城市森林"（urban forest）这一名词；1965 年，加拿大多伦多大学 E. Jorgensen 最早提出了"城市林业"（urban forestry）的概念；中国围绕"城市森林"概念进行的建设与研究工作起步较晚，1994 年 10 月，中国林学会成立城市林业专业委员会，将"城市林业""城市森林""城郊型森林""城乡绿化""都市林业"等名词统一为"城市森林"。此后，北美、欧洲乃至一些发展中国家相继掀起建设"城市森林"的热潮，森林城市和生态城市建设进入快速发展阶段。

3.1.2 中国森林城市概念的提出

2003 年，历时两年，由六十多名国内著名专家学者领衔的科研项目"中国可持续发展林业战略研究"完成，将发展城市森林确立为中国可持续发展林业战略之一，成为生态优先、生态建设和生态文明"三生态"战略的重要内容。其中，对于城市森林的定义是：城市森林是指在城市地域内以改善城市生态环境为主，促进人与自然协调，满足社会发展需求，由以树木为主体的植被及其所在的环境所构成的森林生态系统，是城市生态系统的重要组成部分。

城市森林出现的首要目的是应对恶化的城市环境，以一种整体的方法来管理城市中以植被为主的自然资源，因此，应该以系统的观点面对城市中的各种自然资源及其所处的城市环境，具体到中国的实际情况，打造森林城市成为有条件城市的目标。

1989年，吉林省长春市提出兴建"森林城"，这是我国城市森林建设的开端，比国外晚二十多年。同年，中国林业科学研究院（简称中国林科院）开始对国外城市林业发展的状况进行研究。1991年，辽宁省阜新市开始兴建我国第一个地级"森林城"。1994年，重庆市立项实施了"建设重庆山水园林城市"课题研究。1995年，广州市立项实施了"广州市城市森林的现状调查与发展研究"。1996年，北京市实施了"北京市城市林业研究"项目。1997年，湖南省娄底市开始兴建我国第一个县级"森林城"。1998年，中国林科院主持开展了"中国城市森林网络体系建设研究"项目，率先在哈尔滨、大连、上海、合肥、厦门等地，围绕城市森林布局、树种选择与配置、树种生态效益等城市森林建设问题进行了比较系统的研究。2004年，全国绿化委员会、国家林业局制定了《国家森林城市评价指标》和《国家森林城市申报办法》，确定了国家森林城市的定义，其是指城市生态系统以森林植被为主体，城市生态建设实现城乡一体化发展，各项建设指标达到一定指标并经国家林业主管部门批准授牌的城市。同年，全国举办了首届国家森林城市评选，贵阳成为我国第一个获得国家森林城市称号的城市，从此，我国森林城市建设进入规范、快速的发展时期。同年，许昌、包头成为全国首批获得国家森林城市称号的地级市，临安成为我国首个获得国家森林城市称号的县级市。截至2011年6月，全国已有30座城市被授予国家森林城市称号（表3.1）。截至2017年10月10日，共计137个城市被授予国家森林城市称号。

表3.1　截至2011年6月我国国家森林城市

时间	城市
2004年11月	贵阳
2005年08月	沈阳
2006年10月	长沙
2007年05月	许昌、成都、包头、临安
2008年11月	广州、新乡、阿克苏
2009年5月	杭州、威海、宝鸡、无锡、武汉、呼和浩特、本溪、遵义、西昌、新余、漯河、宁波
2011年6月	大连、珲春、扬州、龙泉、洛阳、梧州、泸州、石河子

3.1.3　中国森林城市概念的完善

在国家森林城市的指导下，各地进行了实践探讨和学术探讨，进一步丰富了森林城市的含义。

刘常富等（2003）从生物学的角度，提出建设城市森林系统是创造森林城市的基本条件。城市森林应以乔木为主体，且要达到一定的规模，面积应大于 $0.5hm^2$，林木树冠覆盖度应在 10%～30%，并与各种灌木、草本及各种动物和微生物等一起构成的一个生物集合体，并与周围的环境相互作用，形成一个相互联系和相互作用的统一体，且要具有明显的生态价值和人文景观价值，能对周围的环境产生明显影响。

叶功富和洪志猛（2006）从森林学的角度，将森林城市定义为：是以森林学为指导，以花草、林木构筑景观多样性、生态系统多样性和生物物种多样性为主要特征，以特色森林形成独特的城市景观，以自然山川地貌为基础，以大面积森林为基调，以小型园林精品为点缀，以园林式单位庭院为依托，以道路河流绿廊为纽带，衬托富有变化的建筑物，形成开放、自然、和谐、内外借景、相互映照的有机整体，呈现出山林、河流等自然景观与喷泉、高楼等人文景观融为一体的城市风貌。

温全平（2008）从生态学的角度，通过城市森林规划的方法，来打造森林城市，城市森林规划是指在城市地域范围内，为了实现以生态效益为主的综合效益最大化的目标，而对城市森林生态系统建设的内容和行动步骤进行预先安排，并不断付诸实践的过程。温全平指出城市森林规划是一类高度受人类干扰的生态系统，具有自然生态系统和人工生态系统双重特征，表现在决定城市森林生态质量上，既有气候、土壤、地形等自然要素，也有道路交通、城市建筑等人工要素，以及社会经济、历史文化等人文要素。

森林城市将定义分为狭义和广义两个部分。森林城市的狭义含义是指国家森林城市。森林城市的广义含义是指打破城乡界限，将城市融入乡村，让乡村渗透城市，建设绿色森林生态系统，艺术地表现植物群落特征，既是自然要素的连接，更是生活方式的融合，建设一个经济高效、环境宜人、社会和谐的居住城市，最终达到"人-城市-自然"和谐共生的最好理想目标。广义含义的森林城市，不仅仅是一般森林城市所提出的含义和方式，还是包含了国家园林城市、宜居城市、健康城市、生态城市、人居城市等多种含义的一个综合概念。

重庆大学曾卫认为 2010 年上海世界博览会重庆馆理念的"山地森林城市"，分为三层含义。第一层含义是指重庆森林，由植树造林所营造的城市绿色空间所形成的城市风貌；第二层含义是指重庆生态，是具有森林生态环境的城市的简称；第三层含义是指以经济发展、社会进步、城乡绿化（美化、优化）、人与自然和谐共处为目标，是经济社会服务的社会-经济-自然复合系统。

综上所述，森林城市的定义有广义和狭义之分。广义的定义将森林城市视为分布于被城市人口影响或利用的所有区域内，城市森林是一个生态系统，不仅包括植被，也包括土壤、水体、动物、设施、建构筑物、交通系统和人，如叶功富和洪志猛（2006）、温全平（2008）对森林城市的定义。狭义的定义只包括人们居住地附近的树木和相关的植被，如刘常富等（2003）对森林城市的定义。

上述对森林城市概念的分歧主要集中在以下三个方面：①组成要素，是只包括植物，还是也包括其他要素在内；②植被类型，是所有植物，还是具有一定数量门槛的森林，是自然森林，还是包括人工营造；③范围，"城市""城市地域""城市周围"如何界定，是否包括乡村或周边环境。

综合森林城市涉及的各方面内容，基于规划学科的探索上，本书采取森林城市广义的定义。

本书的界定为：①森林城市的主体是以木本植物为主的植被体系，也包括承载植被的城市用地，及其之间的相互作用关系；②这种植被可以是自然生长，也可以是人工种植；③森林城市的生长环境为城市及其周边地区，即被城市人口影响或利用的所有区域；④它不是以生产木材为主要目标，而是以改善城市生态环境、提供游憩活动场所、改善城市景观形象等多种功能为目的，并最终达到"城市与自然的动态平衡"的最终目标。

3.2　森林城市的基本内涵

3.2.1　森林城市研究述评

自 20 世纪 60 年代中期提出森林与城市相融合的理念开始，国内外逐渐掀起建设森林城市的热潮，并取得一定的成效。本书选取一些比较有代表性的城市简述森林城市的研究进程。

美国 1962 年首次提出城市森林的概念，1965 年启动城市森林发展计划，1967 年出版《草地和树木在我们的周围》，1968 年全美 33 所高校开设相关课程，1970 年制定相关法律和组织研究机构，1988 年启动"地球解放"计划，1999 年开始进行计算机模拟和信息工程研究，截至目前，美国已经取得大量的研究成果。美国森林城市有城在林中、林在城中的特点，从天空俯视城市，形成了 1/3 是树冠、1/3 是花草、1/3 是建筑的城市格局。

欧洲森林城市经过将近 20 年的引进和建设，有 19 个国家参与，列题 412 项，其中包括城市森林规划、游憩、生态价值的标示与检测、行道树与林地建设、树木生命力健康等多项研究，许多城市取得较大成效，较著名如因《维也纳森林的故事圆舞曲》闻名于世的奥地利维也纳市，其森林可为居民提供清凉饮用水达 92%。

20 世纪 70 年代，日本经济社会大发展带动城市森林建设。1990 年，日本提出建设"森林城"，并成立研讨委员会，就其基本理论展开讨论。日本城市有林园一体化特点，其城市园林建设借鉴中国古典园林的造园风格，与森林绿地融为一体，共同构成城市森林生态系统。

澳大利亚堪培拉有"森林之都"的美称，城市人均绿地面积为 671.7m²，人均公共绿地面积为 70.5m²，都居于世界前列，绿化覆盖率略次于华沙的 58%。

我国从 2004 年起，全国绿化委员会、国家林业局启动了国家森林城市评定程序，并制定了《国家森林城市评价指标》和《国家森林城市申报办法》。《国家森林城市评价指标》中主要侧重于城市森林的建设，主要包括组织领导、管理制度、森林建设（综合指标、覆盖率、森林生态网络、森林健康、公共休闲、生态文化、乡村绿化）、考核检查等内容。

相关学者立足实践，将规划方法论与城市森林建设相结合，采用跨学科的研究方法，系统地对城市森林规划理论与方法进行研究。其内容包括城市森林规划的背景、本体论、规划的维度、规划的过程、规划的方法、实证研究等，具有多维度、多层次、系统性、全面性的特点。

相关学者以森林学原理为指导，介绍了城市森林兴起的背景，论述了城市森林学的研究对象、内容、研究方法和经营目标，建立了城市森林学的基本观点和理论框架。

相关学者论述中外城市生态建设影响因素、生态城市及生态小区规划建设、森林生态和绿地生态建设等，反映了中外城市生态建设的最新发展态势和研究成果。

3.2.2　森林城市达到"自然和城市的动态平衡"最终目标

据统计，2017 年我国有近 60% 的人生活在城市。人类对生活的便利性和效率的追求，促进了城市的发展。这些建设活动消耗地球的资源，同时，建筑环境建立在能源消耗的基础上。作为建筑和建筑物的集合体，城市的建设与维护，带来了资源和能源的大量消耗，污染了大气、水、土壤，并产生了大量的废弃物，这些都与环境问题直接相关。

森林的破坏也一样。人类建设城市并居住其中，其周围的森林被采伐作为土木、建筑、家具的材料，还作为燃料。其中又有部分作为农耕地、住宅地、工业用地而被开垦，从而导致森林不断减少。

营造森林的生态学者宫胁昭在其著作《苗木三千万生命之森林》中写道"即使人类消亡，森林也会继续生存。可是，如果森林消亡，则人类亡矣！绿色植物是生态系统中唯一的生产者，其所浓缩而成的森林，不仅是人类的，也是地球上所有生物生存的基础。人类有必要再次审视与其生存不可或缺的森林之间的深远和多样的关系。"森林的作用多种多样，可以提供氧气，也可以作为燃料、肥料等日常资源，或者作为土木、建筑、家具用木材的供给基地，还有水源涵养、提供环境保护（包括地震、台风、火灾、海啸发生时作为避难场所，以及防风、吸收噪声、调节温湿度、吸尘等功能）和景观资源、休闲空间等功能。人类能在地球上生存，离不开森林的作用。

森林与人类的生存密切相关，同时又因人类的生活而渐渐消失。从现在起重新思考森林与人类的关系，创造共生环境，追求"自然与城市的动态平衡"的目标，这在思考未来城市的时候是非常重要的，所以森林城市作为山地中小城市空间结构优化的目标也是合理的。

3.2.3　森林城市符合《国家森林城市评价指标》基本要求

《国家森林城市评价指标》（2004年版）中重要的方面包括以下几个方面。

1）城乡统筹。森林城市建设是对城市市域范围进行的城乡一体森林生态系统建设，是城市和乡村的经济、社会、文化等相融合的手段之一，是保护区域城乡生态环境的必然手段，如何促进社会的稳定和进步，丰富地区的文化内涵，保护地区的自然资源，维持地区的生态平衡，构建"自然-空间-人类系统"的"城乡融合社会"是建设森林城市的目标之一。

2）动态建设。森林城市建设不是蓝图的终极规划，而是一个通过定量和定性的城市建设优化的动态过程，也是随着社会进步和环境改善而循序渐进的过程，还是分为不同发展时序的规划可贯彻的政策指导。

3）森林生态网络。结合河流、交通、规划等条件构建"点、线、面"结合的森林生态网络，并科学合理地保护动植物多样性等以保持森林健康。

4）定量指标。对城市森林覆盖率、城市建成区绿化覆盖率、城市郊区森林覆盖率等指标有定量达标要求。

5）公众参与。进行生态文化普及和全民义务植树等活动，并使市民绿地率达标。

6）地域特色模式。结合地势地貌、城市规划、社会文化等构建具有地方特色的地域特色模式。

3.2.4 森林城市运用复合生态系统观点

有学者提出"社会-经济-自然"复合生态系统概念，指出城市是一类以人类的技术和社会行为为主导，生态代谢过程为经络，受自然生命支持系统所供养的典型的"社会-经济-自然"复合生态系统。

城市森林的植被主要包括森林生态系统（山体森林系统、绿色廊道系统）、景观大道体系（林荫大道、花园大道和其他景观道路）、城市公园（城市公园为市级公园、区级公园、社区级公园三个等级）、小游园体系（绿化广场、街头游园）、观光苗木体系（苗圃、草圃、花卉园区；观光果园、茶山等）、单位绿地体系、立体绿化。

从生态系统的角度理解森林城市，以城市森林（以乔木为主体的人工植被及自然植被、承载植被的用地）为主体，以城市森林与城市复合生态系统三个子系统（社会、经济、自然）的关系及各子系统间相互作用的关系为对象，分为社会、经济、生态三种维度，重点探讨城市森林与城市建构筑物、人群活动、产业布局、功能组合、住区分布、交通组织、山水格局等之间的关系。

3.3 森林城市的构成要素及建设模式

森林城市是依托城市森林系统建设，其特征与森林的布局和规划有很大的关系，以下从森林城市构成要素、建设模式和功能维度、社会维度、经济维度层面进行分析。

3.3.1 森林城市构成要素

森林城市构成要素包括以乔木为主体的人工及自然植被、承载植被的用地。植被对空间进行控制和引导，承载了地形地貌、交通网络、生态网络、信息化产业、各种功能布局等，森林城市各构成要素的组织是否客观和完整，决定了能否真正反映客观的自然环境，也决定了规划能否真正成功。

本书从以乔木为主体的人工及自然植被、承载植被的用地及它们之间的关系两方面对森林城市进行分析。

1. 自然要素：以乔木为主体的人工及自然植被

（1）生物环境要素

其包括植被和野生动物，这是本书山地城市空间结构优化的自然建设重点内容。

城市发展中破坏植被的现象在城市建设中非常普遍，往往造成城市缺乏植被的现象很突出，特别是植被生态系统最高等级的森林尤其明显。而在城市生态服务方面服务价值最高的恰恰是森林，因此，在山地城市空间结构优化中要加强对森林的关注。

森林生态系统、景观大道体系、城市公园体系、小游园体系、观光苗木体系、单位绿地体系、立体绿化这几个方面，是构建森林城市体系的重点要素。

1）森林生态系统是由山体森林系统和绿色廊道系统组成的。山体森林是指位于城市建设用地之外，对城市生态环境质量、居民休闲生活、城市景观和生物多样性有直接影响的山体林地区域。按照不同的主要功能，将山体森林系统分为山体防护绿地、风景旅游名胜区、郊野森林公园、自然保护区、森林公园。绿色廊道系统主要是指绿色防护森林带，具有卫生、隔离和安全防护等功能，对自然灾害和城市公害起到一定的防护与减灾作用。依据防护功能的不同，绿色廊道系统主要由江河绿色廊道、铁路森林带、高速公路森林带、城市组团隔离森林带构成。

2）景观大道体系是指利用重要城市道路，根据其在城市景观体系中不同的级别，合理配置各类植物，所形成的对提高城市景观品味，改善城市生态环境有重要作用的线型植物景观带。根据组成景观大道植物类型和配置形态的不同，景观大道可分为林荫大道、花园大道和其他景观道路。

3）城市公园体系是指在城市建设用地范围以内，相对集中独立、向公众开放的、经过专业规划设计，具有一定活动设施和园林艺术布局，以供市民休憩游览娱乐为主要功能特色的城市绿地。根据城市公园在城市景观体系及城市开放空间游憩体系中的重要程度和服务范围对象，将城市公园分为市级公园、区级公园、社区级公园三个等级。

4）小游园体系包括绿化广场、街头游园、立交游园和社区游园等。

5）观光苗木体系是指为城市绿化供应优质苗木、花草、种子的苗圃、花圃、草圃等圃地，同时还担负着苗木生产和新技术的研究推广工作，是将生态、生产、服务、景观、展示及销售等功能有机结合的城市绿色观光园。观光苗木体系包括各种苗圃、草圃、花卉园区，观光果园、茶山等。

6）单位绿地体系指机关、学校、部队、企业、事业单位管界内的绿化用地，属于城市绿地中的专用绿地，在城市中分布广、比重大，是城市绿化的基础之一。单位包括：①学校、医院、机关团体、部队；②工业企业、交通枢纽；③机场、码头、火车站、汽车站等。

7）立体绿化是指综合利用地形、建筑物、构筑物的陡坡面、垂直面或挑悬的空间增加绿量的一种绿化形式。具体地讲包括高切坡、堡坎档墙、柱体桥体（立交桥、高架路、轻轨等）、屋面、阳台及墙体等绿化。立体绿化体系包括：①高切坡绿化、堡坎档墙绿化；②柱体、桥体绿化；③屋面绿化、阳台绿化和墙体绿化。

对野生动物的调查采取选取某一种或几种有代表性的野生动物来作为分析的对象。

（2）自然地理要素

完整的认知地形地理要素需要涉及地形、水系、土壤、地质、气候五大部分。

1）地形是山地城市重要的影响因素，是山地区别与平原最主要的特征，也是其他很多因素产生的主要根源。地形对区域的局地气候、生态环境特征、动物物种的众寡和类型等有着重要的影响。地形条件的不同，可供城市建设利用的价值、景观价值和生态价值也各不相同，而对地形不恰当地开发有可能会带来山体滑坡、崩塌、水土流失、景观破坏、生态破坏等自然危害。

2）水系是自然界中的"精灵"，对自然环境有着决定性的影响力，也是影响城市发展的关键要素。一般来说，水系包括地表水和地下水两大部分。

3）土壤是自然植被、动物和人类等有机生物出现的基础，土壤对生命的存在有着重要的意义。

4）地质是城市空间扩展的基础。对地质要素完整的组织应当从基岩的特性、地质构造的断裂带、断层带和地震带的分布等几方面进行。

5）气候对自然环境具有很大的影响作用，一般来说，虽然一个城市区域的气候不会存在太大的区别，主要存在季风、主导风向及朝向的影响。但对于山地城市来说，地形的差异会带来多变的局地小气候环境。例如，山谷风、河谷风就会对城市的小气候环境带来不小的影响。同时，城市的布局要充分考虑城市风向，为城市生态环境服务，如从植被好的城市周边区域引进新鲜的空气；避免某个方向、风向带来的沙尘、冷风、污染对城市的影响，或者甚至引进气流来消除城市热岛效应等。

2. 森林城市建设要素：承载植被的用地及之间的关系

落实到规划学科，可以归纳为空间结构、空间尺度、开敞空间体系、生态网络、交通联系、绿道建设、绿色基础设施和社区建设等。随着社会经济和技术水平的发展，信息化、数字化等将成为城市未来发展的重要因素（表 3.2）。

表 3.2 森林城市建设要素

类别	特征
空间结构	城市空间结构以山地森林为界，以功能组团方式存在并相互联系，形成有机结构网络
空间尺度	谨慎处理空间连续与空间间隔的空间尺度比例，空间间隔的距离视具体的功能区规模大小及当地的生态地质条件而定
开敞空间体系	各功能区之间有足够的开敞空间，以生态要素、资源要素等有机组合，使开放空间布局与社会经济及居住空间布局有机联系

类别	特征
生态网络	山地森林城市的生态网络作为城市生长的基础,首先保证生态网络的完整性,再进行城市建设和扩张
交通联系	城市快速交通联系将在各功能区的边缘通过,道路两侧以绿带联结与隔离,并形成不同节点的快速、中速、慢速的立体交通构架网络。城市地铁、轻轨交通及空中航运有效地联结城市内外各功能区和其他城市
绿道建设	沿着诸如河滨、溪谷、山脊线等自然走廊,或是沿着诸如用作游憩活动的废弃铁路线、沟渠、风景道路等人工走廊所建立的线形开敞空间,包括所有可供行人和骑车者进入的自然景观线路与人工景观线路
绿色基础设施	绿色基础设施将城市绿色开敞空间视为与道路、管线等城市其他基础设施同等重要的地位,其强调规划过程前置,自然系统连续,人类对自然的保护、再生与管理
社区建设	功能区的内部布局以紧凑集中节能的生态建筑为目标,实行高层建筑与多层建筑的合理配置,以向空中、地下要空间的策略来尽可能地节省土地资源的使用,社区单元空间实行相对围合,以增加邻里交往及方便社区活动中心的组织

3.3.2　森林城市建设模式

我国为构建森林城市,不同城市有不同的森林城市建设模式,但尚没有统一认识。有人认为建设森林城市的定位是一种模式,也有人认为建设森林城市的空间布局是一种模式。还有人认为建设森林城市的空间布局模式是以建设森林城市的定位、运行机制和布局为标准,对国内森林城市建设模式进行分析研究,通过案例确立了森林城市建设目标、森林城市运作方法及森林城市空间布局。

1. 以定位为标准划分的模式

根据各城市侧重点的不同,建设森林城市的目标导向可分为提升城市品位、改善生态环境、治理生态环境、发展林业这四类模式,同时需要结合山地城市的空间特色,将森林城市与山地空间结构结合起来。

代表的城市有广州、成都、贵阳、临安等。

实证 1:广州城市森林建设

广州提出了"生态优先、以人为本、林水结合、城乡一体"的原则和具有广州特色的"林带+林区+园林"城市森林建设模式。

实证 2:成都城市森林建设

做到城市、森林、园林"三者融合",城区、近郊、远郊"三位一体",水网、路网、林网"三网合一",乔木、灌木、地被植物"三头并举",生态林、产业林和城市景观林"三林共建"，突出生态建设、生态安全、生态文明的城市建设理念。

实证 3：贵阳城市森林建设

贵阳是我国第一个获得国家森林城市称号的城市，该市是西南喀斯特山地建设森林城市的代表。贵阳的大气污染一度十分严重，有"酸雨之都"的名声，加之地处东亚区喀斯特地貌中心，石山众多，石漠化严重，城市生态环境形势严峻。面对这种情况，贵阳高度重视城市森林建设，其定位是"青山入城，林海环市，生态休闲，绿色明珠"。经过不懈努力，贵阳基本建成了以健全高效的城市森林体系、自然天成的城市生态绿岛、林城相依的环城生态林带、兴旺发达的城市森林旅游、独具特色的城市森林文化为特征的城市森林生态网络，成为世界上喀斯特地区植被最好的中心城市之一。

实证 4：临安城市森林建设

临安是我国首个获得国家森林城市称号的县级市。临安根据自身情况，以"兴林富民"为支撑，大力建设城市森林，建成了以竹林、山核桃林等商品林基地为支撑，百万亩生态公益林为基础，千余公里通道绿化为骨架，公园、广场、河流、社区、庭院各种绿地相互交融，乔、灌、藤、花、草搭配有致，点、线、面、环协调发展的城市森林生态系统。

2. 以运行机制为标准划分的模式

运行机制是指一座城市建设森林城市的具体措施或经验。

1）成都模式。由六个要素构成，即组织领导，明确工作目标和任务；加大投入，积极推进城乡生态工程建设；绿色组合，塑造森林城市特色景观；名木古树，塑造森林城市特色文化；休闲经济，塑造森林城市特色品牌；林产共兴，建设森林城市与林业产业富民同步。

2）重庆模式。由七个要素构成，即党委政府强势推动、纳入改革发展全局部署、实行城乡统筹、大项目大投入、生态建设与产业建设结合、全民参与、全方位开放。

3）宝鸡模式。由六个要素构成，即强化对植绿护绿工作的领导和督促考核、突出规划的作用、建立园林和环卫管理局专门机构、保障资金、注重绿化面积的巩固、坚持标准并注重质量。

3. 以森林布局为标准划分的模式

其大致可分为辐射型、网络型、组团型、随机型和复合型五种模式。

1）辐射型模式。城市林带围绕市区中心，强调交通干道林荫树和森林公园的绿化作用，城市森林具有明显的由中心向四周辐射的布局模式。

2）网络型模式。城市林带呈纵横交错的布局模式。例如，重庆提出的通道森林工程"二环七射"布局，以主城区为核心，在主城内环、外环高速公路及主城向外辐射的七条高速公路两侧建设林带，就是典型的网络型模式。

3）组团型模式。把自然、产业、经济等方面情况相似的区域作为一个整体，进行统一规划、建设及管护的城市森林建设模式。秦皇岛的城市森林建设是典型的组团型模式。

4）随机型模式。城市林带依据自然、经济、社会、人文情况，因地制宜地进行布局的模式。

5）复合型模式。其具备上述两种或两种以上特征的模式，多数城市都属于这种模式。例如，广州提出的"一城、三地、五极、七带、多点"的整体布局；重庆提出的都市区"二环、四山、十带、百园"，都属于复合型模式。

3.3.3 森林城市功能维度

森林城市的功能体现在三个层面，其一是按照城市发展的需要，即需要森林环境的服务和支撑；其二是森林服务功能的城市区域全覆盖，也就是说不仅新城区或居住区需要有森林生态服务功能，老城区或工业区也同样需要；其三是提供的森林服务功能的量能够满足一定的水平，即能保证城市处于一个相对较好，能够维持城市系统正常运转的水平。这几点得出城市森林建设作用、服务范围及质量要求。

同样，限于现有的认知水平，很难弄清楚城市发展确切需要的全部森林功能，同时，不同时期需要的功能也不一定相同，因而只能根据现有的研究成果尽可能地选取有着重要影响力的森林功能类型。

1. 城市森林复合功能

城市森林复合功能概括起来主要包括自然生态服务功能、景观功能、文化功能、休闲功能、防灾避灾功能、隔离功能和经济功能等方面。

1）自然生态服务功能。生态服务功能分为自然生态服务功能和人工生态服务功能，在一定程度上自然生态服务功能有一定的不可替代性。例如，生物的多样性，自然生态服务功能比人工生态服务功能可以在更大的层次和范围中发挥作用，更有效地维持生物链的多样性和完整性；调节气候、净化空气和水，面对气候巨变和污染严重的全球环境，自然生态服务功能可以起到一定的缓解和改善作用，这也是应对全球环境变化的主要手段。

2）景观功能。自然要素在城市中形成斑廊基的生态系统，对创建生物多样性、四季动态景观、人类居住环境等有明显效果。

3）文化功能。文化特色往往因地域环境不同而不同，所谓一方水土养一方人，是不同的自然生态环境孕育出不同的地域文化特征。

4）休闲功能。城市生态环境是人们消除疲惫和心灵放松的主要场所，是生理平衡和精神慰藉的重要因素。

5）防灾避灾功能。山地城市由于地质条件的脆弱性，自然灾害频发，而自然生态环境的自然资源和空间资源将为防灾避险提供较大的帮助。

6）隔离功能。在城市建设中，因污染、噪声、安全等问题，城市绿地等将是隔离的良好途径；而在区域层面，其应对城市扩张等问题有限制作用。

7）经济功能。营造良好的生态环境，不仅能改善城市环境、提高城市竞争力，还能促进城市的旅游发展、房地产开发、吸引投资等。

2. 城市森林服务范围

森林服务功能是一个整体，并不是一个封闭的环境下的自我循环，而是区域环境的协调，也就是说不仅新城区或居住区需要有森林生态服务功能，老城区或工业区也同样具有，这样才能形成斑廊基的生态系统，增加抗风险力。正如地理学家杰夫逊（M. Jefferson）所言："城市和乡村是一回事，而不是两回事，如果说哪一个更重要，那就是自然环境，而不是人工在它上面的堆砌。"

3. 城市森林质量要求

森林服务功能不仅要达到森林全覆盖，还需要在量上达标，才能保证生态系统的良好健康运转。传统森林的界定有一定的数量指标，有学者认为森林需要有一定的地域范围和生物量密度。森林的生物量密度指标，可用单位面积土地所具有的立木地径面积表示；而森林所需要的地域范围，则从生物量积累所表现出的对生态环境的影响来考虑。如果某一地域具有 $5.5\sim28cm^2/hm^2$ 的立木地径面积，它将对风、温度、降水，以及野生动物的生活产生影响，从而表明这块地具有森林的实质。联合国粮食及农业组织认为，森林包括自然森林和人造森林，林冠盖度应超过 10%，林地面积应超过 $0.5hm^2$，树木应高于 5m。也有学者认为森林是由 5m 以上的具明显主干的乔木、树冠相互连接，或林冠盖度超过 30%的乔木层所组成。但是，城市森林强调的是一个以树木为主体的森林生态系统，注重系统的整体性，注重发挥系统的生态功能，因此，不应该单纯用一定的数量指标来衡量。

3.3.4　森林城市社会维度

规划需要核心规划思想引导和法律制度保障。在西方，一个时期的规划法不仅具有法律效益，而且还显示这一时期国家的规划理念，即规划的先进理念通过法律来保护。例如，英国在城市规划理念与方法上之所以走在世界的前列，与1847 年其规划法确定的区域与"绿带"思想，以及 1968 年确定的结构规划理念是分不开的。我国部分山地中小城市的规划由于对城市认识不深刻或不长远，着重考虑近期的政绩或利益，或在规划实施过程中，对动态实施的审核监督不足或几次规划的思想不统一，都导致规划修编、用地或指标修改或原有的规划体系不完整。所以山地中小城市的发展是需要一个核心的观念来引导的，才可以有序平稳地发展，这是大部分山地中小城市忽略的部分。

平衡政府、市场和公众的利益关系。城市规划是作为协调和优化的工具，多方利益的协调是城市规划发展的原始动力，这是城市规划应该长期追求的目标。

1. 森林城市实施管制

城市自然环境，是城市中公共利益的直接体现，其和市政交通道路等城市基础设施处于同等地位。但在一直以来的重建设轻保护城市建设的思想背景下，城市自然和森林环境又不能像市政交通道路基础设施那样显得重要和突出，其常常被忽略而一直处于弱势地位，因此必需要加强城市规划管制的实施，才能让城市规划发挥引导和控制作用。同时，城市规划需要法律制度的保护，并需要政府及相关部门的动态监督才能良好有序地开展。

城市规划管制实施包含两方面的内涵：其一是管制对象的完整性，就是说管制对象是系统性的；其二是管制实施手段的完整性，也就是说在实施过程中，不仅要包含现有的少量法律法规手段，还要包含从管制实施机构的设置，到实施过程中相关的政策、法律、经济等多个方面，综合采用行政、税收等多种手段，更重要的是需要打破现有的行政机构分条设置带来的各自为政的局面，综合各相关部门形成合力共同管制的机制，才能真正达到管制手段的完整性。

森林城市良好健康的实施，需要管制实施手段的支持。

首先需要理性的规划过程，从现状调查开始，经过分析，明确城市规划要解决的问题；然后根据问题制定城市规划目标，针对目标，制定实施政策与措施，遵循一条直线形的城市规划技术路线。这也是本书的研究方式，从山地中小城市空间结构现状开始，经过分析，明确现状中存在的问题，针对问题结合森林城市的建设，将方法融合调适，制定实施对策，而后在实践中灵活运用。

一项规划或构想的实施都需法律政策的保障，或者技术研究方法的指导，本书以期建立这样一种研究方法，为山地中小城市空间结构的部分问题进行优化。

城市规划的评价是城市规划运作过程中的重要环节，本书引用的是城市规划实施结果的评价，其中包括非定量（定性）化的研究方法和定量化的研究方法。

定性化的研究一般需要定量化的验证或支撑，目前城市森林指标仅有"绿化覆盖率""自然度""辐射范围"等有限的几个指标，指标只能保证数量而无法保证质量，因此需要一套指标体系，全面指导城市的发展，由于目前对森林城市的研究局限，同时还没有长期动态的监督测算的成果，所以本书在后续的实践探索中采取非定量化的研究方法。

2. 政府力、市场力和公众力相结合

城市的建设往往涉及政府、开发商和公众多方的利益，如何做到利益最大化是在建设森林城市需要考虑的切实问题，所以不同的利益主体要发挥整体的作用。首先，政府需要制定相关的保障政策、引进项目、发展相关经济、开展相关产业措施，并综合运用多种形式进行监督；其次，探索市场化推动的森林城市建设机制，推动生态补偿、碳汇交易等机制，建立循环性的生态经济；最后，发动公众自发力量进行建设和保护，并以公众的利益为重要的参考值。

政府力、市场力和公众力在规划决策中有两种表现形式，一种是覆盖形式，即一种力量远远大于另外两种力量，最后形成的决策仅仅反映占主导地位力的意图，并不反映其他力的意图；另一种是综合作用形式，即决策以一种力为主，但在某些方面可能作了调整，以满足另外两组力的要求。这里主要侧重于每个方面可以采取的措施，而不讨论哪方面发挥的力量最大。

3.3.5　森林城市经济维度

通过多种技术手段发挥森林城市的生态效益、经济效益和社会效益，并运用定量化指标进行核算。例如，生态效益方面，可以发挥水土保持、二氧化碳量、净化环境、涵养水源、改善耕作条件等效益；经济效益方面，可以发挥蓄积木材价值、提供就业岗位、促进农民致富等效益；社会效益方面，发挥提升城市形象、建设生态文化等效益（表 3.3）。

表 3.3　重点定量指标要求

标准	部分类型	重点方面	计算指标	备注
国家森林城市基本标准	覆盖率	城市建成区绿化覆盖率为 35% 以上	—	以国家森林城市标准为底线
	森林生态网络	通道绿化率达 80% 以上	—	
	森林健康	城市森林自然度不小于 0.5	—	
	公共休闲	绿地辐射平均为 500m	—	
	乡村绿化	多种模式乡村绿化及相关产业		

续表

标准	部分类型	重点方面	计算指标	备注
效益评估	生态效益	水土保持、减少二氧化碳量、净化环境、涵养水源、改善耕作条件等	绿地面积/人均绿地面积 公园绿地面积/人均公园绿地面积 复层绿色量/人均复层绿色量	按照国家最新实行的《城市绿地分类标准》中计算一致
	经济效益	发挥蓄积木材价值、提供就业岗位、促进农民致富等	绿化三维量/人均绿化三维量 绿地率 城市绿量率	
	社会效益	发挥提升城市形象、建设生态文化等	廊道密度	

3.4　森林城市建设实证研究

3.4.1　欧美城市森林规划案例评述

　　欧美城市森林规划实践大体上可以分成两个互相关联的领域，一个更多地关注于城市森林系统的管理和公共树木及景观的维护；另一个则以规划和管理与社区发展密切相关的自然系统为重点。前者以美国为代表，主要是针对树木的管理性规划，围绕树木种植和养护管理展开，以林学、园艺专业为主；后者以英国为代表，围绕城市森林用地展开，需要多专业参与（表 3.4 和表 3.5）。

表 3.4　美国城市森林规划内容示例

规划名称	规划范围	时间期限	主编单位	规划内容
弗吉尼亚州阿灵顿城市森林总体规划	郡区（城区）67km²	2004 年规划，期限 5 年	阿灵顿郡公园、游憩和文化资源部、城市森林协会	包括 GIS（geographic information system，地理信息系统）行道树调查图，树冠覆盖卫星分析，远期目标与建议，以及一个包括基于 GIS 的树木种植规划在内的城市森林总体规划报告。报告内容包括：①综述，规划的主要目标、背景情况、城市森林的益处和总体规划的编制过程等；②主体内容，由七章组成，每章关注一个目标，并提出建议，涉及城市森林的覆盖率、私人用地树木保护与种植、宣传教育、管理维护规范、街道景观、森林公园和自然区保护、持续发展等问题；③四个附件，美国 1937—1985—1997 树冠覆盖率变化趋势，基于 GIS 的树木种植规划，阿灵顿郡有关城市森林的条例、标准和导则，实施计划
圣弗朗西斯科城市森林规划	城区 121km²	2006 年规划，期限 10 年	圣弗朗西斯科环境部、城市林业委员会	①绪论，规划背景、服务对象、城市森林的作用，组成、管理现状及地位；②城市森林发展的历史；③现状调查分析，树种组成、分布和结构，行道树分区调查，市民对城市森林满意程度调查，量化分析和比较分析；④确定五个规划目标，提出实施建议和相应的指标要求；⑤提出九个行动措施，确定负责实施的部门

续表

规划名称	规划范围	时间期限	主编单位	规划内容
西雅图市城市森林管理规划	城区 217km²	2007 年规划，期限 30 年	西雅图城市森林联盟	①西雅图市城市森林的发展历史，城市森林的环境、经济和社会价值，组织规划框架，确定规划总体目标；②城市森林现状分析；③规划目标与行动：主要是提高各管理区树冠覆盖率，分别列出树木资源、管理框架和社区框架的总体目标，设定原因和实现目标的近、中、远期建议和行动；④分区管理的目标与行动，按土地使用类型分成九个城市森林管理区，从现状、指标、问题与机遇、目标与行动进行分区规划；⑤规划实施，提出保障规划实施的途径，列出未来 1~3 年关键的行动措施

表 3.5 英国城市森林规划内容示例

规划名称	规划范围	时间期限	主编单位	规划内容
布里斯托市阿文社区森林规划	573km²	1994 年草案，2000 年修订	国家社区森林合作组织	①国家背景，社区森林概念产生的背景，阿文社会森林的地位；②地方背景，区域自然地理特征，分主题分析规划区域现状条件；③社区森林远景，确定社区森林发展远景，分主题制定发展目标，包括社区、景观、林地与林业、农业、生物多样性（野生物与自然保护）、考古学与地方历史、非正规游憩与闲暇、乡村运动与户外游憩、发展、教育、艺术与文化、就业与经济；④分区战略，分成七个战略区，分析各区现状，确定发展方向，将各区分成次区，并提出次区发展建议；⑤实施，明确实施的参与者，实施机制、途径、关键任务和目标
曼彻斯特市边缘森林业务行动规划	530km²	2004 年规划，期限 10 年	奔宁边缘森林合作组织	①发展奔宁边缘森林的意义；②远景展望；③景观特征；④合作伙伴和运作方式；⑤规划过程，制定 2004~2006 年的任务；⑥景观投资分区；⑦协调现有各类相关规划和行动计划；⑧确定 2006 年和 2013 年发展目标；⑨提出建议，加强宣传，扩大奔宁边缘森林的影响；⑩创造新的森林景观，分别对景观投资分区或主题，提出对策；⑪附录 2004~2006 年工作计划

3.4.2 我国城市森林规划案例评述

就目前我国部分城市编制的城市森林规划来看，在规划的定位、范围、对象、任务、内容等方面尚未达成共识，编制方法各异，完整的城市森林规划体系也还没有形成（表 3.6）。

表 3.6 我国城市森林规划内容示例

名称	规划内容
上海城市森林规划	分成 4 部分：①概述，城市森林规划发展的背景、必要性和可能性，城市森林现状分析；②总则，发展理论、规划编制依据、发展理念、编制范围、期限、指导思想、规划目标和原则；③规划布局，结构布局、林种结构及树种配置，采用控制性和指导性相结合的方法制定规划导则，划分近、远期建设的地块控制范围，进行指标统计；④实施策略，加强绿线控制，提出实施政策、措施和运作方式

续表

名称	规划内容
浙江城市森林规划	共 10 章：①概述，自然地理状况、资源利用状况、城市森林建设现状；②规划原则及依据；③建设目标；④功能区划及功能分析；⑤城区城市森林建设规划；⑥城郊森林建设规划；⑦可持续发展的保障措施；⑧重点建设工程；⑨经费概算与效益分析；⑩城市森林建设组织措施
成都市森林体系优属规划	共 8 章：成都市森林发展背景分析、与城市森林相关的经济社会生态问题、城市森林体系发展现状与潜力、指导思想与发展指标、规划总体布局、工程建设规划、分期建设规划与投资概算和保障措施；三个研究专题：《综合评价指标体系研究》《绿色生态健康走廊研究》《林业产业发展研究》
阿克苏市城市森林建设总体规划	共 6 部分 14 章：①现状分析（第 1 章），城市概况和城市森林现状分析；②规划总则（第 2、第 3、第 4、第 10 章），规划理论依据与规划框架、城市森林分类、规划编制的意义、规划依据、期限、范围、指导思想、原则、目标与指标；③结构规划（第 5 章），绿洲、规划区和建成区三个层次，包括指导思想、规划结构、功能分析和建设重点四个方面；④分区规划（第 6、第 7 章），包括建成区城市绿地系统规划和城郊城市森林规划，分区确定规划目标，进行分类规划，分类制定规划导则；⑤其他规划（第 8～第 11 章），包括城市景观水系规划、城市森林游憩规划、树种及植被规划、生物多样性保护与建设规划；⑥实施规划（第 12～第 14 章），包括重点建设工程及分期建设规划、经费估算及效益分析、城市森林可持续发展策略与实施措施

3.4.3 国内外城市森林规划比较与借鉴

综上所述，我国城市森林规划与西方国家有较大的不同，在规划定位及与相关规划的关系不同、规划范围不同、规划目标不同、规划对象不同、城市森林功能不同、实施机制不同等（表 3.7）。

表 3.7 英国、美国、中国城市森林规划比较

国家	目的和任务	空间规划	规划期限	特点
英国	通过恢复废弃的土地，提供新的休闲、娱乐和文化活动机会，提高生物多样性，支持教育、健康生活、社会和经济发展，为人们营造高质量的环境，具有覆盖范围广，涉及要素杂，规划目标多的特点	英国的社区森林规划重视各种规划目标、各类规划要素的空间结构和布局，重视规划在用地上的落实，图纸较为齐全	严谨，规划期限与规划类型相对应，战略性规划期限较长，行动规划期限较短	①遵循理性的规划过程；②以行动为导向，注重规划实施；③现状调查注重数量指标和质量问题；规划过程注重公众参与
美国	对树木的管理规划，规划范围多限于建成区，规划对象单一，目标也较为单一	在空间上较为弱化，未形成一套独立的、在空间上表达和落实规划的专门的图纸	自由	
中国	作为城市空间结构规划的一部分，是构建城市社会、经济、空间、结构等整系统的一部分。目标制定比较笼统，定量目标限于总量指标，定量目标缺乏评判依据	较为详尽，图纸上相对完整，并且一般都会形成清晰的城市森林结构体系，与整体的城市空间结构相衔接	一般与总体规划相关，同时建立分期规划的实施策略	①遵循理性规划过程；②重视空间结构布局，清晰的城市森林结构；③注重与其他规划的衔接；④制定了规划实施措施

3.5　本 章 小 结

以森林城市作为城市优化的目标，是达到"自然和城市的动态平衡"的理想城市模式，所以对森林城市在基本内涵、构成要素及建设模式、建设维度及现有的实践进行了重点的分析和研究。

首先，通过森林城市的概念，分析其内涵，即"自然和城市的动态平衡"、符合国家森林城市的标准、复合生态系统。

然后，通过森林城市的构成要素、建设模式探讨森林城市的基本特征。构成要素中包括以乔木为主体的人工及自然植被、承载植被的用地；建设模式中以定位、运行机制和森林布局三种标准划分。

接着，分析研究森林城市建设的生态、社会和经济功能维度，分析其区别于其他类型城市的特点，作为引导山地中小城市空间结构优化的目标。

最后，通过森林城市建设的实例，进一步说明森林城市建设的可行性及现有的方式，并探讨森林城市建设需要进一步深化的方面。

第4章　山地森林城市理论——生态环境足迹

4.1　山地森林城市建设中的生态适应性

4.1.1　城市建设中生态适应观的引入

生物学家达尔文在进化论中首次提出生态适应这一观念，用于解释生物种群的进化，这一理论被广泛运用到许多研究人与自然关系的科学，成为不同学科研究人与自然关系的一个切入点。特别是在社会生产力迅猛发展、人口快速增长和人类欲望逐渐增加的背景下，人类作用于自然环境的影响日益加剧，而自然环境对人类的反作用也日益明显，为了协调人类生存、发展与环境的基本关系，生态适应观在各个学科中的引入和运用研究再次兴起，学界开始致力于研究自然环境与人类文化生活的协调关系。

生态适应性是多学科研究的切入点，对城市设计学科而言，也同样如此。运用"适应性城市设计"的理论与方法对山地城市进行生态建设，其重点是针对山地复杂的自然环境，建立以生态适应性概念为核心，以人与其特殊的山地环境诸要素间的共生、共存、共荣关系为中心思想的山地生态适应性城市设计理论方法。

针对我国目前快速城市建设带来土地无序开发、空间环境恶化、文脉断裂、特色丧失等问题现状，相关学者提出有针对性、可持续发展的"适应性城市设计"理论。

通过对山地人居环境的剖析，相关学者总结出传统山地城市对自然环境、建成环境、社会生态环境的自然生态适应性、社会生态适应性和文化生态适应性等多种适应性，以及山地人居环境中的人地关系及建筑营造意识中的人地关系，并结合生态城市建设中历史、整体、共生、环境、场所、结构、弹性、绿化的观点，初步提出了山地生态城市从区域-城市结构-城市物质空间系统的生态建设理论框架。综合考虑历史环境、地理条件、经济需求等因素，为山地城市居民提供更多的、新的活动模式、新的空间肌理和新的城市体验，使其成为真正适宜居住的城市。

总之，当代的生态适应观紧紧抓住"适应"这一核心概念，研究人与自然环境的协调性、城市整体物质形体空间的适应性、城市整体社会文化氛围的适应性等，逐步向广义的生态适应观扩展。作为以运用生态学的动态观和整体协调关系为基本原理的现代城市设计学科发展的新方向、新途径，生态适应性城市设计除了研究传统意义上的广场、街道、轴线、视线和连续性等问题外，研究领域更多地涉及人们的心理体验和社会文化环境的营造，并通过各种管理策略的制定来实现所追求的目标和价值。

所以，生态适应性城市设计引领着城市设计学科由"对城市环境形态的诸要素作合理处理和艺术安排"，向多元、开放、综合、以人为本、追求人与生存环境高效和谐共存的趋势发展，并更鲜明地体现人性化、整体性、和谐性、地域性、时空性、艺术性的学科特点。

4.1.2　生态适应性城市建设的基本特征

一方面，作为具体的城市建设者和专业研究人员，从不同的视角，对城市设计又有着不尽相同乃至相距甚远的看法和理解；另一方面，相对于城市规划而言，城市设计比较偏重于空间形体艺术和人的知觉心理。最终以其独特的城市格局和环境特色给人们留下了深刻的印象，达到改善城市环境品质和提升人们生活品质的目标。

生态适应性城市设计除了传统意义上的空间——形体分析方法外，也看重场所——文脉的分析方法，强调以现代社会生活和人为根本出发点，注重并寻求人与环境有机共存的深层结构。例如，路易斯·康也意识到场所感的重要性，他认为："城市始于作为交流场所的公共开放空间和街道，人际交流是城市的本质。"

因此，笔者认为，对于生态适应性的城市建设而言，可以从生态适应性层面和城市建设层面两个层面对其进行解析和定位。

生态适应性层面：必须立足于广义的生态观，强调对环境的适应性，包括对自然生态、文化生态、社会生态等诸多环境的适应关系，具体而言如下：自然生态方面包括城市的自然环境格局构建、城市选址、用地功能布局、道路交通设计等；文化生态方面包括城市的各种文化经营策略、旅游发展策划、居民荣誉感和凝聚力的培养等；社会生态方面包括居民就业、社区团结、归属意识和社会稳定等。

4.1.3　国内外优秀案例的解析

本节选取了国内外五个城市建设的优秀案例，从生态适应性层面或城市设计层面对其进行了解析，对其成功经验进行总结提炼。

1. 南京城市特色空间形成的关键

图4.1 南京城区景观风貌

古城南京由钟山风景名胜区及植物园、玄武湖风景区、鼓楼高地、小九华山、北极阁、清凉山和五台山一起构成，是南京人文环境和自然环境的精髓所在，其城市设计中对于这一自然的公共开敞空间和人文环境的保护，使南京的整个城市形态很好地呈现出"山、水、城、林"的城市景观风貌（图4.1），这种重视公共资源和公共利益维护的城市设计策略值得我们借鉴。

2. 桂林对山水保护的重要抉择

桂林之美，在于其独特的山水环境和丰富的人文景观巧妙结合，山、水、城相融一体，交相辉映，具有城景交融的城市特色，形成了"城在景中，景在城内"的典型城市环境（图4.2）。

然而，如今环境优美的桂林，城市发展的道路也并非一帆风顺。中华人民共和国成立后，山清水秀的桂林先后提出了"生产城市""工业城市"的建设目标，并且到1978年底，全市国营工业企业发展到139家，环境污染也随之而来。20世纪70年代末，经过是非功过的认

图4.2 桂林山水

真考虑，桂林决定忍痛割爱，先后将七十多家有污染的工厂和车间关闭或迁移，主动将有环境污染的项目挡在门槛之外……经过多年的经营，桂林又一次以山清、水秀、天蓝的面貌呈现在大家面前，并以"山水甲天下"的美誉成为世界闻名的风景游览城市和历史文化名城，为城市未来的可持续发展奠定了基础。

在短期经济利益与长远城市发展两个方面，桂林对自然生态的保护抉择值得我们深思。

3. 香港的紧凑城市发展模式

香港山峦环抱，海滨蜿蜒伸展，是著名的山水城市，也是一座人口稠密的土地。截至2007年底，全港陆地面积为1104.27km²，平均人口密度为6410人/km²，

并且香港的人口还在持续增长。为解决有限的土地资源和不断增长的人口之间的矛盾，香港在实践中采取了高密度紧凑城市发展模式，保留了大面积的自然资源。青葱的山林是香港的绿色资产，约有67.2%的陆地面积为林地、灌木地、草地和湿地（图4.3），其中更有近40%的陆地面积为郊野公园；广阔的海洋是香港的蓝色资产，海面面积为1650.76km^2。连绵的青山庇护、优良的深海港、多样化的自然风光，成为城市建设发展的载体和基础，也吸引了络绎不绝的海内外游客，为香港的旅游业贡献了价值。在生态环境方面，这些资产形成了天然屏障，限制了城市的无序扩张及对郊野地区生态环境的威胁，同时为大众提供了娱乐休闲的场所，也为野生动植物提供了栖息的家园。香港的这种城市发展模式是对自然生态保护的最好诠释。

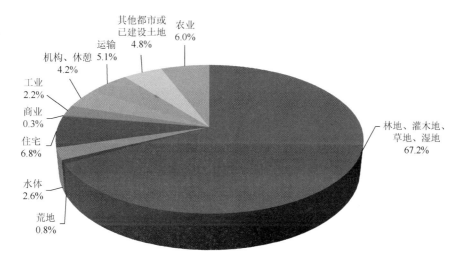

图4.3　2007年香港土地用途的分布比例

4. 巴塞罗那模式的社会生态策略

巴塞罗那市位于西班牙东北部地中海沿岸，依山傍海，是伊比利亚半岛的门户。20世纪70年代以前，巴塞罗那大力发展工业，环境污染日趋严重，城市的基础设施建设落后，人民的生活状况每况愈下，社会矛盾凸显，城市发展动力和活力逐步丧失。恢复民主政治以后，巴塞罗那开始了以"改造城市休闲空间"为主要手段的城市重建战略。这种手法被称作巴塞罗那模式。

概括起来，巴塞罗那模式主要有以下四点策略。

（1）"针灸法"改善城市公共空间

从小型公共空间入手，采用"针灸法"单点切入，改建和创造了许多小公园、小广场，针对每一个小型空间，进行单点设计与改善，以点带面，带动整个城市公共空间的复兴，从而彻底改善了城市面貌和居民的生活质量，逐渐提升了其空间环境品质。数以百计的小公园、小广场和街道被重新设计与改造，吸引附近的居民进行户外活动，使以前衰退的空间重新焕发了活力，四周的社会环境得到了良好的改善，城市空间结构不断完善优化，市民生活质量更是显著提高。

（2）简单的设计手法，凸显人文主义关怀

巴塞罗那公共空间的成功经验告诉我们，人是公共空间的主角，并为其带来了活力。空间本身应该简单点，要注重的是使用者对空间的感受，营造富有亲和力的空间，而不需要复杂的材料与造型，素材上使用简单、耐用的高品质的建材再配上不用修剪但又四季变化的植栽，整个公园显得特别朴素和平易近人。简单、朴素与耐用的材料，成为巴塞罗那公共空间平易近人的秘诀。公园安排儿童活动场、运动场、休憩区等不同的活动区域，以满足不同人群的使用需求。

（3）艺术品和公共空间的结合

巴塞罗那公共空间的另一个显著特点是艺术与空间的完美融合。雕塑注入公共空间中，使之成为公共空间整体的一部分。公共艺术作品一般具备两个主体功能：一是营造空间氛围，一件恰当的公共艺术品会吸引人群，营造出人们喜欢的空间氛围；二是增强社区的认同感和归属感，一件富有特色的公共艺术品将使社区区别于其他社区，并增强居民的认同感和归属感。艺术的独特性赋予了公共空间诸多话题、色彩、个性和趣味等，增强了公共空间的可识别性与故事性，巴塞罗那因此被人们称为"公共艺术之都"。

（4）公共政策的重视

作为一项重要的公共政策，巴塞罗那政府非常重视和保证公共空间的质量。任职的市长一共建造了数百个公共空间，并且认为公共空间的建设是永续工程及政策，需要世代努力。此外，巴塞罗那政府还聘请了知名设计师进行规划咨询及设计，吸纳全球的设计师前往巴塞罗那，对城市的公共空间进行艺术设计。经过数十年的努力，巴塞罗那的大街小巷充满着大大小小的公共空间，极大地丰富了市民的公共生活，直接改善了城市的精神面貌，构成了可观赏又有声响的背景，巴塞罗那因其世界闻名。

总之，巴塞罗那通过对城市公共空间的改造，极大地改善了城市的环境，提高了居民的生活品质，丰富了市民的公共生活，增强了居民对社区的认同感和归属感，使整个城市的社会氛围呈可持续的发展之路，其成功的经验，值得我们借鉴。

5. 日本古川町的社区营造策略

古川町，位于日本关西岐阜县，人口达 16 000 多人，是一个景致优美的小城镇。风光迷人的日本古川町最令人称道的不是四周的自然景致，而是历经 40 年持续不断的社区营造，古川町居民把自己居住的地方，营造成舒适亲切的生活环境。多年来透过传播媒体的传扬，古川町社区营造的历程，现在已经成为很多国家社区工作者的理想；不论是在环境景观的营造、传统工艺的发扬，还是传统祭典保存等方面的成果，往往从中激荡出新的思路与想法。

（1）环境景观的营造

20 世纪 60 年代，伴随着高速的经济增长，古川町环境污染、人心颓丧，流经古川町市区中心的濑户川，因受严重污染而脏乱不堪，影响了居民的生活质量。为了改善这种情况，20 世纪 60 年代末，古川町的居民就自发动员清理濑户川，全镇的男女老幼都亲自动手，参与河床的污泥清除与垃圾清理，这个活动，在每个町民的心中，种下了社区营造的种子（图 4.4）。

图 4.4　濑户川改造前后的比较

1968 年 8 月，古川町的地方报纸，发起了在濑户川养鲤鱼的计划，地方团体人士，捐了 3230 只鲤鱼，提醒大家不要弄脏水源。放养鲤鱼的当天，全镇居民齐聚川边，此举引起了日本大众广泛的关注。

从臭沟渠到清流，不只改变了这条宽约 1.5m 的水道的命运，更增进了社区的联结。古川町的居民，从此不再不负责任地破坏环境，而是细心地经营生活空间，而且引以为荣。原来污浊的臭水沟，现在变成美不胜收的亲水空间。严寒的冬季，濑户川的鲤鱼必须经过社区民众逐一捞起，集中在保温的水池过冬。对鲤鱼的珍惜之情，也反映在维护河水的洁净上，每个人从自己家门前做起，晨昏两次固定清理河中的垃圾、枯枝。一个全村动员的河川清理运动与放养鲤鱼的计划，如今成为居民的骄傲和观光客的最爱，但是意义最深刻的是，古川町的居民认识到他们可以靠社区的力量与创意，大幅度改善周遭的环境，这正是社区营造最关键的步骤。

（2）传统工艺的发扬

古川町全村拥有日本全国密度最高的传统飞騨工匠，他们继承了日本木造工法的精密与严谨，以古法建造，有一种层次丰富的统一感，形成了这个小镇的独特的魅力，并以不成文的"老规矩"（如建筑物的高度不得超过古川町的三座寺庙，建筑物的材料、颜色不标新立异等）和继承传统工艺的政府补贴保持了小镇和谐统一的风格。古川町成功的故事，背后的又一推手是一群热心经营地方人士所组成的社区营造协会。社区营造协会通过制定条例，协调居民意愿，认真经营每一栋建筑物，每一个小角落，使古川町文化得以保存。

（3）传统祭奠的保存

传统是一个社区的灵魂，不但结合了社区的居民，而且呈现社区的历史感与文化深度。古川町每年 1 月 15 日的三寺参拜，使外出的女生返乡，去圆光寺、真宗寺与本光寺祈求良缘，这一风俗，闻名全日本。每年四月的飞騨古川祭动员全町，分工合作。在祭日前夜的起太鼓仪式更是把传统文化展现得淋漓尽致，数量庞大的年轻人返乡，形成组织，共同商议分工，出钱出力，参与这一传统祭奠，这其实是社区意识形成最主要的过程。古川町年轻人参与起太鼓仪式，是古川町社区营造成功的关键之一。

古川町的夜晚，在大家入睡之前，会听到梆子声，提醒大家小心火烛，町民轮流负责巡夜，深夜一声声的提醒，代表了古川町居民对社区最朴实的关心。

从 1977 年前放养鲤鱼开始，古川町居民开始关心身边的环境，他们同心协力、组织动员，从人的改变、住民意识的凝聚到共同的行动，社区每一份子对家乡的自豪感和使命感促使其不断为创造更好的生活环境而努力，关怀古川之心，逐步具体化为清澈的流水与美丽的环境，居民的真实感受与日常生活环境的改善正是社区营造的首要目标。因此，其在 1993 年获得了日本"故乡营造大奖"的殊荣，也奠定了其今日社区营造典范的地位。

4.2　山地森林城市规划建设的主要生态环境因子

4.2.1　地质构造

1. 山地城镇地质构造

地质构造是地壳或岩石圈各个组成部分的形态及其相互结合的方式和面貌特征的总称，简称构造。任何构造都是岩石或岩层受了内力或外力作用下产生的原始位态或面貌，如层理、粒序层、波痕等各种原生构造，以及各种原始位态或面貌的改变，即变形与变位，如各种次生的褶皱、节理、断层、裂谷、俯冲带、转换断层等。

1）构造尺度：一般按构造的空间规模大小分为大规模构造、小规模构造、微尺度构造。大规模构造是针对已经超出了露头范围的区域性板块；小规模构造可在手标本上或露头范围内能观察到构造的大体；微尺度构造是在光学显微镜下才能观测到矿物之间或矿物晶粒变形表现出的微观构造，如晶格位错。

2）构造层次：地壳在不同深度的变形有明显不同的分层现象。根据这种现象将地表的变形分为三个层次：①上层构造，是以脆性变形为主的地表构造；②中层构造，是以脆性剪切作用为特征的深度在 4～15km 的浅层构造；③下层构造，是以塑性变形为主的超过 10km 深度的深层构造。

3）构造类型：按照构造的不同形态特征、不同成因可以从不同角度进行分类，如按构造形成时间归并为原生构造和次生构造两类；按几何要素可将构造归并为面状构造和线状构造两类；按面状或线状构造在地质体中的分布特点归并为透入性构造和非透入性构造两类（表 4.1）。

表 4.1　地质构造基本类型

归并类型	类型	定义	举例
按构造形成时间	原生构造	指成岩过程中形成的构造，岩浆岩的原生构造有流面、流线和原生破裂构造	沉积岩的原生构造有层理、波痕、粒序层、斜层理、泥裂、原生褶皱（包括同沉积背斜）和原生断层（包括生长断层）等
	次生构造	指岩石形成以后受构造运动作用产生的构造	有褶皱、节理、断层、劈理、线理等
按几何要素	面状构造	是以几何意义的面来表征的构造	如褶皱（轴面）、节理（面）、断层（面）、劈理（面）等
	线状构造	是以几何意义的线所表征的构造	如褶皱的枢纽、断层的擦痕、非等轴状矿物的定向排列或二构造面交线所构成的小型线理、窗棂构造及大型杆状构造的定向排列所构成的大型线理等

续表

归并类型	类型	定义	举例
按面状或线状构造在地质体中的分布特点	透入性构造	指在地质体一定尺度上连续、均匀且按一定格式弥漫分布的面状或线状构造	劈理、片理、片麻理及小型线理等
	非透入性构造	指非均匀、不连续且多以分隔性方式产出于地质体中的面状或线状构造	如节理面、断层面和大型线理

2. 地质构造与山地城镇的关系

地质是承载山地城镇形成与发展的重要基质，地球作为人类的"母亲"最重要的一点便是给了人类立足之地，可以说，如果没有地质的存在，城镇乃至地球上的生命将不复存在，它的重要性无可替代。因而地质构造的稳定对人类和城市的发展具有非常重要的意义。基于地质构造对不同区域的地质产生的巨大影响，地质构造也是对承载山地城镇的基底在形态、格局、分布上产生主要作用的影响因素。尤其在对地震的相关研究表明，地质构造对地震的影响更是无处不在。

目前，按地震形成的原因一般将地震分为四类：构造地震、火山地震、陷落地震、诱发地震。①构造地震也被称为断裂地震，因岩层发生断裂、错位而在地质构造上发生巨大变化而产生；②火山地震是由火山爆发时所引起的能量冲击，而产生的地壳振动；③陷落地震是由于地层陷落引起的地震；④诱发地震是水库蓄水、深井注水等特定的外界因素诱发引起的，包括因炸药爆破、地下核爆炸、水库等人为因素引起的人工地震。

一般而言，火山地震和陷落地震发生的概率较小，前者占地震总次数的 7% 左右，后者占地震总次数的 3% 左右，而且震级很小，影响范围有限，破坏也较小。而构造地震发生的概率和影响范围就是山地城镇在规划选址与建设时不得不考虑的重要灾害。2008 年以来我国西部山区发生过五次较大型的地震，震源深度几乎都处于 10~20km，这些地震的发生与印度板块碰撞、青藏高原隆起密切相关，其引发原因都是岩石断层的活动。

4.2.2　地形地貌

地形（topography）是地表的形状和地貌的总称，具体指地表以上分布的固定性物体共同呈现出的高低起伏的各种状态，包括地势、天然地物和人工地物的位置在内的地表形态。

1. 山地城镇地形条件与特性

（1）自然特性

山地是指海拔在 500m 以上的高地，起伏很大，坡度陡峻，沟谷幽深。"山地"作为对自然形成的环境中特定一个类群的称呼，具有自然属性。人们在看惯了平原城镇的"平淡"之后，会因见山地城镇的"凸出"而兴奋，从某种意义上这也是源于山地代表着自然的一部分，所以会有"见山见自然"的回归感。

1）立体性：这是山地城镇与平原城镇在地形上的明显不同的主要原因。山体可在垂直方向的变化形成较平原更为丰富的立体空间，如山顶、山脊、山腰、山崖、山谷、山麓、盆地、山沟等。

2）生态性：山地比平原接受光照的时间更长，抵御风寒的能力更强；山地中的植被因其不同层级的环境条件不同，会比平原地带的植被种类更为丰富，因此可以有效保持水土，调节该区域温度、湿度等各项空气指标，形成这一地区良好的小气候。

3）不可复性：山地生态系统丰富，具有抵抗力稳定性和恢复力稳定性；而单就山地地形而言，它是不可恢复的，只能被不断地改变；若山地被挖掘山体和植被，则会破坏这一地区的生态平衡，短期内很难恢复到之前的状态。

（2）社会特性

山地城镇的地形本身不具有社会特性，但在人类进入自然，建设城镇的过程中对地形进行改造后就有了一定的社会特性。生活在山地城镇的居民对山地有特殊的感情，这份感情或许是对山地的依赖，也或许是份敬畏。

1）文化性：山地地形作为山地城镇的城镇基底，已不只是山地城镇的环境要素，还逐渐成为山地城镇的铭牌文化。因而才会出现每每游客到访，总会购买充满山城特色的明信片，作为自己到访的纪念或作为赠送亲友的礼物。而作为山地城镇的居民，对山地感情可能更为丰富，这可以细化到对盘山路、对坡地建筑、对台阶的细腻的情感，也可以没有具体的实物，只是一种处于山间的感受或者回忆。山地城镇因其特殊的地形，形成了丰富的地域文化，也是地形的重要社会特性，如重庆的"棒棒儿"就是在这种特殊的地域形成的特殊职业，现已然成为重庆的文化特征。

2）灾害性：地形的变化对自然环境而言是正常的现象，而对生活在其中的人类而言，则意味着灾难。尤其是大型的地形变化，如地震、滑坡、泥石流、崩塌等，对人类的生产和生活都会有极大的灾害性。

3）艺术性：山地的地形地貌比平原地貌更为复杂，河流的蜿蜒、山脉的起伏，在空间上更为随机、奇异、不规则和复杂。山地城镇的城市空间形态和景观格局也与众不同，在各方面表现出了其独特的分形美学特征。因而山地地形在某种程度上是另类的艺术对象。

　　2. 地形与山地城镇的关系

　　山地城镇的发展，一般在原有的山地聚落的基础上，进行发展与壮大，同时也可以通过规划发展新的山地城市。因此，我国目前山地城镇空间分布的格局大体上仍源于早期山地聚落的布局构成。在古代，如第 3 章所述，山地聚落的选址、兴起都依赖于富足的自然环境资源和良好的山地城镇建设用地条件与交通条件，而这些条件又都与地形有着极其紧密的联系。

　　山地城镇因其特殊的地形条件，其与平原城镇的基底有明显的不同。山地城镇虽然大多建于地形起伏较大的区域，但在具体到小片区或在建筑用地层面上时，仍会根据地形在坡度、坡向、高差、同一坡面面积、地形破碎度等方面做出更适宜建设的用地选择。本书主要以平面和立面分析两者的关系。

　　（1）平面关系

　　山地城镇的地形在平面上通过海拔、坡度、地面起伏度、山体形状、风和降水等众多地质地理要素，对山地城镇产生综合效应。因而可用的建设用地分散分布在山地地域中，这也决定了山地城镇的空间布局也相对分散。从不同的地形状况，将山地城镇空间形态模式分为紧凑型、放射型、枝型、组群型。山地城镇无法像平原城镇那样连绵、集中、规整的发展，只能利用少数相对平坦的地形进行集中紧凑地发展，多形成疏密相间的组团式城镇布局。一般而言，山地城镇与山体相近或处于山体之上，处于山体之上又分为半覆盖和全覆盖。其可以划分为带型、分散组团型、放射环状型、树枝型四种空间形态。

　　1）带型空间形态：一些依附于河流流域，沿海地带的山地城镇，会因为河流及海岸线形态，呈带型的空间布局。山地城镇发展沿河岸向腹地扩张，形成块状山地城镇用地，同时又向河流两端延伸，形成带状山地城镇空间形态。在山地城镇发展向腹地延伸的过程中，腹地的资源会越来越少，此时，山地城镇会选择继续纵向发展或者跨河向对岸的腹地扩张。这种向河对岸腹地延伸发展的方式，使带状山地城镇空间发展为块状山地城镇空间。

　　2）分散组团型空间形态：分散式空间布局是一种最为常见的城市空间布局方式，我国的大山地城镇一般都采用这种布局方式。这种布局方式是根据地区的地形条件，通过交通体系，连接各个山地城镇片区，山地城镇的空间结构以飞地的方式进行发展。此外，这种空间布局的好处是能防止山地城镇建设密度过大而造成许多城市病，如热岛效应等。

　　3）放射环状型空间形态：山地城镇开始以块状空间形态转向分散形态的扩张与发展的状态中，呈现出放射型的空间形态，可以说，放射型的空间形态只是山地城镇空间发展的中间阶段，山地城镇的交通轴以圈层的方式向外扩张，如北京市的发展，就是以一环、二环、三环逐层地向外扩张。

4）树枝型空间形态：受周边山体限制，城市沿河谷或山谷向多个方向延伸。其具有众多的边缘空间与自然接触，具有较高的环境相关指数。

（2）立面关系

在立面上，我国山地自然生态环境具有明显的地域分异和多样性特征，岗、崖、岛、梁、沟、坡、坎、湾、谷、坳、岭等地貌特征使景观丰富多变，城中的山与山中的城相互呼应、山水的交融使城市充满乐趣。山地城镇中，地势较高的地方往往能获得较宽阔的空间视野，而在较低的地区，高处的城镇空间也不会因此而遮挡，因而山地地形使城镇视点更加多样和丰富，视域在广度和深度上远高于平原城镇。山地地形还促成了山地城镇特有的、多维空间的、变化的自然基础，形成了山地城镇空间的立体化、山地城镇景观的立体化和山地城镇交通的立体化等。

在山地地区，山地城镇由于起伏不平的山体地形的限制，无法像平原城镇一样在二维空间上向外延展。因此，当山地城镇在水平方向的伸展不足时，便会放弃在二维平面上的扩张，转而进行竖向空间的扩展，有些山地城镇因其本身平地太少，其城镇的主体部分几乎都处于山体上，如重庆、香港等，它们最明显的特征就是紧凑簇群式的发展。现代山地城镇的紧凑簇群特征正随着科学技术，尤其是建筑技术的发展而取得了突破性的变化，与先前只能在山地修建低矮建筑的情景已大有不同，十几层甚至几十层的高楼已大规模地出现在山体之上，很大程度地改变了山地城镇与山体的立面关系。技术的进步使现代建筑在尺度和形态上都与传统建筑不同，高达百米的建筑群天际线甚至超过了背后山体的轮廓线，大部分山地城镇还能在城镇建设中维持山地城镇与山体之间天际线的和谐，但同样也造成了某些山地城镇不和谐的立面关系。

此外，在现代山地城镇不断更新的历程中，对山地城镇用地的需求越来越大，加之山地城镇适宜的建设用地本身较少，因此，山地城镇的用地由早期的山地表面逐渐发展至地下空间，立体化改造已经成为其在功能与空间优化方面的重要方式。地下空间的合理利用，拓展了城镇的发展方向，妥善处理好建筑与地下空间的关系，会极大地改善人流、物流的疏散问题，同时山地建筑中的高差问题也能得到合理的解决。

4.2.3　水文

水体是水圈层的重要组成部分，有相对稳定的陆地为边界，一般为天然水域，也包括有一定流速的沟渠、江河和海洋，以及相对静止的水库、沼泽、湖泊、塘堰。水体可按照"类型"分为海洋水体（包括海和洋）和陆地水体（包括地表水体如河流、湖泊、沼泽和地下水体）。

1. 山地城镇水文条件与特征

山地城镇内的水文条件是山地城镇的构成要素，作为水源供给只是其一项功能，它的作用还体现在水运交通、气候改善、排除雨污及美化环境等众多方面。山地城镇因其特殊的地理条件，也造就了其特殊的水文条件，其特征表现为降水丰富、水源补给类型多、山地径流大。

（1）山地降水较平原丰富

地形和海拔对降水的影响很大，使山区降水分布复杂而变化急剧。在山区，由于气流被迫沿山坡抬升，成云致雨，因而降水量往往随海拔增加而增加。例如，秦岭、大巴山和北山，山麓或山前平原的降水量均比山地要小，降水日也是如此。

（2）山区河流的补给类型随地形高度不同

以中国川西、滇北山地河流为例，冰川覆盖的高山地区，因冰雪融水补给的比重很大；低山区则以雨水补给为主，地下水补给次之；中山区则融水、雨水及地下水各占一定比重。

（3）山地径流

山地的地表坡度和切割程度也较平原大，因而其水系发育的条件比平原更为充分，山地的径流系数要明显大于平原的径流系数。例如，在中国北纬30°附近，四川盆地的径流系数仅为30%，长江中下游平原的径流系数为50%，鄂西山地的径流系数为70%，川西山地的径流系数则高达80%。山地的河网密度也大于平原地区，如中国河北平原河网密度在 $0.1km/km^2$ 以下，太行山区河网密度则超过 $0.3km/km^2$。

山地径流包括坡面流、表层流及地下径流，它们的形成可概括为产流和汇流两个过程。当降雨或融雪量满足或超过土壤的下渗能力时，则产生坡面流；当垂直下渗的水遇到岩石等局部阻水层时，一部分水在土壤孔隙中转为水平方向流动，而产生表层流；当在透水性好、土层厚的坡地上，下渗的水能达到潜水面，形成地下径流。坡面流一般会沿地表以较快的速度流入河网；表层流通过土壤岩石中的孔隙、空洞等通道汇入河网；地下径流一般在沟谷处以泉水方式汇入河流。前两者汇流时间较短，地下径流则在雨停后的一段时间内还陆续渗入河流，形成河流的基流。

山地城镇的水源多是河川的源头或上游，因此上游山地城镇的水文质量对下游山地城镇会有较大的影响，此外，由于山区的河流流量一般较小，河流水体的自净能力又比较小，因此对外部环境的敏感度会非常高，极易受到污染。

2. 山地城镇与水文的关系

水是万物之源，万物的生存都离不开水，人类的生活与生产也是以水为最基本的物质基础。工业生产、农田灌溉、城市生活都需要消耗大量的水。对于山地城镇而言，水更是有着特别重要的意义。历史悠久的山地城镇都是在母亲河的哺育下发展起来的，而同时许多城市的淹没也由水源枯竭引起，它是山地城镇在城镇建设、社会发展中必不可少的。主要体现在山地城镇对水资源的利用及河流水域对山地城镇的选址与布局的影响。

（1）水资源利用

西南地区河流落差大，可利用的水利资源丰富，主要用于生活用水、工业用水、农业灌溉、发电等方面。水利部门的数据表明，长江上游的金沙江河段有将近 1 亿 kW 的水能储藏量，占到了全国水能总量的 16% 左右。若在金沙江干流河段开发 7500 万 kW 的水力发电机，提供的电量可达 3500 亿 kW·h 甚至更多。由于工程技术的大力发展，水资源由最开始的直接使用，发展到今天的资源开发利用。

以水能储备丰富的金沙江为例，仅上游就建设了向家坝、溪洛渡、乌东德、白鹤滩四座水电站。而在《金沙江中游水电开发规划报告》中，金沙江中下游总共规划开发了 20 座水电站，由于河流梯级电站的建设，出现了不少作为电站服务基地的山地城镇，同时也带动了周边城镇的经济发展。随着电站的建设，水体的水文情势（如透明度、水深、水面积、流速等）也会发生一定的变化，电站的大坝会阻断河流，加之上、下游梯级电站的相继建成，对水生物种的栖息环境和水产资源造成很大影响，与此同时，对河流沿岸的自然生态环境也有较大的负面影响，如山体因水库建设失稳而诱发的滑坡、洪水、崩塌、泥石流等地质灾害，而其影响范围可波及库区甚至其周边的较大区域。

（2）山地城镇选址与形态

水资源是农牧业发展的重要资源。人类自诞生开始选择临水而居，在懂得农业耕作时也选择近水而种，河谷的自然优势就显现出来了，同时还具备便捷易获的交通优势，因此成为山地城镇最初形成的物质基础，也对后期山地城镇的选址产生了深远影响。可以说，水域不仅是我国山地城镇的聚居地，更是早期人类文明的始源地。因此，山地城镇的选址与江河分布有着密切的关系，而河流的走向和空间形态也就对山地城镇的空间布局有了深远的影响。

以长江流域的水系为主，以珠江流域上游水系和西南诸河流域下游水系为辅的水体共同滋养着西南地区。我国的地势整体上是西高东低、南高北低，这对我国河流的走向及空间分布有较大的影响，西南地区的水域也随同西南地区的山脉走势，形成了南北流向的格局，并在南北向汇集后再由西向东汇入大海。

河谷是早期人类起源地，也是城镇聚居的发源地，一般接近江河的地段，具有较多的先天优势：人类生活的各个方面都需要水源，而江、河、湖泊的水源非常充足，不仅满足人类对水的需求，其携带的养分还可以为农耕带来营养供给，这也是我国在河谷地区的山地城镇通常会更富足的原因；山地城镇的建设需要较多的建筑材料，而山地河谷地带因其海拔变化，气候和物种都具有垂直地带性，河谷地区的植被更为繁茂，可以为山地城镇的建设提供多样的建筑材料；山地城镇在早期的发展中对自然的防护能力较低，河谷的特殊地形，相对容易于形成台地和阶地，可以为人类的居住提供背山面水的环境，这样周围的山体就是人类天然的防御屏障。

山地城镇是人类的生产活动和消费活动都较集中的地方，不论是农业还是工业，甚至是日常生活，对水的需求从来都没有停止过，因此为便于取水，山地城镇多临近水域发展。在春秋战国时期，"国必依山川"的建城思想就开始记载，并延续至今，如"凡立国都，非于大山之下，必于广川之上；高毋近旱，而水用足；下毋近水，而沟防省"。再如，"乡山左右，经水若泽。内为落渠之写，因大川而注焉"，都符合当时山地城镇依山而建的思想。管仲对历史上山地城镇的建设经验进行总结，并阐述了依山傍水的建国原则，并一直延续至今，西南地区的山地城镇大多是从长江水系旁发育并壮大起来的。以嘉陵江流域为例，渠江、嘉陵江、西汉水、白龙江和涪江沿线均匀分布 27 座规模较大的山地城镇，如重庆、合川、攀枝花、遂宁、绵阳、乐山、广安、南充等。

4.2.4　气候

城市气候是受大城市中人类活动的影响而形成的一种局地气候。城市因其建设的增加使自然下垫面被改变，其体现在原有植被被建筑物、水泥或沥青地面代替，此外，城市的生产活动（如城市工业排放的烟尘、农业焚烧秸秆、空调机的使用等）成为自然气候的额外热源，对气候有较大影响，其特征如下：①城市气温较周边农村高，其热岛中心的温度要高出周边农村 1℃左右，甚至超过 6℃；②城市湿度较周边农村低，普遍低 2%～8%；③一般而言，城市风速较农村小，但城市因狭管效应可大大加快风速，此外，在城市热岛作用下，郊区与城市之间的空气流动可形成热岛环流；④城市生产活动使城市上空烟尘增多，大气能见度低，减少了 10%～15% 的太阳辐射量；⑤城市因热岛效应可增强空气间的对流作用，而弥漫在空中的烟尘又提供了大量的凝结核，形成了城市多雨的现象，据相关资料研究表明，城市降水一般比周边农村多 5%～10%。

1. 山地城镇气候条件及特征

山地城镇的气候条件尤其局部小气候，是影响山地城市布局规划设计的重要因素。山区的气候条件因为山地小气候的影响及城市下垫面的不同，从而与平原城市有很大的区别。例如，山坡地有迎风坡降水效应、背风坡焚风效应，山地气候的垂直变化，河谷城市热岛效应加剧，山谷地有逆温层现象和静风频率高、空气污染影响大、雾气重等现象。山地气候是受海拔和山地地形影响而形成的气候，主要有以下特征。

（1）辐射强度不同

一般随着海拔的上升，太阳辐射因穿过的大气层越来越少使辐射值越来越大，因此，位于不同海拔的山地城镇受到的辐射强度也是不同的。

（2）气温呈梯度变化

1）随着海拔的升高，气温会降低，一般而言，每上升 100m，冬季温度下降0.3～0.5℃，夏季温度下降 0.5～0.7℃。山地城镇的气温在垂直方向上呈现梯度变化，如四川山地在 500m 时温度为 22℃；当海拔上升至 1000m 时温度就降至 19℃，当海拔上升至 2000m 时温度就降至 15℃，当海拔上升至 4000m 时温度几乎降至0℃。因此，重庆、武汉、上海三个城市都位于长江沿岸，但在气候特点上却有着显著的区别（表 4.2），这也是气温在高程上变化的又一例证。

表 4.2　重庆、武汉、上海气候比较

时间	气候参数	重庆	武汉	上海
冬季	天数	67	120	126
	最冷月平均气温/℃	7.5	3	3.5
	平均湿度/%	82	76	75
	平均风速/(m/s)	1.2	2.7	3.1
夏季	天数	128	128	107
	最热月平均气温/℃	28.6	28.8	27.8
	最高气温≥35℃的天数	25	21	9
	平均湿度/%	75	79	83
	平均风速/(m/s)	1.4	2.6	3.2

2）山地城镇的气候还具有相对封闭性的特点，其特殊的环境条件——立体化的下垫面阻挡了风的流动从而阻挡了山地内外间的湿热交换，正是因此，山地周围的山体便成为山地城镇的自然屏蔽，在冬季阻挡外界冷空气侵入，在夏季减少内部热空气的流失。

3）降水量多，且雨量和雨日一般随高度增加，如黄山、泰山，每上升 100m，年降水量增加约为 30mm，雨日增加 2.4 天。相较于平原及低地地区，山地地区的降水量明显更多，这也正是我国为数不多的几个多雨中心都分布在山地地带的原

因。例如，年降水量达 3000～5000mm 的台湾中部山脉，年降水量超过 4000mm
的喜马拉雅山的东南地区，以及年降水量高达 5500mm 的五指山东南坡地带。山
地地区的空气湿度较平原地区大许多的现象也正是由于山地的大量降水而引起
的。与此同时，山地背风坡的降水量也较迎风坡更低。

此外，随着海拔的增加，降水量也会随之增加，而当到达某一高度时，降水
又会随着海拔的升高呈现降低趋势，这一特定的高度被称作最大降水高度。在不
同的地区和季节，最大降水高度也会不同，一般而言，在气候潮湿的地区较气候
干燥的地区最大降水高度更低。例如，我国东部沿海的皖浙山地地区最大降水高
度比西南山地多低于 1500m 左右。

（3）风速变化大

风速一般随海拔的增加呈增大趋势。在山顶、山脊和峡谷地区较盆地、谷地
的风速更快。山地还有山谷风与焚风现象（图 4.5 和图 4.6）。

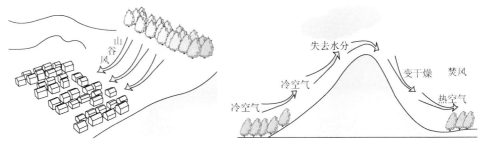

图 4.5　山谷风示意图　　　　　　　　　图 4.6　焚风示意图

可以说地形条件对山地城市大气的影响具有正、负两种效应。山体在一定程
度上改变了大气流动的方向，也阻隔了大气在封闭的山间河谷盆地内部与外部的
流动，因而在这一区域内，静风和小风频率的比重较高。例如，坐落于河谷地带
的重庆，其静风率就接近 33%。但是，山地城镇也因其静风频率较高使大气中的
污染物难以疏散而聚集在山地城镇上空，这严重降低了山地城镇的大气质量，因
此，山地城镇的入风口的疏通显得极为重要。

2. 山地城镇与气候的关系

城镇大多分布在阶梯状地貌的相对平缓地区，主要包括平原、盆地及相
对平缓的高原地区。而我国大多数的山地城镇则分布在丘陵地带，其特点主
要有两个方面，第一，与不同区域的环境相对应，其气候特征会有所不同；
第二，每个山地区域内会呈现出与其他地区不同的气候特征。两者共同塑造
着山地城镇的气候条件，使其具有丰富多变的特点，并形成了特色鲜明的山

地景观格局。其中，对山地城镇空间形态产生主要作用的因素有风态、日照、温度、湿度等。

（1）风态

山体会改变大气的流动方向和特征，而山地因其复杂地形会造成不同的冷热温差，这在一定程度上影响着局部气流的循环，从而形成山谷风、坡地风、微山风、顺沟风和水陆风等。①山谷风形成于不同坡面上冷热气团的交换；②坡地风形成于同一山体的上下部分空气的温差；③微山风形成于相向山体之间的温差；④顺沟风和水陆风则形成于河流或冲沟底部空气与上层空气间的温差。

（2）日照

山地城镇建筑的日照条件主要受坡度和坡向的影响，特别是在冬季，由于太阳高度角较小，山地在南向和北向上的日照条件差异较大，高耸的山体或建筑也会因其所在坡向不同而产生不同的阴影区域带。

（3）温度

山地环境温度因受植被、风态和日照的共同影响，在垂直方向上的变化较为明显，海拔每升高 100m，温度就会降低近 0.65℃；山地的迎风区的温度比背风区的凹地低 1~2℃；此外，在谷底、冲沟和靠水面等区域，温度降低得更为明显。在山地城镇内部保留的山体，对防止城市热岛效应的产生有较大的作用。

（4）湿度

山地的地形地貌决定了山体中水系的分布，而水系的分布又会对山地城镇的空气湿度产生影响。因此，最佳的湿度一般处于高出河谷 100m 左右的南北坡地带。

3. 山地城镇建设中的小气候成因

（1）地质生态环境要素是小气候形成的主要因素

小气候是下垫面条件和构造特性与太阳辐射、大气环流相互作用而形成的局部气候特点。下垫面条件的主要构成因素包括山体、水域、土壤、建筑群、路面、铺地等地质环境要素，以及植被等生态环境要素。可以说地质生态环境条件是影响山地城镇小气候形成的主导因素（图 4.7），植被虽不属于地质生态环境范畴，却受地质生态环境条件的影响。具体来说，地质生态环境是在自然地质环境和人工地质环境双重作用下形成的地质环境。自然地质环境形成自然的地形地貌、水体、土壤条件；人工地质环境改变自然地质环境，从而形成了建筑群、硬质铺地等。地形地貌、水体、土壤条件、人工地表覆盖条件构成了不同山地城镇下垫面条件和构造特性，这些下垫面条件与太阳辐射、大气环流相互作用，在近地面大气层和土壤层中形成该地区的小气候，这种小气候与大气候不同，并具有自己的气候特点。这种在小范围因不同地质生态环境因素影响而形成的与大气候不同的

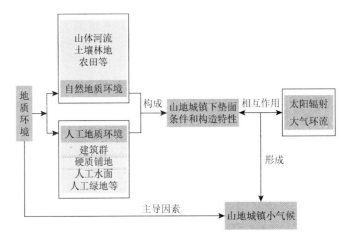

图 4.7　地质生态环境条件是影响山地城镇小气候形成的主导因素
图中深颜色代表主要条件；浅颜色代表次要条件

气候特点就是小气候。因此小气候是由于下垫面条件或构造特性，即地质生态环境因素的不同影响而形成的。

　　小气候特点表现在两个方面。其一，小气候是由于下垫面条件或构造特性的不同影响所形成的局部气候，因此可以说越接近下垫面，小气候特点越显著，距离下垫面越远，小气候的特点越不明显；其二，在近地面大气层、土壤层中小气候的主要特点是温度、湿度和风速都具有显著的日变化与巨大的垂直梯度，且垂直梯度也有明显的日变化。另外，在下垫面条件局部变化较大的情况下，如在起伏地形、城市内及湖岸河岸附近，温度、湿度、风等气象要素还有明显的昼夜变化的水平梯度。

　　山地城镇地质生态环境的复杂性和特殊性，使山地城镇具有独特的下垫面特点，从而决定了山地城镇小气候的多样性。山体、水域、土壤、植被等自然地质环境是山地小气候形成的地质环境条件和生态环境条件。然而，随着山地城镇的建设发展，大规模建筑群、大面积的硬质铺地、高密度的城市路网等不断改变着山地城镇自然地质环境条件和生态环境条件，从而形成和塑造了人工地质环境，人工地质环境与自然地质环境的区别是，作为下垫面的重要构成部分，它所产生的小气候条件大多是不利的。因此在山地城镇设计中，既要利用地质生态环境资源产生的有利的小气候条件，又要通过一定的技术手段克服地质生态环境资源产生的不利的小气候条件。

　　（2）山地城镇小气候的组成要素

　　山地城镇小气候是在一定大气候背景下由于某些小范围的下垫面构造特性所引起的局部气候。小气候作为一种资源，与人们的生产、生活和各种国民经济建设都有着密切的关系。尤其在城市建设和发展层面，如果城市规划与设计能与小气候很好结合，那么将会对城市的经济、环境、社会有重要意义。但研究小气候和城市设计的关系时，其涉及的主要气候要素有日照、温度、湿度、风、降水等。表4.3为影响山地城镇小气候的地质生态环境主要因子。

表4.3 影响山地城镇小气候的地质生态环境主要因子

因子		标志项目
（a）表面类型	山地	坡度、坡向、走向、位置、高度
	土壤	类型、结构、颜色、空气水分含量、导热率
	水	表面面积、深度、运动
	植被	类型、高度、密度、颜色、季节变化
	农田	休闲地，作物的高度、类型和颜色，季节变化
	建筑区	各种物质（混凝土、木材、金属等）的颜色、导热率、热源、水源、污染等
（b）表面特征	几何形状	平坦、凸出、凹下等
	曝光情况	受大、小地形遮蔽的情况，受建筑物、树木遮蔽的情况
	能量供给	维度和海拔、地平面上的遮蔽度、平面形状、坡面、坡向
	反射率	表面类型
	地形的粗糙度	郊区、建筑物的分布及其不同形式和平均高度，街道、建筑群、个别建筑物的方位及曝光程度；公园、花园及其他空旷地的密度，横跨该地区的垂直剖面

1）日照。日照是指一天中太阳光照射的时间。其主要技术参数为日照时数、日照率及太阳高度角和方位角。太阳辐射直接决定了日照时间的多少，而太阳辐射主要与云量、云的厚度及地形有关，因此日照时长主要与云量、云的厚度及地形有关。由于太阳辐射受云量影响较大，因此云量越大的地区，其日照时间也越长，这主要集中在南北纬15°~35°区域，其次强区域在南北纬0°~15°区域。城市受地形、建筑物、植被、空气质量的影响，不同地区太阳辐射强度不同，这种差异也导致了不同地区的小气候的差异。日照时间是影响城市和建筑设计的核心因素，在很大程度上影响了温度、湿度、风和降水量等其他气候因素，因而成为决定城市和聚落选址、布局及建筑物朝向、间距的关键。

2）温度。温度是气候学中的一个重要的气候要素，是衡量空气冷热程度常用的一个量，也是影响人体舒适性的一个重要考量标准。一般气候学上把距离地面1.5m高的空气温度作为气温的标准值。气温主要受地面接收太阳辐射热量的多少的影响，同时地形、下垫面的状况及风环境也是影响气温的重要因素。在北方冬季由于温度过低，不利于人的出行，城市建设通过建筑布局、道路组织、植被配置等方面的改善来降低冬季温度过低对人的影响，而南方夏季比较炎热，城市和建筑就要通过一定手段来改善通风条件与遮阳设施，从而满足人体的热舒适性的要求。所以不同地区的温度随着区位、地理条件、季节的变化等因素会呈现不同的温度分布，城市设计要利用温度这一气候要素营造良好的居住和生活生产条件。

3）湿度。空气湿度是表示大气干燥程度的物理量，是用来衡量空气中的水汽含量和湿润程度的气候要素。表现为空气中含有水汽越少，空气越干燥；空气中含有水汽越多，则空气越潮湿。空气中的水汽主要来自水体的蒸发和植物的蒸腾作用。湿度是影响云雨生成的重要因素之一，通常用相对湿度这一参数表示空气湿度。适当的空气湿度对城市的生产生活、建筑物的使用周期都有一定的影响，对人体而言，一般认为最适宜的相对湿度为50%～60%。

4）风。风是相对地表的空气流动，主要是由气压差和温度差引起的。风向、风力和风速是其主要参数。气压在水平方向不均匀分布产生风。一个城市的风向、风速主要是由大气环流、水陆位置和地形特征决定的。风对城市热环境的影响很大，风速越大，热交换也越强。风向对气温的影响也不可忽视，一般来说，来自海面的东南风温暖湿润，而来自戈壁地带的西北风寒冷干燥。针对不同气候区的城市和建筑设计，一方面，需要避免不利风环境的产生，加强冬季防风，优化高层建筑和街道广场等局地风环境；另一方面，可以结合当地的主导风向，根据人体的舒适性需要，促进夏季城市自然通风，确保局部地区获得理想的微气候。

5）降水。降水是指空气中的水汽冷凝并降落到地表的现象。降水量也是气候的重要因素之一，其主要受海陆位置、地形、大气环流等因素的影响。山地城市由于受地形条件的影响，山区各个区域降水量的分布是不均匀的，一般海拔越高的地方，降水量越大；而从坡向上来看，南坡降水量较大，并且南坡的植被长势、空气均好于北坡，是适合山地建筑选址的重要区域。

4.2.5　土壤

土壤是地球陆地表面能生长植物的疏松表层。它由有机物、矿物、水分、空气和土壤生物（包括微生物）等组成，是在地形地貌、生物及气候条件共同作用下，由风化的岩石形成的。土壤中含有丰富的养分和水分，是植物生长的基础。自然环境和人类活动不断影响土壤形成的方向和过程，同时也会改变土壤的基本性质。

自然地理条件的变化决定着土壤的划分和归类。在亚热带常绿阔叶林中，主要生成了多种红壤、黄壤，如在中国南方的热带雨林和季雨林地区，主要为强富铝化的砖红壤，其土壤中含有较多的三水铝矿和赤铁矿。半干旱热带、亚热带稀树草原景观地区为燥红土；干旱热带和亚热带为红色漠土。

在广阔的湿润、半湿润温带和温带森林地区，主要为具有硅铝风化特征和不同淋溶状况的暗棕壤、棕壤与褐土，以及由森林向草原过渡的灰色森林土。当土壤湿润状况从沿海向内陆逐渐变干，植物由灌丛草原逐步过渡为草甸草原和干草原，土壤也随之由黑土、黑钙土向栗钙土过渡。

在极端干旱的温带荒漠地区，主要为多种类型的漠土，如棕漠土、灰棕漠土和灰漠土。由荒漠向草原过渡的地区，为具有半漠土特征的棕钙土和灰钙土。

在寒温带湿润针叶林下，可见具有不同灰化特征的灰化土。寒冷、低温的极地及其边缘地区，为苔原土和极地漠土。在高寒的高山冰川边缘，为寒漠土。

与上述地带性土壤共存的还有多种类型的草甸土（潮土）、沼泽土、盐碱土、风沙土、石灰（岩）土、火山灰土、水稻土等。

1. 山地城镇土壤条件及特征

山地城镇土壤条件主要是指土壤的稳定性和渗透性，它与城市的地下水状况、城市的用地选择等因素密切相关。土壤渗透性同时也是地下水补充量的衡量标准之一，充足的地下水资源对维持地区内地下水平衡极为重要，同时地下水对水污染极其敏感，土壤渗透性则是地下水污染敏感系数的间接指标，土壤渗透性越大，地下水则越容易受到污染，在山地城镇中，应该对土壤条件引起高度的重视，对山地城镇发展区或山地城镇建成区内的土地进行充分的对比研究，并保护土壤渗透性极高的土壤，使之成为地下水回灌场地，同时免受工业污水的干扰。

山地城镇的土壤主要有以下特性。

（1）山地土壤的垂直地带性

1）山体所在的地理位置对土壤垂直带谱的影响：一般而言，气温与湿度随海拔的变异，在不同的地理纬度与经度地区的变幅是不一样的。中纬度的半湿润地，海拔每上升 100m，气温下降 $0.5 \sim 0.6 ℃$，降水量增加 $20 \sim 30mm$，而且当海拔为 2500m 以上时，地形对流雨就可能产生了。

山体的高度、大小及形状对土壤垂直带谱的影响：山体越高，土壤垂直带谱的结构越复杂也越完整。

2）山体的坡向对土壤垂直带谱的影响：阳坡与阴坡在气温与土壤湿度上有差异，山体的迎风面与背风面的气候也有差异，这些差异影响土壤垂直带谱的结构。

高原下切河谷的下垂带谱：在高原地区，河谷深切。在谷坡面上产生土壤的垂直带分异，这种垂直带的基带位于最上端，犹如垂帘，故称为下垂谱带。在我国的青藏高原和云南高原有分布。

垂直带倒置现象：主要发生于一些河谷下切较深而地形又比较闭塞的高原河谷，高原下沉的冷空气往往一段时间停滞于河谷，因而在这种下切河谷的两侧山坡上，其最暖带不在最低的谷底，而是在谷底稍上的地区。在金沙江河谷常见。

（2）山地土壤侵蚀与土壤的薄层性

由于山地有一定的坡度，山高坡陡，土壤侵蚀是绝对存在的。土壤侵蚀的强度与植被覆盖度有关。植被一旦遭到破坏，土壤失去保护层，土壤侵蚀必然加剧。土壤侵蚀有三种类型：流水侵蚀、重力侵蚀、冻融侵蚀，其中以流水侵蚀为主。

（3）山地土壤的母岩继承性

由于山地土壤母质多为残积物和坡积物，母质来源比较单一，加之土层薄，因此，山地土壤对母岩的继承性非常明显，即两者之间有"血缘"关系。

2．山地城镇与土壤的关系

（1）景观影响

土壤对山地城镇的植被产生直接的影响，而植被是一个城市主要的景观元素之一，因此，土壤的分布地带性、元素含量、pH、水库库容等都对山地城镇的景观有一定的影响作用。

（2）农业影响

土壤是岩石圈表面的疏松表层，是陆生植物生活的基质。它提供了植物生活必需的营养和水分，是生态系统中物质与能量交换的重要场所。由于植物根系与土壤之间具有极大的接触面，并进行频繁的物质交换，彼此强烈影响，因此土壤是植物的一个重要生态因子，通过控制土壤因素就可影响植物的生长和产量。土壤能够提供作物生长所需的各种养分的能力，称为土壤肥力。肥沃的土壤同时能满足植物对水、肥、气、热的要求，是植物正常生长发育的基础。因而土壤也在一定程度上对山地城镇的农业产量产生了直接的影响。

4.2.6　植被

1．山地城镇植被分布与特征

山地城镇特有的高山森林、坡地河谷、冲沟水面等不同的地形地貌为各种动植物提供了不同的生存环境，因而形成了丰富的植被类型。中国的植被类型主要有：针叶林、针阔混交林、阔叶林、灌丛、荒漠、草原植被、草丛、沼泽、高山植被、栽培植被，此外，植被分布还具有纬度地带性、经度地带性和垂直地带性。

（1）植被分布的纬度地带性

在我国东部湿润森林区，温度随着纬度的增加而逐渐降低，在气候上自北向南依次出现寒温带、温带、暖温带、亚热带和热带，因此受气候影响，植被自北向南依次分布着针叶落叶林、温带针叶落叶阔叶林、暖温带落叶阔叶林、北亚热带含常绿成分的落叶阔叶林、中亚热带常绿阔叶林、南亚热带常绿阔叶林、热带雨林。

我国西部由于地处亚洲内陆腹地，在强烈的大陆性气候笼罩下，再加上从北向南出现了一系列东西走向的巨大山系，如阿尔泰山、天山、祁连山、昆仑山等，打破了纬度的影响，这样，我国西部从北到南的植被水平分布的纬度变化如下：温带半荒漠带、荒漠带、暖温带荒漠带、高寒荒漠带、高寒草原带、高原山地灌丛草原带。

（2）植被分布的经度地带性

植被分布的经度地带性主要与海陆位置、大气环流和地形相关。其一般规律是从沿海到内陆，降水量逐渐减少，植被也出现明显的规律性变化。

我国从东南沿海到西北内陆受海洋季风和湿气流的影响程度逐渐减弱。我国植被分布的经度地带性，在温带地区特别明显，植被分布的经度地带性依次经过的气候为湿润、半湿润、半干旱、干旱和极端干旱的气候，相应的植被变化也由东南沿海到西北内陆依次出现了三大植被区域，即东部湿润森林区、中部半干旱草原区、西部内陆干旱荒漠区，这充分反映了我国植被分布的经度地带性。

（3）植被分布的垂直地带性

植被分布的地带性规律，除纬度规律和经度规律外，还表现出因高度不同而呈现的垂直地带性规律，它是山地植被的显著特征。一般来说，从山麓到山顶，气温逐渐下降，而湿度、风力、光照等其他气候因子逐渐增强，土壤条件也发生变化，在这些因子的综合作用下，植被随海拔升高依次呈带状分布。其植被带大致与山体的等高线平行，并有一定的垂直厚度，这种植被分布规律被称为植被分布的垂直地带性（图 4.8）。在一个足够高的山体，从山麓到山顶更替的植被带系列，大体类似于该山体所在的水平地带至极地的植被地带系列。

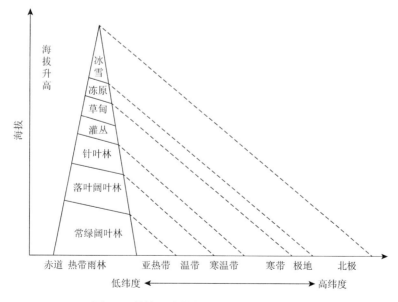

图 4.8　植被垂直带与水平带相关性示意图

例如，在西欧温带的阿尔卑斯山，山地植被的垂直分布和自温带、寒温带到寒带的植被水平带的变化大体相似。我国温带的长白山，从山麓至山顶所看到的落叶阔叶林、针阔叶混交林、云冷杉暗针叶林、岳桦矮曲林、小灌木苔原的植被垂直带，也是同自我国东北向太平洋沿岸的俄罗斯远东地区，直到寒带所出现的植被纬度地带性相一致。因此，有人认为，植被的垂直分布是水平分布的"缩影"。而两者间仅是外貌结构上的相似，而绝不是相同。例如，亚热带山地垂直分布的寒温带针叶林与北方寒温带针叶林，在植物区系性质、区系组成等方面都有很大差异。这主要因亚热带山地的历史和现代生态条件与极地极不相同而引起的。

山地植被垂直带的组合排列和更替顺序构成该山体植被的垂直带谱。不同山体具有不同的植被带谱，一方面山地植被垂直带受所在水平带的制约；另一方面山地植被垂直带也受山体的高度、山脉走向、坡度、基质、局部气候等因素影响。总之，位于同一水平带中的山地植被，其垂直地带性总是比较近似的。

2. 山地城镇与植被的关系

（1）塑造山地城镇自然山水格局

山地城镇中的植被是山地城镇生态系统的重要组成部分，对于稳定山地城镇生态系统内的物质循环和能量流动起着重要作用，对山地城镇生态平衡具有重要的意义。常用的"引山入城""引绿入城"，其实质都是将以山体的绿色植被为主的生态空间引入山地城镇，或是将以绿色植被为主的走廊作为打通山、水、城的廊道，因此植被是山地城镇自然山水格局中的重要组成部分。

（2）净化山地城镇

植被对山地城镇居民而言，其重要的作用就是净化空气、水等。植被可吸收CO_2，放出O_2；对降尘和飘尘有滞留过滤作用；在抗性范围内能通过吸收而减少空气中的 SO_2、HF、Cl_2、O_3 等有害气体含量；在抗性范围内能减少光化学烟雾污染；还有滤菌、杀菌的作用；对飘尘和颗粒物中的重金属有吸收和净化作用；还能减少噪声污染和放射性污染。某些水生植被对水体中的污染物有较好的吸收净化作用，因此被用来处理污水。例如，芦苇和大米草对水中悬浮物、氯化物、有机氮、硫酸盐均有一定的净化能力；水葱能净化水中酚类；金鱼藻、黑藻等有吸收水中重金属的作用。总之，山地城镇植被通过消纳和吸收城市废弃物，提供新鲜空气，促进了山地城镇的生产发展，丰富了山地城镇居民的生活。

（3）涵养水源，避免水土流失

植被素有"绿色水库"之称，具有涵养水源、调节气候的功效，是促进自然界水分良性循环的有效途径之一。一方面，植被的叶片能阻挡雨水直接对地面的冲刷，减缓地面径流，堆积在地面的落叶也能蓄藏大量的水分，根系能固定表层土壤，避免水土流失，这些都有利于水下渗，从而涵养了水源。截留后，阻止了雨滴击溅表土，避免了土壤颗粒被击碎。另一方面，大大减少了落到地面的降水量，从而减少了地表径流量，也从而减少了土壤侵蚀量。地表的枯落物层也有吸持水分的作用和保护表土的作用，因而植被的林冠层和地表的枯落物层构筑了两道防线。

（4）减少山地灾害

山体滑坡（landslide）是一种比较常见的不良地质物理现象。尤其在山区经常发生，对人民的生命财产及安全造成了巨大威胁。美国学者 Langbein-Schumm 从植被入手研究了降水量和产沙量的关系；日本的研究人员统计了不同植被下的滑塌的发生率，肯定了植被本身的抗拉、抗剪强度大于土体，且具有固土护坡的功效，执印康裕从水文学、机械学两个方面研究了植被对表层滑坡的影响机制，分析了植被防止表层滑坡的发生、发展的力学作用，其认为植被是防止滑坡发生、发展的一种有效方法；中国学者从草、乔木、灌木出发，考虑了根系的锚固作用、叶片的蒸腾作用，研究了植被在滑坡防治中的作用及植被对滑坡的防护效果，肯定了植被在滑坡防治中的作用。植被与滑坡的稳定性之间，具有力学机理，它是植被对滑坡防护作用的基础。

4.2.7　其他因子

除了阐述的地质构造因子、地形地貌因子、水文因子、气候因子、土壤因子、植被因子外，还包含许多其他因子，如动物因子、资源因子等自然地质生态因子，以及建筑、道路、大型工程等人工地质生态因子，它们共同影响着山地城镇的规划建设，并对其未来的可持续发展起着重要作用。

4.3　山地森林城市绿地系统规划研究

4.3.1　城市绿地系统研究综述

1. 城市绿地系统

城市是人类社会活动的综合生态系统，而城市绿地系统是城市生态系统的重要组成部分，城市中的绿色植物通过各种生态效应，起到净化城市空气、改善城市气候、增强城市抗灾能力等作用。城市绿地系统的概念应该从城市规划学和生态学两个方面的定义去理解：从城市规划学的角度看，城市绿地系统是城市区内一切的人工或非人工的植被覆盖群落，甚至还包括了水体等一切具有等同绿地功能的用地类型，一定量的绿地相互作用形成具有生态效益、社会效益和经济效益的有机整体，它也是城市系统内部优化环境、保证系统整体稳定性的必要因素；从生态学的角度看，一切建设用地可以看作是一个生态本底，城市只是这个生态本底中镶嵌的干扰斑块，而城市绿地系统则可以看作是自然生态本底的残存斑块或是人为干扰的引入斑块。

2. 城市绿地系统规划

城市是一个综合系统，包括多个子系统，而城市绿地系统正是众多子系统中的一个——生态子系统的重要组成部分，根据我国现有城市规划体系，城市绿地系统规划是城市总体规划中的一个重要专题，城市规划管理部门通过绿地系统规划来指导城市规划范围内的一切绿化用地建设，各个城市也会在城市总体规划指导之下，进一步根据实际情况编制城市绿地系统建设规划。

有学者认为"城市绿地系统规划是指在充分认识城市自然条件、地貌特点、自然植被及地方性园林植物特点等的基础上，根据国家统一的规定和城市自身的情况确定的标准，将各级各类绿地按合理的规模、位置及空间结构形式进行布置，形成完整的系统，以促进城市健康持续地发展，改善城市小气候条件，改善人民的生产、生活环境条件，并创造出清洁、卫生、美丽的城市。"

也有学者认为"城市绿地系统规划是对各种城市绿地进行定性、定位、定量的统筹安排，形成具有合理结构的绿地空间系统，以实现绿地所具有的生态保护、游憩休闲和社会文化等功能。"

《城市绿地系统规划编制纲要》对城市绿地系统规划的解释是："城市绿地系统规划的主要任务是在深入调查研究的基础上，根据城市总体规划中的城市性质、发展目标、用地布局等规定，科学制定各类城市绿地的发展指标，合理安排城市各类园林绿地建设和市域大环境绿化的空间布局，达到保护和改善城市生态环境、优化城市人居环境、促进城市可持续发展的目标。"

不同的学术著作及规范条例对城市绿地系统规划都有不同的定义，但不同定义之间都会有一个共同的目标，那就是要通过城市绿地系统规划实现其生态效益、优化城市人居环境的目的，同时城市绿地系统规划也是一个系统的过程，需要根据规划目标进行前期的基础资料搜集和后期的规划布局及指导建设，只有这个过程得以科学地完成，才能真正实现城市绿地系统规划的目标。

3. 景观生态学

国际景观生态学会（International Association for Landscape Ecology，IALE）对景观生态学的定义是："景观生态学是对于不同尺度上景观空间变化的研究，包括对景观异质性生物、地理及社会原因的分析。"该学会认为景观生态学重点研究这些主题：景观的空间格局，景观格局与生态过程的关系，人类活动对于格局、过程与变化的影响，尺度和干扰对于景观的作用。

大量学者认为景观生态学以生态系统的空间关系为研究重点，关注尺度的重要性与时空异质性，对不同的组织层次和分辨尺度，还应加强对景观格局和过程空间联系的研究。基于这样的共识，对景观生态学的定义是：景观生态学是研究景观空间结构和形态特征对生物活动与人类活动影响的科学，其主要研究内容为景观的结构、功能和变化。

4. 景观生态规划

景观生态规划的历史较为短暂，在国内的历史更短，由于不同的历史和文化背景，不同国家、地区及学者对景观生态规划都有着不同的见解。在欧洲，景观生态规划是在土地利用规划和管理等的推动下发展起来的；而荷兰和德国等地的景观生态规划则多集中于土地评价和利用、土地保护与管理等方面，强调人在景观中的重要地位和主导作用。

而在国内，也有部分学者对景观生态规划提出了自己的认识，有专家认为景观生态规划是在对景观进行综合分析评价的基础上，建立优化利用景观生态的空间结构模式，最终实现区域景观生态系统整体优化的目标，其强调应从人与环境、发展与保护之间的关系去考虑景观生态规划中景观的整体性，使景观格局及其生态特征在时间和空间维度上协调，达到景观优化的效果；还有专家认为景观生态规划应以景观生态学为基本原理，结合多学科相关知识，对景观格局及其生态过程和人类活动与景观的相互作用进行研究，并在此基础上提出景观最优规划方案和对策。

4.3.2　景观生态学在城市绿地系统规划中的应用

1. 景观生态学研究概况

景观生态学的理论原型是地理学和生态学，它吸收了地理学的整体性思想和空间分析方法，又综合了生态学中的生态系统理论及系统分析、系统综合的方法。德国地理学家 C. Troll 在 1939 年首先提出的景观生态学这一概念，他认为只有将地理学和生态学两者结合起来才能解决大尺度区域中生物群落之间及生物群落和环境之间的复杂关系问题，因此有必要组织这两个领域里的科学家进行合作研究。

进入 20 世纪 80 年代以后，景观生态学取得了长足的发展。首先是第一届国际景观生态学大会于 1981 年在荷兰举行，并于 1982 年正式成立了 IALE，这标志着全球景观生态学领域有了权威的学术组织，景观生态学的发展阶段到来了。

IALE 的成立促进了景观生态学的大力发展，使相关学术活动频繁，并涌现出了一大批相关学术论文集著作，具有代表性的是：Naveh 和 Lieberman 的《景观生态学：理论与应用》，该书是景观生态学领域的第一本教科书；Forman 和 Godron 的《景观生态学》是当时北美景观生态学研究成果的代表；Zonnveld 与 Forman 的《变化着的景观——生态学透视》是景观生态学研究时代水平的反映；Turner 和 Gardner 主编的《景观生态学中的数量化方法》主要介绍了景观生态学中定量化研究方法。总之，这一时期的景观生态学研究呈现出多元化发展，百花齐放的局面，学术上主要形成了对比鲜明的欧洲景观生态学派和北美景观生态学派，他们基本上引领了国际景观生态学研究的发展方向。欧洲是景观生态学的发源地，研究重点从土地利用规划和设计逐渐扩展到资源开发与管理、生物多样性保护等领域，其在理论上强调景观的多功能性、综合整体性、景观与文化的协同，并提出了整体性景观生态学的概念框架。北美景观生态学受欧洲景观生态学影响，从 20 世纪 80 年代初期开始发展，后来逐渐形成具有其自身特色的景观生态学流派，其更加重视理论的科学性、系统性，注重数量化和模型建设及对自然景观的研究，对景观生态学的基本理论框架的创建也做出了重要贡献。

景观生态学研究在我国起步比较晚，在 20 世纪 80 年代随着我国改革开放的进行及世界生态学意识的加强，景观生态学才传入我国，黄锡畴、林超、陈昌笃、肖笃宁、景贵和、李哈滨、傅伯杰等学者是我国从事景观生态学研究的先驱，一批具有较高水平的景观生态学理论和实践应用成果也相继涌现出来。其主要涉及景观生态学理论和实践方法探讨及其在景观生态规划中的应用尝试研究。

从目前国内外的研究现状来看，基于景观生态学的生态格局和规划管理研究主要集中在大尺度地域空间上，包括对大片农田林地、自然保护区等地的研究。而对中小尺度地区及用地空间的景观研究还是以传统的生态学为主，尤其是对城市空间和绿地系统的研究相对较少，研究深度也有所欠缺，在理论和实践上都有待进一步发展。

2. 景观生态学在城市绿地系统中的应用

（1）城市景观生态学的提出

不合理的城市景观生态格局导致当代城市中出现各种环境问题，包括气候、环境、生态等多方面的破坏及严重污染等，如何对这些城市问题进行科学的解决是城市规划及建设面临的一个重要课题，景观生态学的原理及其生态规划方法为这一难题提供了新的思路和学科工具，在这样的背景下城市景观生态学的概念被提出并逐步引起学者及社会各界的重视。有生态学者认为："城市是以人为主体的景观生态单元，它和其他景观相比具有不稳定性、破碎性、梯度性，斑块、廊道、基质是构成城市景观结构的基本要素。"也有生态学者指出："城市景观生态学是一门正在蓬勃发展而又不十分定型的学科,它是研究城市景观形态、结构、空间布局及其景观要素之间关系并使之协调发展的科学。"然而,由于城市景观生态学本身是一门新兴学科,加之引入我国较晚,因此其在我国更是处于起步阶段,在学科理论建设和实践方面都还相对不够成熟。但就从当前世界各国对城市景观生态学的研究来看,主要涉及的学科普遍具有交叉性和综合性,包括了以建筑学、城市规划学、风景园林学为主的城市建设相关学科,还包括以生态学、地理学、环境学、植物学等在内的地理生态类学科,甚至还涉及美学、社会学、经济学及人类学等人文艺术类学科。

（2）城市景观生态规划的提出

19世纪60年代美国造园家奥姆斯特德将生态学及景观生态学的理论运用到城市景观生态规划建设中,并提出城市景观生态规划的思想,在城市景观生态规划建设中将城市规划学、风景园林学及地理学和生态学进行有机融合,科学运用景观生态学原理解决城市景观建设中的各种生态学问题,充分发挥了景观生态学的生态价值。然而在当代城市建设中,尽管有大量的城市规划及建设中提到了城市景观生态规划的思想和方法,但是并未充分得以实施,很多城市建设依旧是按传统的生态规划思路进行建设,传统生态规划对各类生态景观资源缺少科学的定量分析评估,最终导致城市景观生态规划建设并不能得到科学合理的实施及落实。

（3）城市绿地系统的景观生态规划

在传统的城市绿地系统规划研究中,根据不同的研究背景和研究目的,会出现不同的研究侧重点并采取不同的研究方法,景观生态学本身注重对景观整体格局及生态功能的分析,因此在考虑城市整体结构及绿地系统在城市系统中的整体布局关系时引入了景观生态规划的思想和方法,成为城市绿地系统规划布局的重要理论工具之一。

城市绿地系统的景观生态规划以景观生态学基本原理为理论依据,对城市绿地系统从整体空间布局、景观生态要素数量规划等方面进行了合理统筹安排,从而使城市绿地系统不仅具有优美的景观价值,还要实现城市绿地系统的生态功能,改善城市人居环境,为城市居民提供一个优美而又生态健康的城市空间。

我国当前从景观生态学角度对城市绿地系统规划进行研究也处于起步阶段,不过还是取得了一些成绩:有学者运用景观生态学对广州市城市绿地系统进行了系统分析;也有学者对上海市城市绿地系统的景观生态格局进行了分析研究;还有学者以蓬莱市城市绿地系统规划为例,探讨了景观生态学在城市绿地系统规划建设中的应用。

4.4　山地森林城市生态适应性城市设计

城市设计作为一项复杂的系统工程，涵盖着城市的自然生态保护、经济发展和社会文化协调等功能，城市设计中各子系统间有序运行是保证一个城市良性发展的关键。山地环境中的城市设计既体现了其独特的地区适应性、丰富的城市特色空间、多样化的城市生活包容性，又为创造具有特色的城市结构和形象提供了条件。本书以重庆市开州北部新区的城市设计策略研究为例，主要从功能区布局的适应性策略、"四线"生态控制策略、道路交通设计的适应性策略、市政基础设施配套控制等方面介绍了开州北部新区城市设计的生态适应性策略。

开州区位于重庆市东北部，地处大巴山南坡与川东平行岭谷的结合地带，长江三峡库区小江支流回水末端。其地理坐标地跨北纬 $30°49'30''\sim31°41'30''$，东经 $107°55'48''\sim108°53'36''$，属国际东 7 时区。地壳的构造运动和物理、化学风化作用的结果，形成了开州境内山地、丘陵、平原三种地貌类型，其北部为大巴山南坡石灰岩岩溶地貌，南部为川东平行岭谷的低山丘陵，主要属川东平行岭谷区褶皱带红层地貌，地形南北长，东西窄；地貌复杂，呈现"六山三丘一分坝"的格局；气候属于暖湿亚热带季风气候，气候适宜，四季分明。

开州区北部新区和环汉丰湖区域为开州主城的核心地带。南山、脑顶山、盛山等山脉和东河、南河、汉丰湖等水系构成了环汉丰湖区域的自然屏障和生态基础，形成了环汉丰湖区域"山、水、城"的整体环境景观格局架构（图 4.9）。

图 4.9　开州北部新区与环汉丰湖区域的山水格局分析图

4.4.1　功能区布局的适应性策略

　　城市功能区的划分是相对的，绝对的功能区划分不是生态适应性城市所追求的目标。城市功能区的划分强调土地的综合利用、功能的多样性（当然有其主导功能，其他功能是围绕主导功能而形成的），如商务办公、商业、居住生活等都可能组织在一起，兼容地利用土地，即土地时空生态位的重叠利用，以达到紧凑、高效利用的目的。在进行城市功能区的规划与建设时应因地制宜，应用生态整体规划设计的思想方法，全面设计城市功能区结构功能及系统与外界的联系，以维持或恢复城市功能区新的平衡，使其成为居民满意、经济高效、人与环境协调，自然生态平衡的土地利用模式。

　　开州区的城市性质确定为：重点发展能源、建材、食品、天然气化工、旅游和商贸物流的生态型旅游城市，并根据综合考虑和城市设计的优势特点分析，把开州北部新区定位为居住和旅游功能。因此，城市设计根据对基地的解读和分析及本地块的目标定位，在基地大环境格局构建策略的基础上，对具体的项目分类进行了必要的细化，主要包括：现状保留区布局、居住区布局、商业区布局、旅游服务配套区布局、水体-汉丰湖生态屏障区建设五大功能板块。

　　经过多次现场探勘和走访调研，得出本次规划区域（即开州北部新区）为一个开发度相对较低的新区。本次规划区域的核心建成区为迎仙山脚下的综合居住区和丰乐集镇安置片区，其他地方建筑较为零散。核心建成区的建筑密度较高；建筑高度一般为7～9层，并且新建住宅有不断增高的趋势；建筑的建设年代不长，多为21世纪初建造；两个区域人口密集，社区关系和地方文脉已经形成，是一个相对活跃和稳定的城市片区（图4.10）。本次规划区域的其他区域则为相对零散的居民点，土地利用率极低，公共服务设施缺乏，市政基础设施覆盖困难。

图 4.10　开州区北部新区现场照片

因此，基于社会生态适应和经济生态适应方面的考虑，本次规划将迎仙山脚下的综合居住区和丰乐集镇安置片区两个核心建成区保留，并根据实际情况划定了 45.2hm² 的区域作为保留区。

对于现状保留区的具体策略建议如下。

1）不对保留区进行大拆大建，局部地区的改建和新建需仔细协调周边具体环境。

2）完善保留区的相关配套设施，如公共服务和市政基础建设等。

3）对局部重点地段做好城市风貌的改进，统一片区的立面形式和地段形象。

1. 居住区布局的策略研究

除去现状保留区外，其他地方的建筑密度很小，民居散落在本次规划区域范围内。根据片区的总体定位和"大分散，小聚合"的聚居形态构建，本次规划设计的居住区总体定位为休闲式低密度生态住区。

具体而言，考虑到对于土地价值的集约利用和汉丰湖景观的控制，居住区的布局分为两种：一种为中高档的优质滨水商品住区（图 4.11），位于本次规划区域最东侧和最北侧，远离汉丰湖主景片区，以高层和小高层为主，充分利用土地资源；规划区中部的片区级商业核心区可兼容商品房功能，并做到显山露水的景观效果，总占地约为 85hm²（含相关配套设施用地）。另一种为以多层、低层为主的低密度生态住区（图 4.12），充分利用并保护汉丰湖的湖面景观，维护公共利益。它们沿台地簇群式生长，组团式发展，形成独特而舒适的区域形象。整个生态住宅区占地约为 95hm²（含相关配套设施用地），是面临汉丰湖的主要建筑群，住区绿地率应达到 40%以上，尽量融入周边的区域环境，以维护区域的生态平衡，努力打造成滨水区域的最佳生态住区。

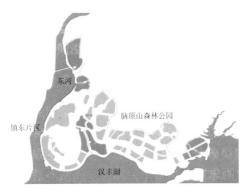
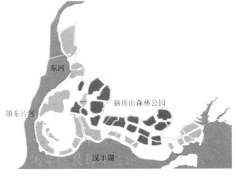

图 4.11　中高档的优质滨水商品住区　　　　图 4.12　低密度生态住区分布示意图
　　　　　分布示意图

对区域内的原居民,进行经济补偿异地安置或就地安置处理,充分尊重和满足原居民的意愿。住宅的建设必须符合城市设计的整体要求,并且每个休闲住区组团内配备相关的公共服务设施,以满足居民日常生活娱乐需求。

2. 商业区布局的策略研究

从开州主城区的商业空间分布来看,开州商业区布局分布极不均衡。具体而言,绝大部分商业区集中在汉丰湖南岸的汉丰组团,全区的商业中心较为积聚。但是,其他组团的商业金融配套能力却十分薄弱。基于此,城市设计结合总体规划发展意图和片区区位地理条件,在廖家湾和三星庙附近形成了开州北部新区的区域核心商业中心,打造片区级重要的商业服务中心及开州的城市次中心节点。另外,为了丰富开州北部新区商业服务的层次等级,在井泉片区东端和华联片区北端各设置一个次区域级的商业服务中心(图4.13)。

图 4.13 核心商业中心平面布局示意图

核心商业中心沿响水水库引入汉丰湖的水系两侧布置,形成商业步行轴线和绿化景观轴线,在轴线两侧形成商业服务、城市休闲娱乐的核心地带,并形成完善的步行服务网络和停车设施。在核心商业中心以一个滨水市民广场为核心,布置一些商场、电影院、娱乐休闲等相关的商业服务设施。核心商业中心作为该片区的中心,按城市次中心的高标准要求来打造,形成具有时代气息的现代化核心商业区,为人们营造一个舒适便捷的商业购物和休闲娱乐环境(图4.14)。

3. 旅游服务配套区布局的策略研究

本次规划区域拥有天然的地理优势,背靠脑顶山,面临宽阔的汉丰湖,有长达 10km 的滨水景观岸线,其中滨湖岸线达 7.6km,且与汉丰湖主城区遥相呼应。因此,应充分利用汉丰湖及其沿岸的优美景观,建设开辟一批独具特色、可游览娱乐的风景旅游节点和旅游项目,完善开州环汉丰湖区域的旅游服务体系(图4.15)。

城市设计结合环汉丰湖景观文化研究的成果,注重景观节点的打造和旅游线路的通达性。具体而言,本次规划区将形成不同主题的五大旅游服务配套区(图4.16)。

图 4.14　核心商业中心效果图

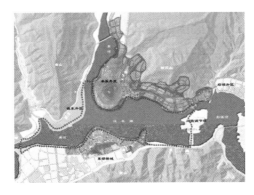

图 4.15　环汉丰湖区域的旅游线路示意图

图 4.16　旅游服务及线路示意图

　　1）A 区域为迎仙山观景区、九阁凌霄景区和开州民俗风情商业街，建筑风格以西南地区的传统建筑风格为主，以之作为片区的主要景观节点，并且设置进入山顶的标识。以绿化景观为主要特征，注重绿化配置和景观设计。该区域位于迎仙山半山腰及山顶上，三面环水，视线开阔，风景秀丽，是林木茂盛的生态环境优良区域。为保护山形、增强山势，规划区严格控制建筑高度和体量，片区最高建筑（九阁凌霄）限高不超过 36m，民俗商业街不超过 15m，容积率不超过 1.0。建筑高度由山顶向山脚叠落，可考虑适当采用架空和吊脚等接地形态，增加区域的趣味性和特色性。建筑屋顶采用坡顶，鼓励使用乡土建筑材质，形成与自然地形的良好结合（图 4.17 和图 4.18）。

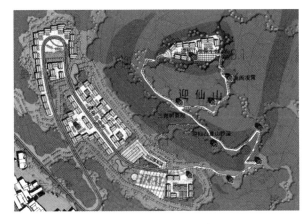

图 4.17 A 区域平面示意图

图 4.18 民俗风情商业街效果图

2）B 区域紧邻城市核心商业区，布置体验式购物公园、美食广场、风情酒吧街等，为游客提供丰富的餐饮美食和休闲购物场所。

3）C 区域布置休闲旅游度假村落、休疗养会所等，为游客提供高档的住宿条件和舒适的康体设施。

4）D 区域为游乐设施、体育训练基地、水上活动配套设施，如游艇俱乐部等。

5）F 区域为旅游服务配套设施节点，为游客集散提供便利。

4. 水体-汉丰湖生态屏障区建设的策略研究

水体-汉丰湖生态屏障既是发挥滨水带生态效益的决定因素，又是环湖景观的基底。根据开州滨湖城市的功能定位，开州将打造滨湖城市的湖岸空间，构筑汉丰湖水库周围绿色生态屏障，塑造优美的开州滨湖城市形象，彰显层次分明、轮廓清晰的山水形态，季相鲜明、水清人逸的环境氛围，体现人与自然和谐共生的理念。

因此，本次城市设计将加强汉丰湖周围山体的植被保护与恢复工程，并在水体和山体之间建设山-水生态连接廊道，使山水环境有机结合，形成错落有致的网状整体；把汉丰湖水库周围打造成水草丰美、植被茂盛、生态健康的绿色屏障；满足风景视线的要求，开辟风景视线走廊，形成优美的天际轮廓线；将绿色屏障建设成固土保水的生态线、环境优美的风景线、展示开州人文风采的形象线，构建起绿化美化的生态绿化体系。

根据开州总体规划的定位，水体-汉丰湖生态屏障区为低密度生态住区和旅游服务功能区，所以水体-汉丰湖生态屏障区将有大量绿化及未开发用地。本次规划在区域内利用大量的非城市建设用地和开州的土壤气候条件，来打造适应本地的果品基地和花卉苗木基地。水体-汉丰湖生态屏障区的植被一方面除具有水源涵养、水土保持、截污固氮等保证汉丰湖库区安全运行的生态功能，另一方面还具有增加农民经济收入、提高农民生活水平的经济功能，并为旅游业的发展奠定基础。具体规划措施如下。

首先，在环汉丰湖区域，以其库岸景观防护林带为主景观轴线，生态经济林区与生态防护林区交错镶嵌，大慈山、南山、盛山、迎仙山等依次点缀其间形成主要景观节点，构建点、线、面相叠加的绿色生态屏障体系，在共同发挥生态功效的同时，打造层次丰富的山水格局与景观空间序列。

其次，对于开州北部新区而言，根据规划区内各地块的海拔与立地条件，将规划区由水面到山体依次划分成库岸景观防护林、生态经济兼用林、生态防护林三个功能区（图 4.19）。

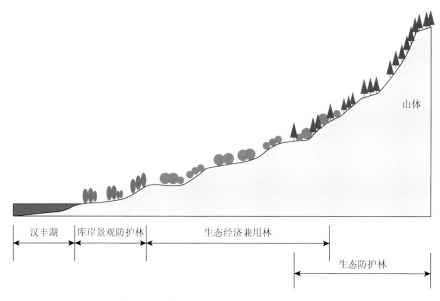

图 4.19 规划区的生态屏障建设剖面示意图

1）库岸景观防护林：根据规划区内造林地坡度大小和立地条件优劣及营建目标的不同，可以将规划区划分为平坝区、缓坡区及陡坡区三个类型。①平坝区：海拔为 175～185m，坡度为 0°～10°的坡耕地，造林地立地条件好，地下水位高，主要选择耐水湿的垂柳、池杉、秋枫等树种。②缓坡区：海拔为 175～195m，坡度为 10°～20°的坡耕地，造林地立地条件一般，主要选择秋枫、香樟、水杉等树种。③陡坡区：海拔为 175～250m，坡度为 20°以上的坡耕地，造林地立地条件差，主要选择秋枫、香樟（天竺桂）、雪松等树种。

2）生态经济兼用林：除林业用地以外，汉丰湖水库周围第一层山脊区域内较平缓的区域分布有大量的农田与园地，造林地立地条件较好，土壤比较肥沃，主要规划为生态经济兼用林。建设集经济效益、景观效益、生态效益于一体的生态型经济林，实现最佳的经济效益、景观效益与生态效益的结合。具体而言，在果品基地方面，按照适地适树的原则，由于开州具有优质特色的锦橙、脐橙、椪柑等，素有"帅乡""桔乡""金开县"的美称，因此，本次规划的果品基地以柑橘产业为主，建立现代化的柑橘产业基地，并布局多个适度规模的枇杷、龙眼等优良品种的小果园，形成中心城区鲜销果供应基地，打造长江柑橘产业带。在花卉苗木方面，坚持经济效益与生态效益并重，苗木产业与休闲旅游产业共举，大力发展花卉苗木业，为休闲观光旅游业打下坚实的基础。另外，对林区进行适度的"坡改梯"，并加强地质灾害的防治工程，营造出独特的景观体系。在旅游旺季，对规划区内进行限时限人的限制，加强对生态环境的保护力度。

3）生态防护林：汉丰湖水库周围由于常年垦殖力度较大，山体受损，因此必须对受损的山体进行恢复，重点加强规划区迎仙山、熊耳山、脑顶山等汉丰湖周围山体的植被保护和恢复。由于该规划区内疏林地树种单一、配置简单，结构不合理，持水固土等功能较差，属于低质低效防护林，必须加以改造。加强该规划区水土保持、水源涵养等生态功能的主导作用。根据适地适树原则，主要选择栽植柏木+栾树的造林模式，营建以生态功能为主导的针阔混交林以增加该区的水土保持能力。

由于规划区内局部地区有地质滑坡的威胁，因此，对地质滑坡区而言，选择树种必须兼顾深根性、固土保水和耐水湿的生物学特性，必须重视栽植黄荆、马桑、紫穗槐等灌木林带。在坡度小于 25°的低山带酸性紫色土壤，土壤厚度大于30cm，水肥条件较好的地段可以选择设计慈竹+黑麦草的造林模式，黑麦草可用于营造生态防护植被，也可作为伴生种或建群种发挥生态效益。

规划区在树种选择方面，应该遵循乡土树种原则、适地适树原则、异质性（或多样性）原则、功效兼顾原则。对设计树种的色、型合理搭配，常绿与落叶、色叶树种相辅，通过季节的更替带来较为丰富的季向变化，最终达到景观打造的目的，并做到乔木、灌木、藤本、消落带植物、草地相结合，在综合考虑景观效果的基础上充分发挥其固土保水、控制水体污染的生态功能（表 4.4）。

表 4.4　规划区树种选择建议

绿化类型	植物名称
乔木	黄桷树、银杏、苦楝、水杉、香樟、桢楠、罗汉松、枫香、槭树、黄连木、五角枫、乌桕、桂花、刺槐、紫薇、樱花、榆树、垂柳、马尾松、雪松、白兰花、小叶榕、蒲葵等
灌木	南天竺、杜鹃、月季、鸡爪槭、红继木、连翘、迎春、蜡梅、金叶女贞、毛叶丁香、红花槐、垂枝榆、山茶、金缕梅、梅花、茉莉、八仙花、龙爪槐等
藤本	常春藤、爬山虎、凌霄、九重葛、葡萄等
消落带植物	南川柳、黄杨叶忍冬、小桽木、秋华柳、水杉、杭子梢、枸杞、池杉、长叶水麻、卡开芦、枫杨、中华蚊母树、疏花水柏枝、香根草、甜根子草、狗牙根、扁穗牛鞭草、块茎薹草等
草地	沟叶结缕草、细叶结缕草、狗牙根、沿阶草、吉祥草、麦冬等

4.4.2 "四线"生态控制策略

对于传统的山地城市而言，它的地域文化景观主要是人文社会和自然景观长期作用的结果，其形态的生长过程，既有地理条件的强制性影响，也有人文社会给予的能动性选择。根据调研，开州大山大水的城市格局，造就了其独特的城市景观。本书将受人工干预影响变化较大、由水体向山体的地段依次划分为消落带岸线、滨水休闲岸线、生态廊道线和城市天际轮廓线（简称"四线"），并将其作为重点设计研究的对象，提出其整体生态控制策略，根据不同的场地形态和特点，形成有针对性的改造保护设计策略，构成维护汉丰湖滨水景观生态格局的四条生态控制线。

1. 消落带岸线

消落带也称消落地、水位涨落带等，是指江河、湖泊、水库中由于季节性水位涨落，而使被水淹没的土地周期性露出水面，形成的干湿交替地带，属典型水、陆生态过渡带，具有生物多样性、生态脆弱性和人类活动频繁性等特征，对外界反应敏感。消落带是沿岸景观的重要组成部分，健康的消落带为动植物提供迁徙的廊道，对水土流失、污染物有缓冲和过滤的作用，在稳定河岸、保护生物多样性、保持水土和美化江岸环境等方面具有重要生态功能。

开州汉丰湖消落带属于三峡库区消落带范畴，2009年三峡水库建成后，按照三峡水库"蓄清排浑"的调蓄方案，即在保证发电、航运的条件下，在长江高输沙量的汛期开闸放水、泄沙，形成水库的低水位；在径流量和输沙量小的枯水期蓄水，以尽量减少泥沙在水库内的淤积，形成水库的高水位。由此按照三峡水库运行的调度安排形成以下水位运行：6~9月按防洪限制水位145m运行，10月开始蓄水，至10月底升至正常水位175m；11~12月保持正常蓄水位，1~4月为供水期，水位缓慢下降，5月底又降到防洪限制水位145m。就这样，三峡水库建成后，在高程145~175m形成涨落幅度高达30m左右的水库消落带。因此，为减少消落带的不利影响，保障开州城市安全，在流经开州的澎溪河下游4.5km处建设了乌杨水位调节坝，进而形成城市内湖——汉丰湖，使汉丰湖水位位于168.5~175m，打造三峡"库中库"的滨湖景观。

消落带问题一直是影响当前山地滨水城市景观的主要因素之一，且没有切实可行的有效解决方式，以前由于原生态的滨水岸线具有生态适应机能，能够有效地消解江河涨落所带来的岸线裸露问题，但近年来由于人工水库的修建和对滨水岸线大规模的人工化处理，造成了江河水流季节性的涨落和对城市原始生态环境的破坏，破坏了滨江岸线自然的生态适应性，使水涨水落间呈现出极不雅观的裸露岸线。

就开州北部新区而言，根据调研，除了迎仙山脚下的城市密集区外，该片区的消落带大部分为自然岸线。另外，在乌杨岛附近的李家院子至徐家院子区段已经修建了人工堤坝，东河大桥北侧也在修建人工防护堤。

根据自然生态适应性的设计原则，应尽量保持滨江岸线的自然属性，提高其生态多样性。于是，本规划结合各消落带区段的发展特性和自然条件（图 4.20），采取合理的生态建设模式进行绿化治理，并选取适宜的乡土植被和适当的工程措施，提出了结合现代城市生态景观设计的设计策略，使其成为解决开州北部新区滨水消落带的有效途径。具体而言，对于本规划区的消落带岸线提出三点优化建议，具体如下。

(a) 密集城区消落带　　　　　　(b) 自然岸线消落带　　　　　　(c) 人工岸线消落带

图 4.20　规划区三种不同的消落带现状

（1）建立湿地保护区

在 175m 岸线以下建立湿地保护区。湿地保护区不仅可以改善消落带产生带来的各种生态环境问题，而且能大大提高本区域的生物生产力、生物多样性和景观多样性，蓄洪防旱、调节气候、净化环境。例如，在开州区的生态安全格局中，除了为海潮预留了一个安全的缓冲带以外，还为城市预留了一个"不设防"的城市洪水安全格局。另外，湿地保护区还具有较高的经济价值，可以开发旅游项目。因此，可根据规划区部分区段的典型特征，打造不同主题和特色的湿地亚文化区域，带动区域旅游经济发展。

（2）建立消落带生态屏障缓冲带

除了海拔 175m 以上禁止用作开发性建设用地（旅游码头、广场之内除外）外，应在海拔 175m 以下的 50～100m 建立生态屏障缓冲带，即所谓的库岸景观护林带。特别是坡度大于 25°的陡坡岸、悬崖地带，由于雨水冲刷、风化侵蚀、高水位期河水对库岸的冲击破坏和人类活动等众多影响因素，这些地方极易产生崩塌、滑坡和泥石流等地质灾害，故严禁在此区域进行农作物种植、建筑物修建等人类活动。且质地疏松的库岸和受风浪冲击强烈的迎风坡应视实际情况加大缓冲带的宽度。从林相结构看，应该建立乔、灌、草、藤相结合的紧密林带系统。在生态环境较适宜的地带可以适度发展经济林带，使其不仅增加消落带生态系统的景观多样性，而且促进当地社会经济的发展。同时可以在防洪护岸堤顶打造人性化的滨水空间以美化城市水库周围景观，供城市居民休闲游憩。

（3）对不同区段采取不同的生态处理模式

针对不同区段的消落带岸线，采取不同的生态处理模式（图4.21）。

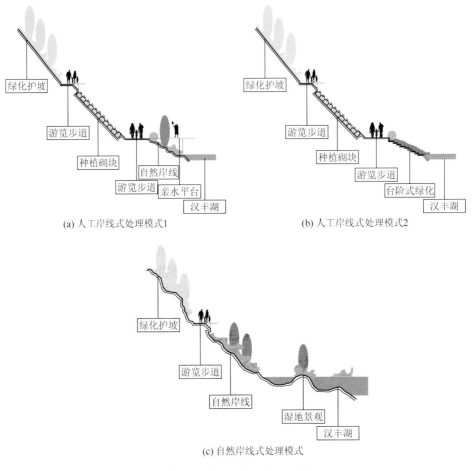

(a) 人工岸线式处理模式1　　　　　　　(b) 人工岸线式处理模式2

(c) 自然岸线式处理模式

图 4.21　不同的岸线处理模式

对于密集城区的消落带岸线，进行高人力、物力的治理，做好城市防洪堤的修复与完善工作，包括在城市防洪堤上做生态绿色护岸设计，根据枯水位、蓄水位、十年洪水位等不同时段、不同生态环境要求，进行分级栽植植被，增加植被种植密度和层次等。

对人工岸线进行改造优化。目前的人工堤岸治理（尤其在城市段）多采用单一的浆砌条石垂直断面或水泥堤岸，只考虑了城市的安全泄洪功能，忽视了滨水岸线的生态美化功能。本次规划中可以在坡式和阶梯式的岸线上布置多种类的种植砌块，打破僵化的单一景观，美化堤岸。

对于自然原型的消落带岸线，其策略要点以维育和修复为主，促进生态的自身修复能力，营造湿地动植物栖息地。根据水位、生态环境的不同，从下至上种植湿地植物、耐淹植物，重建由乔、灌、草结合的生物系统。例如，种植柳树、芦苇、菖蒲等喜水植物，利用其发达的根系固稳堤岸，从而形成丰富的水生、湿生植物群落，最大限度地保持滨水岸线的自然特性。

除了种植植被，对于部分地段还可以采用天然石材（石笼等）护岸、木材护底，使石与石之间产生缝隙，有利于植物根系的生长，以增强堤岸的抗洪能力，在坡脚可以采用木桩、石笼或浆砌石块（设有鱼巢）等护底，其上筑有一定坡度的土堤，斜坡进行坡岸绿化固土，实行乔、灌、草结合种植，固堤护岸。在坡度较大的情况下，可作阶梯固岸和结构性工程岸线，水泥台阶和植被结合堤岸用碎石、木桩等天然材料加固，岸线上种植湿地植物、耐淹植物等，在坡度较小并已有部分植被覆盖的区域，种植耐淹生态草种及增加耐淹植物种植覆盖。

2. 滨水休闲岸线

城市滨水区是城市中最能展示城市个性、城市形象、城市生活和城市文化内涵的重要区域，是不可再生的城市公共资源。滨水休闲岸线主要由滨水道路和滨水休闲设施及滨水绿化带组成，三者一起构成了富有特色的滨水休闲廊道。

滨水道路是城市滨水区最重要的基础设施和组成部分，其功能除了交通、防洪外，还有展示城市景观风貌、地域人文风情，以及是满足居民休闲、娱乐、亲水的重要载体和纽带。这种以滨水城市交通综合整治及防洪为目标的市政工程，短期内为城市提供了便利和发展，取得了一定的社会效益和经济效益。但是，连续的混凝土防洪堤和跨越的高架桥不仅完全改变了滨水岸线的自然形态，而且割裂了通向水边的步行通道和绿化带，极大地削弱了滨水景观的生态价值。例如，重庆主城区内的滨江岸线大都被高层小区楼盘所占据，阻碍了城市纵深方向的自然景观渗透和观景视线，部分路段虽设置了滨江绿化休闲岸线，但受高架滨江路的影响，可达性极差，从而使居民直接与水接触的活动相对较少，除连接江边几艘餐饮业游船外，少有步道能够下到江边，使居民进行亲水活动。因此十分有必要从城市整体利益和以人为本的角度出发，重新审视和反思滨水路规划建设的模式，塑造富有山地滨水景观生态化的滨水道路。

首先，本规划区域的滨水休闲岸线与环汉丰湖整体景观格局衔接，依托滨湖北路及沿线的旅游服务配套设施和绿化区休闲设施构成。本次的滨水路规划尽量保持滨江岸线的自然属性，尽量不采用高架桥的形式，滨水道路局部退至一级台地之后修建，以维护滨江岸线的自然曲折状态，避免大量的人工化现象。

其次，本次规划区域绝大部分为未开发用地，因此有较大的设计空间和可控空间。本次规划考虑在滨湖北路北侧修建不同主题的旅游服务配套区，如体验式购物公园、美食广场、风情酒吧街、旅游度假村落、休疗养会所、体育训练基地、水上活动配套设施等，并与城市的排水、排污管网等基础设施统一布置，从而促进地区旅游发展，同时盘活地方经济，使滨水区域形成连续完整人文景观、湖水和湿地和谐共处的景观体系。

最后，滨湖绿化带内可结合消落带设计较自由的人行步道、观景栈道、亲水小广场和涉水木平台等。整个设计过程中应注重景观节点及趣味点的打造。

总之，依托于滨湖北路的修建，建设环汉丰湖滨水岸线的休闲廊道和环境整治工程，使其作为开州城市品牌价值的宣传窗口，从而提升开州的城市形象和城市魅力。具体工程包括环湖自行车道、环湖景观大道、旅游服务配套区建设、滨水湿地公园、旅游码头、滨水步行廊道及休闲广场等（图4.22～图4.25）。

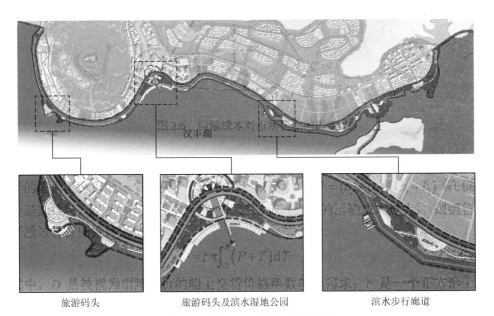

旅游码头　　　　　旅游码头及滨水湿地公园　　　　　滨水步行廊道

图4.22　环湖滨水岸线工程示意图

图 4.23   湿地风荷示意图

图 4.24   滨水步行廊道示意图

(a) 旅游码头   (b) 休闲广场

图 4.25   旅游码头和休闲广场示意图

3. 生态廊道线

开州地处三峡库区上游生态敏感地带，自然灾害频发，水土流失面积大，水土流失类型以水力侵蚀为主，并伴有重力侵蚀，主要表现形式为面蚀及沟蚀，坡面与沟壑侵蚀及降水是造成水土流失的主要原因。规划区部分地段有浅层堆积体滑坡，并在长期的侵蚀过程中，形成了多条发育型的天然冲沟，在暴雨工况下有大量水流，易形成灾害。本书中的生态廊道线特指这些由山体通向水边的发育型冲沟。

规划区以基地的自然防护冲沟为基础，梳理完善防护生态廊道，达到绿脉通江的生态设计理念，并保持其自然走势，适当优化整理部分线路，对大型冲沟线

图 4.26　生态廊道线的控制与保护

路不作大的修改，对人行步道尽量做到生态化处理，不做大量的人工硬化。对冲沟两侧 20m 范围以内不建任何永久建筑，只安排少量景观休闲凉亭等，并加大对冲沟两侧的生态维育与保护力度（图 4.26）。纵向的生态廊道，不仅起着生态维育的功能，还起着开阔视廊的作用，使山体通向水体形成了郁郁葱葱的景观视线。

4. 城市天际轮廓线

城市天际轮廓线原指天地相连的交界线，作为一个整体，反映了城市的整体结构、规模和标志性建筑，往往被抽象成地区形象的标志，成为具有象征和地标意义的景观，如悉尼歌剧院、香港维多利亚港湾、上海东方明珠等。相对于平原城市，山地城市的地形地貌与其有很大不同，因而山地城市的天际轮廓线也呈现出其独特的特色和个性。除了传统意义上的人工建筑及构筑景观外，自然山体轮廓线也是城市天际轮廓线的重要组成部分，并常常作为建筑群体的背景出现，加上有很大部分建筑建造在山地丘陵之上，因此形成了山中有城，城中有山，山体与城市人工构筑物相融合的丰富的城市天际轮廓线。

规划区位于汉丰湖北岸，与汉丰主城区和镇东片区遥相呼应，天际轮廓线十分重要，因此，该区域的城市天际轮廓线的保护策略应注意以下三点。

（1）对建筑高度和体量的严格控制

为了营造良好的山地城市景观形态，维护城市自然山脊线的完整，建筑物高度和体量控制可以从以下五个方面来综合考虑。

1）对开州城市特色与城市性格的定位：各个城市都是在一定历史条件下逐步发展演化的，每个城市都有其独特的个性与特色，城市的景观形态也迥然不同，如金色的威尼斯、粉墙黛瓦的江南水乡、古色古香的丽江古城、时尚动感的香港、现代化的纽约等，各个城市都以其特殊的景观形态诠释着人们不同的生活习性和生活态度。因此，建筑物的高度和体量的控制应该着眼于城市具体的特色与性格，高度控制也"因城而异"，如现代化的城市应该鼓励其向集约化方向发展，一般无高度限制，历史文化名城及风景名胜区的老城区内等应该严格限制高度，并统一建筑体量、色彩、风格等，对其城市新区的发展建设应该新旧分离，并且偏向城市一侧或两侧，避免单纯分区控制而导致的"盆地景观"，新区建筑高度限制

适当放宽，并且结合眺望控制法保证重要城市景观通廊的畅通。

开州历史悠久，文化底蕴深厚，但由于三峡工程的建设，其老城大部分淹没于水下，目前的开州区属于三峡库区新建的移民新城，并且北部新区总体的城市定位为居住和旅游服务功能。因此，结合规划区的具体情况，规划区将形成休闲旅游型特色和低密度生态住区的城市特色。因此，整体的建筑高度和体量应该偏低、偏小。

2）对开州城市规模的定位：一般而言，大城市应该突出其城市形象特色，彰显地区魅力，建筑鼓励向高层发展；中小城市应该营造宜人舒缓的城市空间，打造休闲舒适的人性化城市景观形态，建筑物一般以多层为主，高层建筑做适当限制。开州目前属于中等城市规模，因此，应该打造休闲舒适的人性化城市景观形态。

3）对规划区土地区位价值与用地功能结构的认识：城市土地是稀缺资源，必须最大限度地有效利用，因此对区位价值优良、交通条件便捷的地段应该集约化利用，打造城市核心区，建筑鼓励向高层发展，高度控制不仅有上限，局部地区还要有下限的控制，以提高土地利用价值，越远离中心区，建筑高度越低，从而形成波浪形的城市景观形态。高层建筑群的布局宜塔式，忌板式，并且应该注重节奏与韵律。通过对规划区建设条件的综合评价，确定其不同地段土地的区位价值，根据用地功能结构考虑建筑高度。具体而言，中心商业区和两端的高档滨水住区高度最高，开发度较大，其他生态住区和旅游服务区融入自然，开发度低。

4）对规划区自然生态环境与地质承载力的认识：自然生态环境与地质承载力主要考虑地形地貌、坡度坡向及地质条件。城市建设用地大都选择坡度低于 25°的用地进行布局，并考虑坡向特点和建筑的阴影区对北侧的影响，建筑高度一般不做限制。地质灾害危险区一般不宜布置建筑，如需布置，必须经过专门的地质灾害评估和地灾处理，建筑高度宜以低层为主。地震区应该根据相应的地震烈度设计建筑高度。

5）对规划区地标性建筑的高度控制原则：地标性建筑大都体量庞大，高度突出，代表着城市的形象，引领着城市的景观形态和天际轮廓线。一旦建成，可变性极小，所以，对于城市中的地标性建筑的建筑高度必须慎重考虑。规划区内地标性建筑采用少量高层建筑和迎仙山山顶的观光塔。其中，中心商业区限高 100m，并对区内任何超过 $10\,000m^2$ 的建筑方案，应组织专家论证；对于观光塔而言，高度控制在 36m 内，并以地域性建筑风格为主。

（2）视觉轮廓层次性的精心打造

山地城市景观形成了丰富的景观背景层次，其作用相当于一幅画的基调。视觉轮廓层次性的打造表现在竖向层次和平行层次上：竖向层次反映了山体的高远关系，地形高低起伏，建筑随坡就势，成组成团分布，或藏或露，在竖向上呈现"累叠"的景观效果（图 4.27）；平行层次反映了山体视景的"平远"关系，如山体关系的远近表现出的色彩的浓淡。因此，规划区应该注重视觉轮廓层次性，竖向上呈现山地城市的"累叠"效果，平行上反映山地城市的景深关系。

图 4.27 忠县簇群城市形态

（3）对自然山体轮廓线的保护

山体轮廓线是体现山地城市特色和山水个性的重要因素，除山地城市必需的市政及观景点外，应严格限制山地城市主要山体轮廓上进行的民用建设开发活动，将山地城市的自然山体轮廓线保护和山地城市整体生态环境保护结合起来，保持山脊自然状态的完整性和延续性。对规划区域应该根据背景山脊的走向和高程制定相应的建筑高度控制线，使山体的自然形态在山地城市整体景观中占据主导地位（图 4.28）。规划区内的迎仙山只从事旅游开发的建设，并且高度控制在 15m 以下，观光塔位于山顶，高度控制在 36m 内，为保护汉丰湖北岸的山体景观线，脑顶山山顶严禁人工建设，并且位于山脚开发的生态住区建筑高度限制在 15m 内，不对山体构成影响。

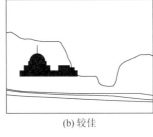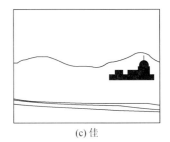

(a) 欠佳   (b) 较佳   (c) 佳

图 4.28 建筑轮廓线与山体轮廓线相协调

开州北部新区的城市天际轮廓线应结合山体自然背景，尊重山体轮廓线形状，与背景山体形成对比呼应关系；避免建筑簇群过于分散，重视建筑群体的节奏和对比统一，高层和多层穿插变化，配合背景山体，形成丰富韵律；注重层次塑造，避免建筑人工天际轮廓线对自然山体轮廓线的破坏。最终使自然山脊线、人工构筑物与蜿蜒汉丰湖水面的层叠交错，形成山、水、城相交融的宜人滨水区的城市形象（图4.29）。

(a) 汉丰湖北岸天际轮廓线

(b) 东河东岸天际轮廓线

图 4.29　开州北部新区的城市天际轮廓线

4.4.3　道路交通设计的适应性策略

从道路广场所占建设用地比例来看，开州的现状数据和规划数据都高于国家建设用地的基准范围，主要原因在于开州属于典型的山地滨水城市，总体规划确定的城市格局为多中心组团式发展格局，各组团之间和内部的通勤道路相对较多，导致对道路用地的需求比例相应较高。如何在设计中采用生态适应性的策略来处理道路设计和交通组织，是山地新区城市设计中的重点内容。本书将从道路设计的生态适应性策略和交通组织的生态适应性策略两个方面来展开。

1. 道路设计的生态适应性策略

相对于平原城市而言，山地城市环境在气候、地形、土壤、植被等方面均有较大的特殊性，其生态敏感性和脆弱性也更突出，对生态系统的反应要比平原环境大得多，如果处理不好与自然环境的关系，极易发生崩塌、滑坡、泥石流等灾害。因此，开州北部新区在道路设计方面应尽量适应地形的高低起伏，减少对原有地形地貌的破坏，协调好建设开发的"度"和"量"。具体归纳可有以下几点生态适应性策略原则。

（1）道路线型顺应地形，宜曲不宜直

英国学者 J.McCluskey 曾说过："良好的道路布线应利用自然地形，路线应与原有的地形融合而不是去触犯它。"在山地环境中，首先应该根据地形选择道路线型。一方面必须使山区道路满足爬坡的要求，道路尽量沿等高线布置（图 4.30），这样，就可以通过调节等高线与道路之间的夹角，把道路纵坡控制在一个合适的范围内，并避免因为道路横穿等高线继而产生生硬的边坡。另一方面要尽量减少对原有地形的改变，使道路布线与山地景观相协调（图 4.31）。

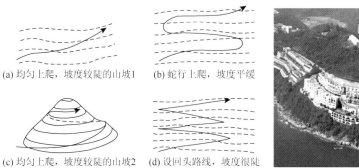

(a) 均匀上爬，坡度较陡的山坡1　　(b) 蛇行上爬，坡度平缓

(c) 均匀上爬，坡度较陡的山坡2　　(d) 设回头路线，坡度很陡

图 4.30　道路与山体坡度

图 4.31　山地道路与景观相协调

在纵坡设置方面，基于交通安全的考虑，山地城市道路的纵坡不宜太大，坡段也不宜太长。山地道路的纵坡设置取决于道路的功能，同时也与汽车的车种、车速有关。根据《道路工程》里面的阐述，山地道路的最大纵坡度应小于 9%，而且根据不同的坡度还应有适当的限制坡长（表 4.5）。当然，根据经验，对于建筑小区或群体内部的车行道，由于设计车速较低，其最大纵坡可以放大至 10%，特殊情况下，甚至达 13%。

表 4.5　公路纵坡限制坡长

纵坡度/%	限制坡长/m
[5, 6)	800
[6, 7)	500
[7, 8)	300
[8, 9)	200

基于山地道路的线型与地形的契合，在路网结构方面，形成了贯穿型路网、环型路网、枝环型路网三种基本路网结构。此外，对于一些特殊地段，山地道路

也会运用隧道、开山、架空或架桥等手段，但这些手段将增加道路工程量，增加投资。因此，在本规划区内，道路布线应该因地制宜，充分考虑与地形的结合，道路纵坡度控制在 8%以内。

（2）慎动坡脚，加大对坡脚的生态维护和人工治理

山地区域生态环境脆弱，生态敏感性高，为了维护区域生态环境的稳定性，本规划区的车行道路特别是主干道路应该慎动坡脚，即在坡度较大的地段谨慎动土，如果确有需要，需加强坡脚的生态维护和人工处理措施。

（3）半挖半填，路幅紧窄

山地车行道路的截面形式主要有路堤、路堑、半挖半填、架空、局部悬挑或隧道等方式。在实际情况下，后面几种方式对经济及技术的要求较高，没有前三种方式简便易行，但单纯地采用路堤式或路堑式的截面形式都会带来较大的土石方量，在不同的坡度条件下，土石方量也在不断变化。因此，规划区内为了尽量减少对原有地形地貌和山地景观的破坏，可以将两种建设方法融合，采取半挖半填的方式，就地平衡土石方的挖填，并且除了主干道开云路和华联路外，其他道路尽量紧缩路幅宽度，避免出现更大的工程难度和经济损失。

（4）边坡的生态化处理

在对山体进行挖填以后，不可避免地要对边坡进行处理。边坡的处理不仅关系到山体滑坡、塌方等山地灾害问题，影响城市景观，而且边坡的形式也会对人的心理感受产生影响。护坡的基本形式有垂直式、斜坡式和台阶式等，护坡首先必须满足工程技术的要求，防止灾害的发生，其次必须考虑居民心理上的需求和景观上的审美需求。

护坡是调节道路与地形冲突的方法，护坡绿化是用各种植物来保护具有一定落差坡面的绿化形式。运用绿色植物材料来覆盖斜坡与山体，以防灾患、同时美化环境、增加绿化覆盖面积，充分发挥绿化生态作用。总结起来，大致有以下几种形式。

1）披垂式，即选用藤蔓植物或花卉或灌木种植在边坡上或山体顶部边沿，柔化坡面，其枝叶迎风飘曳，呈现一种动态的美。

2）覆盖式，即选用藤蔓植物、草坪或其他地被植物来保护斜坡或山体，这种绿化形式要求植物有良好的覆盖性，种植时密度应较大，好似给边坡披上了一层厚厚的绿被。

3）花台式，即在边坡上布置花台或花坛。道路两旁的垂直护坡，可以考虑用花台和花坛进行美化，局部遮挡暴露的护坡，还可以种植具有观赏价值的花卉，从而更好地美化环境。

4）图案式，在坡面上用混凝土网格塑造出各种优美的图案，并在空心处填充

固土植物。这种图案式护坡法对某些地质条件不稳定区域既起到稳定边坡作用又起到美化景观的作用。

（5）生物迁徙廊道的考虑

在道路施工过程中，一方面应该组织好道路的排水系统，如涵洞等；另一方面由于道路系统是人工化的阻隔界面，对地区的生态环境做了生硬的划分和阻隔，隔断了自然景观中生物迁移、觅食的路径，破坏了生物生存的生态环境用地和各自然单元之间的连接度。因此，在道路设计的过程中，考虑地区的生态多样性的维护，必须为生物的迁徙提供方便，规划中可以考虑设计架空的生物保护廊道，保证生物的顺利通过、迁徙、扩散和繁衍（图 4.32 和图 4.33）。

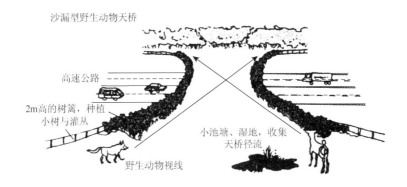

图 4.32　生物保护廊道

图 4.33　生物保护廊道意象图

（6）园林化的街景设计

园林化街景设计不仅要考虑道路内部人们的体验，还应综合考虑道路外部多视点、多视角上的设计。既要为不同标高层面的道路行人所欣赏，还要为不同标高层面的外部视点、视角所欣赏。

盘山道路依山而建，弯曲有致，园林化的街景设计使地形、道路和建筑有机融合，俯视景观更是自由舒展、优雅灵活。滨水道路一边依山一边驳岸，并且与山体景观相互呼应，道路两侧经过生态化的护坡处理，俯瞰街景呈现出生动流畅的景象。当视点处于较低位置时，如滨水区域，则要把握好道路仰视景观的整体感和层次感，控制好道路本身、道路下方和道路上方及与周边环境的关系。综合考虑道路靠山侧的环境背景和道路下方架空空间自然景观的保留或景观处理，强化其层次感，体现山地特色。

著名的园林化街景设计，如美国旧金山的九曲花街（Lombard Street）（图4.34），其在 Hyde（海德）街与 Leavenworth（莱文沃思）街之间的一个很短的街区，却有八个急转弯，因为有40°的斜坡，且弯曲像"Z"字形，所以车子只能往下单行。配合着弯曲的路线、沿着路的两侧遍植花木，春天的绣球、夏天的玫瑰和秋天的菊花，把它点缀得花团锦簇，整个道路被鲜花和绿丛所掩映。这一路的鲜花胜在精心修养、高低疏密、色彩搭配、四季轮替，保证日日有景、步步有别，所谓一路弯曲一路花！整个路段从下往上望去犹如一个意大利式的台地园，绿篱所形成的曲线随着道路有韵律地上升。而如果从上往下望去还可远眺海湾大桥和科伊特塔，如不开车，可顺着花街两旁的阶梯式人行步道，欣赏美丽景色。

图 4.34　旧金山的九曲花街

（7）道路布局引导城市形态

凯文·林奇在《城市意象》的第一章里就提到了"'可读性'在城市布局中的

关系重大"，一个可读的城市街区、标志物或道路应该容易识别，进而组成一个完整的形态。在开州北部新区的城市设计中，可以通过道路系统的布局来力图引导和构建一个清晰独特的城市形态，使该地具有较强的识别性。多条平行等高线的线性道路逐渐上升，并且由于天然冲沟和绿化廊道分割，而形成山地"累叠"的组团城市景观。

2. 交通组织的生态适应性策略

交通规划的整体策略是采用"低碳交通"的概念，鼓励"公共交通"，提倡"软化交通"，发展"水上交通"，配合"步行交通"，实行快慢分行，形成"公交+软化+水上+步行"的多元化交通出行方式。

（1）车行交通组织

道路系统方面，规划区域主干道开云路的通行能力、服务水平都不能满足客货运输的需要，迫切需进行升级改造。本次规划开云路道路红线为25m，是规划片区的区域主干道，起到连接主城各区的重要通行功能；滨湖北路道路红线为24m，并将滨湖北路串联成为环湖旅游线路，主要承载旅游车流（图4.35）。沿环湖旅游线路的重要节点处布置停车场，沿岸设置公交车站，连接城市公交系统；其他次干道的道路红线为16～24m；支路道路红线为7.5～14m。通过主次干道的结合，一起形成规划区等级分明的道路网络系统（图4.36）。

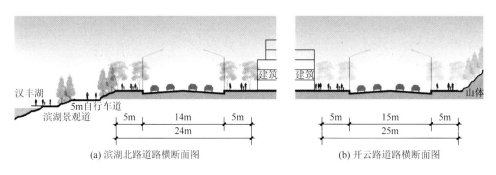

(a) 滨湖北路道路横断面图　　　　　　　(b) 开云路道路横断面图

图 4.35　道路横断面图

在捷运交通方面，推行快速公交系统（bus rapid transit，BRT）的发展模式和公交优先的理念，设置公交专用道。以公共交通作为交通系统的主干，其他交通形式为辅助形式，形成一体化公共交通体系。把滨湖北路定义为旅游休闲专用路线，充分利用汉丰湖的景观资源，降低对区域内交通的干扰，形成相对独立的环汉丰湖旅游线路。并在沿湖区域，设立 5m 宽的公共自行车道路，在多个节点设立自行车租赁节点，提倡低碳绿色的出行方式（图4.37）。

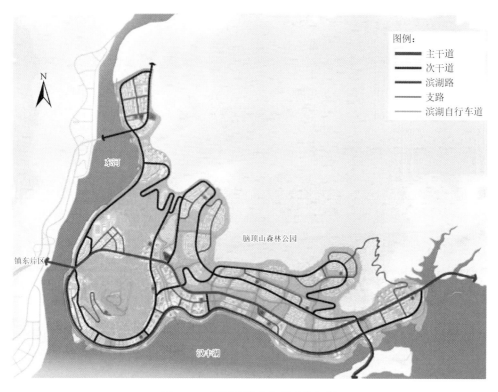

图 4.36　规划区道路交通系统规划

图 4.37　低碳绿色的出行方式

　　另外，在人车合流的情况下，最关键的问题是人的安全和汽车带来的噪声，因此，在道路设计时必须采用一定的手段和措施来控制车行速度，其通常可以从平面形式和断面形式两个方面考虑。平面形式方面，通过山路本身的曲折多变和人为设计道路时的宽窄变化来加以控制车速；断面形式方面，可以设置立体的减速隆起条（如驼峰），通过选择合适的断面形式和隆起间隔就能起到限制速度的作用，还可以通过路面铺设的变化，刺激司机的视觉，达到心理减速的效果。

（2）步行交通组织

步行是人类最基本的交通出行方式，人们日常的生活、工作、游憩等都离不开步行，山地城市的居民更是如此，山地城市因受地形坡度的限制及车行安全的要求，其道路的纵坡度最大不宜大于 8%（北方多雪严寒地区纵坡度 5%以内），小区内部纵坡度可以放宽到13%。因此，当坡度大于此坡度时，则适宜采用梯道台阶来组织人行交通，保证居民出行。并根据使用性质的不同，可以划分为用于散步和休闲的游憩性步行梯道与消化不同高差、利于居民出行的交通性步行梯道。

在山地地形条件下，为尽量保持地形地貌的原生性，利用地形采用立体人行交通跨越城市道路也是可行的。例如，人行天桥、地下通道及架空平台连接。其既可以满足车行交通的需求，又可以方便人行组织，提供公共活动空间，并且形成山地特色的景观要素。例如，重庆三峡广场的步行街区附近，城市道路就下穿步行人行平台区域，并在平台上设置了公共活动场地及景观设施。

开州北部新区的立体人行交通设施考虑设置在中心商业区内，消化基地的地形高差，并通过架空和地下通道连接各商业设施，使其形成一个全天候的步行购物网络。步行梯道主要设置迎仙山登山步道和沿生态廊道通往脑顶山山腰设立的步行梯道，沿滨湖自行车道设立自由的游憩步行道，并结合广场、码头布置小品节点（图 4.38）。

(a) 滨湖北路的平面意向　　　　　　　　　　(b) 滨湖北路的断面意向

图 4.38　滨湖北路的交通组织示意图

（3）水上交通组织

建立完善的船舶租赁系统，推广观光游艇活动，在滨湖的重要节点处设置停泊码头，其他主要节点处设置短暂停靠码头，布置水上的士路线，通过各码头之间的水上交通联系，形成流畅的水上交通网络组织图（图 4.39），从而完善环汉丰湖的整体交通组织体系。

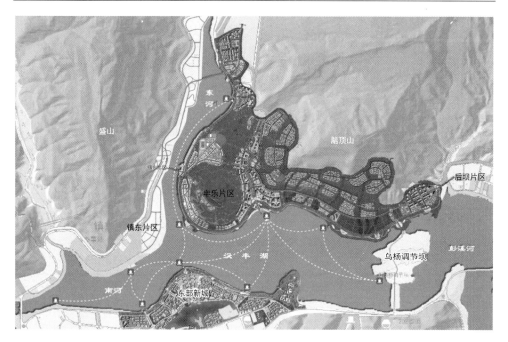

图 4.39　环汉丰湖的水上交通网络组织示意图

（4）静态交通设施布局

随着私家车数量的上升，对城市规划的静态交通设施也提出了更新、更高的要求。对于山地新区而言，由于平地缺乏，山地停车场面临着可使用面积不足的困难，同时，作为山地环境中的人为空间，山地停车场还需要考虑与山地自然景观的融合，以尽量避免其对山地原有自然环境的破坏。

山地城市中停车场的布局，可以充分利用地形和建筑。由于建筑与道路、建筑与建筑之间一般具有高差，停车场则可以布置在架空建筑或架空道路的下面，最常用的方式是利用建筑的勒脚层，或放大勒脚层成平台，在其下停车。大型的建筑群往往结合基面建立，在其下设置停车场（库）。

在山地环境中，应避免出现大面积、集中式的人工硬地。为了使停车场与山地自然景观相协调，削弱人工环境与山地自然环境的冲突，可适当保留停车场周围一些自然植被和起伏的地形，并利用山体自然地形和植物绿化形成对场地的视线阻挡，或者结合建筑的挡土墙形成室内停车，并在其上部覆土、培育植被，成为山体的延续。因此该规划区应充分利用地形条件，合理布置停车场（库），并做到与环境的协调。

4.4.4　市政基础设施配套控制

城市的市政基础设施是建设城市物质文明和精神文明的重要保证，它是为社会生产和居民生活提供最基础服务的物质工程设施，是社会赖以生存发展的基础，是持续保障城市可持续发展的一个关键性设施系统。

开州北部新区城市设计的市政基础设施除了 4.4.3 节的道路交通系统外，它主要的专项规划内容还包括给水工程、排水工程、供电工程、通信工程、燃气工程、供热工程、管线综合、环卫工程、防灾规划等。

本次城市规划设计的市政基础设施主要解决城市宏观层面基础设施系统的基础布局，完成重要基础设施的基本格局与主干网络。具体而言，应注重以下几点。

1. 现状基础资料的收集与分析

现状基础资料的收集与分析是市政基础设施配套控制工作的基础。根据所收集资料的性质与专业类别，可分为自然资料、城市现状与规划资料、专业工程资料等。市政配套资料分析的目的，一方面是市政的控制需要与城市建设的现状相适应；另一方面是需要与上一层面，即与总体规划的市政配套控制进行协调。

2. 做好对源的控制

整个市政基础设施配套控制的是各种支撑城市正常运转流的流动。例如，能源流（电力、燃气、供热）、水流（自来水、污水、雨水）或者信息流（电信）。这些流的源包括各种流入的源头，如自来水厂、变电站、燃气站等，也包括控制流流出的源头，如污水处理站、雨污受纳水体或者用地。对源的控制涉及与规划地块相关的特定源的分布、体量，即流向等。例如，供给地块水源的给水干管位置与走向、变电站的位置、发电量或变电容量，或者排水干管的位置、管径及走向等。

3. 加强对场站的控制

场站控制是指市政设施类别及其用地界线的控制。设施类别的控制包括确定各类市政设施的数量和体量。例如，电力设施（变电站、配电所、变配电箱）、燃气设施（燃气调气站）、电信设施（电话局、邮政局）等。用地界线控制指市政公用工程在地面上构筑物的位置、用地范围和周边一定范围内的用地与设施控制要求的引导性规定。

4. 管线控制

市政控制中管线规划涉及工程管线的走向、管径、管底标高、沟径等管线要素的确定，以明确各条管线所占空间位置，即相互的空间关系，减少建设中的矛盾。

4.5　本 章 小 结

生态环境是城市形成、建设、发展不可脱离的重要基础，建设良好的生态环境是实现山地森林城市的首要条件，本章试图先从理论分析再到实践过程来完善这一过程。

1）在山地森林城市引入了生态适应性的概念，对生态适应性城市建设研究概况和未来趋势做了简要介绍，并从生态适应性和城市建设对其进行了解析和定位，指出生态适应性必须立足于广义的生态观，强调对于环境的适应性，包括对于自然生态、文化生态、社会生态等诸多环境的适应关系。并选取了五个国内外城市建设的优秀案例，从生态适应性层面和城市设计层面对其进行了解析，并对其成功经验进行总结提炼。

2）探讨的重点是生态环境对山地城市（镇）的影响研究，尤其是对影响因子的研究。本书从地质生态因子框架的构建，到各因子的变化及其影响都基于宏观、中观层面进行了较为详尽的分析，其影响深至规划的宏观、中观、微观层面。山地城市要可持续发展，就要以生态文明为指导，在区域的开发、资源的利用，以及自然的改造等规划建设方面，应友好对待地质生态环境，以减少其对山地城镇的负面影响。

3）以景观生态学为理论支撑，运用景观生态规划方法对绿地系统从绿地类型、空间布局、形状大小、植被构成、现状生长情况等进行了分析，并从山地城市（镇）特有的空间格局出发，以生态城市建设为主线，以满足资源保护、景观整合、旅游休闲等综合功能，突出山地城市特点，以斑块-廊道-基质模式为指导，力求形成具有山地城市（镇）特色的绿地空间布局形态和生态秩序。

4）最后通过典型山地城市——重庆市开州区北部新区城市设计为实际案例，探讨山地森林城市生态适应性城市设计。根据对基地的解读和分析及本地块的目标定位，在基地大环境格局构建策略的基础上，将受人工干预影响变化较大、由水体向山体的地段依次划分为消落带岸线、滨水休闲岸线、生态廊道线和城市天际轮廓线，并作为重点设计研究的对象，提出其整体生态控制策略，构成维护汉丰湖滨水景观生态格局的四条生态控制线，针对交通设计的整体策略也提出了采用"低碳交通"的概念，形成了"公交+软化+水上+步行"的多元化交通出行方式。开州北部新区生态适应性城市设计策略的构建为下一步的细化设计奠定了基础并指明了方向，与当地的自然条件取得了一种协调共生和生态适应的相互关系。

第 5 章 山地森林城市理论——城市足迹

5.1 山地森林城市空间结构构建途径

5.1.1 判断城市客观条件

山地城市空间结构由于地形地貌、城市规模等问题，与大城市或平原城市有很大的不同，将森林城市的理论应用于山地城市，不仅需要进行转译和再认识，还需要适应山地城市的特点，具体如下。

1）适应地形环境的主导因素。山地城市多变的地形地貌条件不仅作为一个重要的限制因素对城市的布局、交通的选择和组织、城市建设的成本等方面产生重大的影响，而且为其他自然环境因素带来决定性影响。例如，复杂多变的地貌环境是滑坡、崩塌、泥石流等自然灾害形成和分布，以及水土侵蚀发生的主要内在条件；多变的地形带来丰富多样的小气候条件，培育了多样化的动植物类型；山脉和水系的形成和演变孕育了不同于平原的山地景观和文化；等等。因此，适用于山地城市空间结构的规划方法必须首先将地形因素作为研究的首要主导性因素。

2）适应动植物的丰富性和多样性。山地城市丰富的地貌特征——丘、脊、岭、坡、沟、谷等，这些垂直变化大的地形条件使其土地表面所受的太阳辐射产生了差异，对风态、日照、温度、湿度、土壤、水文、植被等产生了较大影响，从而产生相对独立的不同于同地带气候类型的气候环境条件，由此带来适应不同气候环境的不同的动植物。因此，山地区域往往除具有其所在地气候类型下的常见动植物外，还包括相应小气候环境下的各种动植物群落，从而带来较平原城市更丰富的多样化的物种种类。山地城市小气候环境的多变导致了物种的多样性和遗传的多样性，这就更利于山地城市生态系统的稳定和物种的保存，也更利于山地森林城市的建设。

3）适应自然生态环境的脆弱性和山地气候特征。城市建成区的生态系统由于大部分不能自我循环，本身就具有脆弱性的特点。而山地城市由于地貌环境复杂、地表切割强烈、地形破碎严重而带来坡地稳定性差、地貌环境抗干扰能力低和灾变敏感度高。与此同时，山地往往由于局地小气候的多样，局部雨量有可能较大，地表水水量涨落差距大，山洪发生的概率较高，再加上冬夏季节日照差距大带来的地表土壤易松动，这些因素都很容易带来水流对表面土壤的剧烈冲刷而造成水土流失。而土壤是自然环境的根本，一旦水土流失，不仅带来众多的塌方、泥石流、洪水等自然灾害，而且更重要的是造成地表动植物无法生存、土壤更加容易流失的恶性循环。

4）适应天然的山水格局。山地城市最大的特色是山水格局，这决定了山地城市的布局和山地城市各部分的组织模式，不仅是城市布局模式和空间结构的基础，还是历史文化、城市特色建设的有力资源，也是山地城市建设最宏观的自然背景。

5）适应山地城市建设的需要。山地城市由于城市职能、地形限制等原因，城市建设的拓展和建设具有本身的特色。因为山地地形中适宜建设用地面积少，山体及水体等要素对向外交通联系的阻隔、城市交通服务面的受限，以及适宜建设的用地条件有限的现实，所以山地城市的建设成本要大大地高于其他平原城市，因此采用高密度高强度发展是在残酷现实面前山地城市建设必然的选择。

由以上的适应条件，归纳山地城市的客观条件，在宏观、中观和微观三个方面进行论述，只有具有类似要素的山地城市，才适应于此优化方法（表 5.1）。

表 5.1　山地城市客观条件

要素	宏观	中观	微观
客观条件	区域干流、湖泊、主体山脉、气候环境、矿产资源	山地起伏地貌、沟谷用地、水库	农田、水塘、林地

5.1.2　分析山地城市空间结构特点

山地城市空间结构外在构成要素结合其深层空间构成要素，在宏观、中观、微观三个层面形成对应关系（表 5.2）。

表 5.2　山地城市不同层面研究要素

要素	宏观	中观	微观
节点与梯度	城市职能、城市规模	行政中心、商业中心、城市绿地等功能核心区	居住区及公共服务中心、公园等
通道与网络	山水格局、区域交通	城市河流、内部山体、城市快速路、主干道	城市次干道、居住区级绿色网络
环与面	生态环境影响范围	建设用地边界、生态影响区边界、行政边界	各级用地、外围道路、山体、水体、水面

5.1.3　借鉴森林城市理论

森林城市系统是从宏观到中观再到微观的生态体系，其目标在于取得"自然与城市的动态平衡"。森林城市主要包括森林生态系统（山体森林系统、绿色廊道系统）、景观大道体系（林荫大道、花园大道和其他景观道路）、城市公园（城市公园分为市级公园、区级公园、社区级公园三个等级）、小游园体系（绿化广场、街头游园）、观光苗木体系（苗圃、草圃、花卉园区、观光果园、茶山园等）、单位绿地体系、立体绿化。

　　建设森林城市并突出地方特色，体现森林生态网络的理念，加强点、线、面建设，"以特色森林形成独特的城市景观，以自然山川地貌为基础，以大面积森林为基调，以小型园林精品为点缀，以园林式单位庭院为依托"，构建生态化绿色网络是地域性特色体现的手段。

5.1.4　空间结构与森林城市的融合

　　综合山地城市空间结构特点和森林城市理论，确定可进行优化的方面（表5.3）。

表 5.3　可优化的形态要素

项目	宏观	中观	微观
优化因子选取	城市规模、城市职能、区域交通网、山水环境	节点空间及核心区、城市土地利用、功能布局、城市疏密程度、非建设用地控制、城市交通及路网形态	街道景观、社区公园

　　本章以森林城市作为目标和基础，对山地城市空间结构进行优化。而针对山地中小城市空间结构与森林城市理论的分析研究，将两者结合得出优化空间结构的方式（表5.4）。

表 5.4　山地中小城市空间结构与森林城市理论的融合

空间结构基础	森林城市基础		优化方法
研究范围	基于"自然与城市的动态平衡"的目标		建立宏观区域整体观,优化城市内部空间结构模式
基本特征	运用"复合生态系统"的观点		优化土地、功能、交通、生态等
构成要素		构成要素	优化植被与承载植被的用地间的关系
		建设模式	分析确定城市空间结构形态
发展模式		生态维度	森林的范围、数量和质量
		经济维度	效益评估
		社会维度	融合

5.2　山地森林城市空间结构构建方法

综上研究，在山地城市空间结构与森林城市理论融合的基础上，为得出基于森林城市的山地城市空间结构优化方法，本书从以下方面论述（表 5.5）。

表 5.5　基于森林城市的山地城市空间结构优化方法研究

优化方面	涉及的优化内容
宏观区域整体观	"自然空间-城市空间"相融合的城乡整体空间体系 区域经济环境 区域生态环境 区域交通环境
城市空间结构形态	自然地理环境的客观影响 协调生态建设与城市建设 促进空间结构的开放性与弹性 引导控制城市绿化形态 空间结构模式优化
土地利用布局	提倡土地混合使用 协调绿带或绿化与经济的矛盾 城市布局优化
城市功能结构	城市绿色基础设施 重视绿化功能建设 城市产业经济 城市住宅与人居环境 城市功能优化
城市交通骨架	完善城市内部交通系统和组织 优化城市内部交通方式 促进绿道建设与绿色交通
城市生态网络	城市生态客观条件 连通生态网络 明确绿化要素及完善规划编制体系 构筑林网化、水网化的绿色生态网络
实施管制	公众力量、政府力量和市场力量的结合

5.2.1　建立宏观区域整体观

区域整体论是刘易斯·芒福德（L. Mumford）在 20 世纪初提出的。他认为真正的城市规划必须是区域规划，必须从区域的角度来研究城市。对城市问题的研究，不能只局限在城市范围内，必须把乡村及周边的自然生态环境也纳入进来。山地城市空间结构的研究，需要从宏观区域和城乡统筹视角来研究，尤其是生态环境,这是森林城市的研究范围。因为生态环境是一个整体的系统,城市的环境比较脆弱,需要依托周边生态环境协调发展。

1. 分析 1:"自然空间-城市空间"相融合的城乡整体空间体系

在山地城市规划和区域城乡统筹的发展中,自然环境和乡村是城市发展的基础,决定了城市发展的门槛,主要包括城市职能特色、区域联动发展、交通体系构建、生态环境建设。

自然地区作为规划的基本构架,决定了山地城市规划须从城乡经济、社会、文化、环境等方面综合发展,进行全面规划,使城乡空间环境的发展不仅满足经济增长的需求,而且有助于促进社会的稳定和进步,丰富地区的文化内涵,保护地区的自然资源,维持地区的生态平衡;构筑"自然空间-城市空间"相融合的城乡整体空间体系,可以说在山地城市空间优化中,应该认识到的首要问题是空间关系。

2. 分析 2:区域经济环境

山地城市由于地形的限制,与周边城市的联系没有平原城市那么紧密,在确定山地城市职能和山地城市发展方向时,需要综合考虑区域经济环境,根据上层规划和现实需求制定山地城市的发展策略与拓展方向,这是城市空间结构优化需要考虑的实际问题。

3. 分析 3:区域生态环境

山地城市由于空间自然的有限性,其城市的发展与空间优化中更表现出对周边环境的依赖性。从自然空间环境和生态及社会经济方面来说,山地城市的城乡整体性比较强,因为相比较平原城市而言,山地城市的空间形态更趋向分散性,城市与自然生态空间的结合比平原城市容易,空间融合的关系更容易构筑。山地城市的有机可持续发展是在城乡整体空间环境关系下的共融,不把山地城市周边的乡村环境纳入山地城市发展的空间关系中,山地城市是不能达到可持续发展的。

4. 分析 4:区域交通环境

连通与周边城市的交通,增强山地城市与周边城市的联系;同时,区域交通条件也往往是山地城市拓展方向的引导要素。

5.2.2 分析确定城市空间结构形态

1. 分析 1:自然地理环境的客观影响

自然地理环境是城市建设和社会发展所不可缺少的物质基础。山地城市的分布、选址、平面结构形态、各种用地的组织及建筑物的布置等均与自然条件有着密切的关系。在山区和丘陵地带，地貌、地质、气候、水文、土壤和植被等是影响山地城市发展的主要因素。自山地城市产生之日起，自然地理环境就成为山地城市空间演化的十分重要的基础条件。它通过各要素反映出来的自然地理环境特征，直接影响城市空间发展的潜力、方向、速度、模式及空间结构，自然地理环境是山地城市空间发展最主要的物质要素，是城市空间发展的主要轴向和依托。

2. 分析 2：协调生态建设与城市建设

发展与保护似乎是一对不可调和的矛盾体，对于任何一个城市或区域，要实现可持续发展，都必须既要重视发展又要重视保护。20 世纪 90 年代后半期，出现了一种平衡发展与保护矛盾的新思想——精明增长与精明保护思想。诚如美国马里兰州某州长言，"精明增长不是不增长，也不是慢增长，而是一种明智的增长"。与之相呼应的就是精明保护，旨在建立一个由必需的绿色廊道组成的大框架，作为永久性的开放空间，主要发挥生态功能，减弱发展的负面影响。

3. 分析 3：促进空间结构的开放性与弹性

城市规模的扩大需要在城市空间结构、发展模式上保持足够的开放性和弹性，这样不仅会保持良好的生态环境和城市景观，还会有利于城市的合理有序拓展，同时对地质灾害多发的山地城市，也有一定的安全保护作用。

4. 分析 4：引导控制城市绿化形态

城市绿化形态不仅是设计阶段需要重点解决的问题，也是规划阶段应该考虑的内容。要客观分析不同地区视觉景观形态存在的问题，准确定性定位，明确规划设计的目标，协调好绿化景观与城市景观的关系，将感性的审美体验与理性的设计方法结合起来，尽快建立引导控制城市绿化形态的"视觉景观管理系统"，在规划、设计、建设、管理过程中对城市绿化形态尤其是绿化视觉景观质量进行全面管理。

5. 分析：空间结构模式优化

充分考虑山地城市的职能和规模的要求，结合森林的布局特点，制定适合的空间结构模式，不同类型山地城市对应不同的模式类型（表 5.6）。

表 5.6　空间结构模式优化

类别	山地城市特点	对应森林布局	优化作用
单中心组团型（单中心环型）	适用于一般小城市或城市发展的初期，城市平面比较规整。当城市规模较大时，会破坏山地和森林体系而向外扩张，不适用	辐射型：城市林带围绕市区中心，强调交通干道林荫树和森林公园的绿化作用，城市森林有明显的由中心向四周辐射布局模式	在山地城市空间结构上覆盖城市森林体系，作为城市外围绿带或绿镶从而限制城市蔓延
带型	城市依托高山、峡谷、江河、绿带、交通、规划方式等条件，在狭长地带伸展，这种类型需要多中心聚集，而形成多中心的规划结构，同时带型不宜太长，规模不宜太大	随机型：城市林带依据自然、经济、社会、人文情况，因地制宜进行布局的模式	山地森林作为引导城市带型发展的重要因素，作为带型城市的景观和发展大环境，与城市平行或交叉，为营造高品质居住和生活环境创造条件
组团型	城市用地被河流、山脉分割成几个有一定规模的分区团块，有各自的中心道路系统，团块之间有一定的空间距离，中间间以森林绿廊或水体蓝带，各组团之间有便捷通道，使之组成一个城市实体	组团型：把自然、产业、经济等方面情况相似的区域作为一个整体，进行统一规划、建设及管护的城市森林建设模式	山地森林作为组团型城市的最重要因素
多中心环型	适用于经济发达，自然条件复杂的山地城市和城镇组群，"有机分散、分片集中、疏密有致"，有很大的适应性和生命力	网络型：城市林带呈纵横交错的布局模式	山地森林构架整体的空间格局。例如，荷兰兰斯塔德"绿心环行"城镇群，重庆市山水相依、秀丽的景观

5.2.3　合理土地利用布局

1. 分析 1：提倡土地混合使用

城市土地利用就是指对城市的土地进行不同层次及功能的配置。城市土地利用是一个综合的概念，涉及构成城市的一切要素，土地的用途、开发的强度、居住人数、人口密度、住宅与工作岗位数、汽车拥有量、货物流通量都应包括在内。城市土地利用要求与城市产业发展变化进程、居民生活素质提高进程，以及现代化、社会化进程相适应。从其表象而言，城市土地利用包括：城市土地利用的规模、城市土地利用的空间形态及城市土地利用的结构与比例三个方面。

根据城市土地利用强度的状况（主要评价指标为人均占地、建筑容积率、建筑密度和建筑层数），城市土地集约利用模式分为两大类：蔓延型土地集约利用模式和密集型土地集约利用模式。这两种模式各有利弊，目前多采用混合式的方式，具体如下。

1）强调开发计划最大限度地利用已经开发的土地和基础设施。

2）鼓励土地利用的密集模式，提高土地利用效率，反对城市蔓延，鼓励对现有城区及社区中的填充式发展，即所谓的垂直加厚法。

3）提倡土地混合使用，避免城市地区单一化、贫困化。住房类型和价格多样化及不同收入阶层混杂将使地区充满活力。在相当一段时间内，城市可持续发展在开发建设实践中往往被解读为在城市中规划更多的绿化空间，即较低的开发密度。城市用地盲目扩张，建筑密度过低，过分分散的城市，严重影响城市聚集功能的发挥。在耕地紧张的情况下，造成土地利用效率低下，生态环境被污染、扩散等一系列问题。

2. 分析 2：协调绿带或绿化与经济的矛盾

在英国、美国、韩国这些较早实施绿化带政策的国家，绿化带政策造成地方政府和绿化带区域居民的严重矛盾，借鉴以往经验和数据，为我国绿化带的建设提供基础。首先，绿化带被划分时，居民对其土地被划分在绿化带内一无所知；其次，在绿化带内的土地价值远比绿化带外的土地价值低。土地所有权是个人积聚私人财产的重要手段，但在绿化带内由于不能有任何形式的土地开发，土地价格普遍较低（表 5.7 和表 5.8）。

表 5.7　韩国绿化带内外土地价格比较（单位：韩元/m², 2001 年 1300 韩元 = 1 美元）

项目	森林	干地	水田	可建设土地	其他
绿化带内土地价格（A）	3 577	22 948	17 422	132 974	74 568
绿化带外土地价格（B）	1 635	10 344	9 474	353 401	63 148
A/B	2.18	2.22	1.84	0.38	1.18

表 5.8　韩国绿化带区域人口变化

项目	1979 年	1985 年	1989 年	1991 年	1993 年	1998 年
人口/(×10³人)	1246	1136	1168	1064	964	742

森林生态网络的功能在具体的落实上，按照功能进行分类，在空间结构、空间尺度、开敞空间体系、生态网络、交通联系、绿道建设、绿色基础设施、社区建设等方面，结合城市特征，进行地域化建设。

3. 城市布局优化

根据城市功能类型和布局方式，结合森林城市的目标要求，得出以下可优化的功能布局方式（表 5.9）。

表 5.9　可优化功能布局

森林城市功能要素	针对空间结构问题
环境供给	城市用地布局
	城市自然空间
	城市过快蔓延
交通支撑	城市道路与周边用地
	交通导向
社会保障	城市用地过分隔离
	内城衰退
安全基础	城市部分地区密集安全问题
	城市内部开敞空间不成体系
生态质量	城市将是社会、经济、自然复合系统的空间承载体
	空间的融合化、网络化、立体化及有机化
	城市内部将进行细致的改造与重组

5.2.4　调整城市功能结构

1. 分析 1：城市绿色基础设施

传统的城市绿色开敞空间常常被视为城市发展的附属物，由此产生了一系列诸如规划过程滞后、填空式规划方法滥用、绿地分布孤立等问题。城市绿色基础设施将城市绿色开敞空间视为与道路、管线等城市其他基础设施同等重要的地位，强调规划过程前置，自然系统连续，人类对自然的保护、再生与管理。

按照美国保护基金会和美国农业部森林管理局的定义：将绿色基础设施定义为"自然生命支撑系统"，即一个由水道、绿道、湿地、公园、森林、农场和其他保护区域组成的维护生态环境与提高人民生活质量的相互连接的网络。其旨在通过绿色基础设施的构建来突破传统生态保护的局限性，实现生态、社会、经济的协调和可持续发展。

城市绿色基础设施在形态上，由面状的区域，如保护区、国家森林、农田、林地、牧场、区域公园、社区公园和自然区等，以及线状廊道，如连接面状区域的景观、河流廊道、绿道、绿带、防护林带等组成，这些又可以按照不同的标准划分成不同保护等级的区域，作为未来保护和建设的依据。

城市绿色基础设施规划代表了一种战略性的保护途径，它将以前各种保护方法和实践整合成一个系统的框架，包括了尺度更大的景观和更加广泛的规划目标。

与其他基础设施一样，城市绿色基础设施规划在方法上应该遵循全面、综合、战略、公开的原则，应该立足于多学科的原理与实践的基础之上，并且在资金方面享有优先权。有学者认为，城市绿色基础设施规划包括四个步骤：核心目标设定、分析、合成和实施。核心目标有三个，即保护生态功能与过程，保护自然生产性的土地，保护开放空间；分析的关键是根据一系列标准，评价规划区域内土地的自然价值，识别出网络上的断开区和需要进行生态恢复的面状区域，最终合成网络。

城市绿色基础设施为未来土地的保护与开发描绘了一幅系统的整合的蓝图，在某种程度上，可以说是有关城市绿色开敞空间各种保护与建设行动的汇合，其概念本身也蕴涵了身份地位的根本转变，从城市的附属物转变成为城市的生命线保障系统，无论在理论上还是在方法上都值得山地森林城市借鉴。

2. 分析 2：重视绿化功能建设

一是加强绿化功能与城市化梯度变化的对应关系，合理划分各类绿化要素在生态、景观、游憩、经济方面的功能作用；二是加强绿化功能与土地使用在功能上的联系，处理好绿化与城市公共空间建设、历史文化保护、文化体育设施、应急避难场所、工业发展、土地使用综合分区之间的关系，建立完善的绿化功能体系；三是重点加强绿化功能与居住区的关系，细化深化现有服务半径要求，建立绿地规模、形态、设施与居住人口密度、人口结构、行为活动特点相一致的"有效服务半径"；四是深化公众参与制度，从专家权威式的封闭型规划向公众参与的开放型规划转换，提高规划的民主程度，使绿化功能切实反映公众的需求。

3. 分析 3：城市产业经济

布罗代尔曾说过，城市既是经济发展的动力，又是经济发展的产物。城市的繁荣发展是经济发达的标志。如何理解作为当今经济发展的主要载体——城市？集中性是城市最基本的特征，城市是人口、商品经济活动和科技文化活动集中进行的中心，是工业、商业及其他服务业等非农经济高度集中的一个地域空间。城市经济，是在城市这一空间地域载体上所存在和进行的一切经济活动的总称。在物质内容上，城市经济可直接表现为城市中各种自然资源、资本、劳动力、服务、技术、信息等生产要素及其产品的总集合；在组织形式上，城市经济则包括城市内的工业、商业、服务业、金融业、交通运输业等产业经济部门和部分市政管理的社会经济职能部门。城市之所以可以与农村地区相互区别开来，其根本原因就在于各自经济活动的本质不同：农村地区的经济以自给自足的自然经济为主，而城市的经济活动的本质特征是商品经济性。具体地说，城市经济的商品经济性又可由经济活动地理分布上的高度集中性、组织运行上的系统性和开放性及经营管理上的高效性表现出来。

不管是单个工商企业，还是多个工商企业，它们在地域空间上的集中，可以更好地利用道路、供水、供电等公用基础设施，在减少公用基础建设个别投资的同时，促进公用基础设施的有效、合理使用。从这可以看出，工业、商业及其他服务业的经济活动本身，就具有强烈的空间集中倾向。而城市本身又是以集中为基本特征的一个地域空间范畴。所以，众多的商品经济活动就天然地与城市联系起来，并在城市中集中起来，这就是城市经济的集中性。城市经济的系统性和开放性体现在城市经济各个系统（包括生产子系统、交换子系统、分配子系统和消费子系统）相互依存、相互制约。一个城市系统的运转和发展，离不开其特定的主导产业，而主导产业也离不开相配套的产业，以及交通、邮电等一般服务产业，否则，其自身就无法获得较大的生存和发展空间，同时也无法实现自己应有的价值。为使某一系统获得足够的发展动力，系统就必须对外开放，与外界环境进行某种形式的能量交换。城市经济系统作为一个现实的社会经济系统，它的生存和发展也必然要求它具有一定的开放性。城市是人口、经济活动、科技文化活动集聚的一个中心。但集聚本身毕竟只是一个表象和外在过程，居民、企业、科研单位、政府管理部门等之所以要向城市集中，其根本动机并不在于集中本身，而是为了在城市集聚中获得较大的利益（包括经济利益、社会利益及环境利益）。城市之所以能给各利益主体提供获得较大利益的可能机会，原因就在于在城市内集聚的经济活动具有可提高经济效益（如竞争效益、规模效益、要素优化效益）的特殊效应，这就是城市经济的高效性。

4. 分析4：城市住宅与人居环境

人居环境是指与人类生存活动密切相关的地表空间，也是人类赖以生存发展的物质基础、生产资料和劳动对象，它包括了人工建筑系统和由绿地、可耕地形成的生态绿地系统。

20世纪90年代以来，可持续发展成为全世界共同关注的战略性课题，1992年的环境与发展世界首脑会议上发表了《21世纪议程》，提出了人居环境可持续发展的重大课题。可持续发展，即人口、资源、环境在高层面上的协调发展，它包含"需要"和"限制"两方面的内容。"限制"是实现"需要"的手段，"需要"是"限制"的动因，中国有句古话"留得青山在，不怕没柴烧"，讲的就是这个道理，只有对资源的利用做出种种的限制，才能最大限度地满足我们及子孙后代的需要。人居环境可持续发展，即耗费最少的土地、能源，最大限度地满足居民居住的舒适性、生活环境的宜人性，并为子孙后代留有生存余地。当前，在城市化建设如火如荼的情况下，人居环境可持续发展战略的实施，有着十分重要而深远的意义。

在城市人地冲突日趋尖锐的情况下，居住用地增量控制已不能单靠片面增加建筑密度、人为缩小建筑间距、降低人均占地标准等一些简单的做法。居住发展对土地的需求不得不改变以往规划只在平面进行的传统观念，还必须将目光投向立体空间。高层住宅能够以较小的居住用地范围来获取更多的居住生活空间，这对于住宅发展有着深刻的现实意义。

5. 城市功能优化

根据森林环境的支撑，将城市的优化功能分为环境供给、交通支撑、社会保障、安全基础、生态质量等，山地中小城市空间结构的多种要素都需要森林环境的支撑（表 5.10）。

表 5.10　城市功能优化

功能要素	针对空间问题	功能优化内容
环境供给	城市用地布局	城市建设与生态环境协调布局发展
	城市自然空间	增加生物种类，改善环境设施，提升环境质量
	城市过快蔓延	绿化屏障或隔离限制城市的无序蔓延并保证环境质量
交通支撑	城市道路与周边用地	增加通道绿化，改善交通和用地环境或隔离作用
	交通导向	自然环境对交通导向有引导和限制作用
社会保障	城市用地过分隔离	在隔离区连接自然环境，建立服务设施，增加就业岗位和生活空间
	主城衰退	增加绿色基础设施改善环境，提升内城魅力
安全基础	城市部分地区密集安全问题	减缓各种灾害发生、增加灾害发生时的有效避难场所和灾后生存空间
	城市内部开敞空间不成体系	根据景观生态学，形成斑块、廊道、基质的开敞空间体系，为城市环境提供生态屏障
生态质量	城市将是社会、经济、自然复合系统的空间承载体	利用稀缺资源开展旅游，开发环境良好的房产，改善城市投资环境
	空间的融合化、网络化、立体化及有机化	将自然环境体系融入城市体系中，作为城市建设的核心理念，将促进城市生态环境改善
	城市内部将进行细致的改造与重组	城市内部渐进式的改造，进行增加、连通、重组等手段，逐渐改善环境质量

5.2.5　梳理城市交通骨架

1. 分析 1：完善城市内部交通系统和组织

城市内部交通系统在城市形成与城市发展过程中扮演了重要的角色，不同的交通运输条件形成了不同的区域条件与城市空间结构。城市交通网络对城市空间形态的演变起到引导性作用，空间轴向复合叠加过程，反映了城市空间结构联系由弱至强，或由强至弱的关系，并基本遵循"点-线-面"的集中演化到"面-线-点"的分散演化时序（方倩等，2003）。城市内部交通系统的道路网络，是构成城市的基本骨架，是城市形态的重要组成。城市内部交通系统的组成形式可提升交通可达性，进而影响城市内部空间的规模梯度。

该系统主要包括优化城市对外交通、道路行驶、路网密度、公共交通、慢性交通等，提出城市内部环形、放射状的道路网络。

2. 分析 2：优化城市内部交通方式

城市内部交通是城市发展的基础和前提，是城市必不可少的公共服务设施，是城市的基本物质条件。城市内部交通与城市发展之间密切相关，这种相关反映在物质形态上，就表现为城市物质形态与城市内部交通之间的一种互动联系。一方面，随着城市历史上每一次交通技术的进步，城市形态模式都会发生相应的改变，以适应交通发展；另一方面，城市形态模式作为交通需求产生的基础，也会相应地对城市内部交通系统产生一定的影响。城市内部交通与城市形态之间的这种复杂的互动关系，构成了城市不断发展的动力。只有在城市形态模式与城市内部交通之间建立一种彼此适应、相互促进的关系，才能够使城市经济、社会与环境得以可持续健康发展（表 5.11）。

表 5.11　二氧化碳排放量的模式比较（单位：g/km）

客车	小汽车	有轨地下铁	公共汽车
71	201	100	159

3. 分析 3：促进绿道建设与绿色交通

虽然绿道一词最早出现在 20 世纪 70 年代查理斯·莱托的《美国的绿道》（*Greenway for American*）中，但绿道规划的思想和专业实践却由来已久，Fabo 把美国绿道的发展从 19 世纪末期至 21 世纪划分为五个阶段，典型的案例有①1867 年奥姆斯泰德的波士顿公园系统规划；②20 世纪 20 年代沃伦·曼宁的全美景观规划；③1928 年查尔斯·艾略特的马萨诸塞州开敞空间规划；④1964 年菲力普·路易斯的威斯康星州遗产道提案；⑤1993 年纽约市绿道规划和 1999 年由马萨诸塞州立大学景观与区域规划系的三位教授领衔的新英格兰地区绿道远景规划。从区域到城市，世界各国的绿道建设正方兴未艾，*Landscape and Urban Planning* 杂志曾分别在 1995 年、2004 年、2006 年出专刊介绍世界各国绿道的发展情况。

按照绿道的定义"沿着诸如河滨、溪谷、山脊线等自然走廊，或是沿着诸如用作游憩活动的废弃铁路线、沟渠、风景道路等人工走廊所建立的线形开敞空间，包括所有可供行人和骑车者进入的自然景观线路和人工景观线路"，不难看出，绿道强调的是一种自然与人平衡发展的生态观，一方面要有"绿"，即要有自然景观；另一方面要有"道"，即要满足人游憩活动的需要，并不要求为了保护自然而完全限制人的活动。

绿道是城市森林的一种重要的表现形态，它兼顾保护与利用，将各类城市森林连成一体，从城市延伸到乡村，一直到旷野，而一旦形成网络，则又具有巨大的生态效益和提供游憩活动的潜力。绿道虽然可以出现在城市内部，表现为各种线形的绿色空间，但其真正的意义在于打破城乡界限，将城市融入乡村，让乡村渗透城市，既是自然要素的连接，更是生活方式的融合，以绿道为载体，城市森林超越了物质形态，成为社会与文化的代言，城市森林规划也从物质的规划走向物质与精神兼顾的规划。

而山地的地貌特征，决定了山地城市不同于平原城市的步行系统，居民的步行特点对于"人性的回归"的理解，首先应当是尊重原有地形环境，促使步行系统结构与城市功能结构的协调，其次注重人在行走过程中的安全舒适性。因此，强调"环境功能一体化"的理念，将现代步行理念的发展与山地地形环境结合在一起，这种规划理念是强调与山地城市环境的紧密契合，与城市功能的高度融合。

绿色交通是一种环境友好型的交通方式，这与山地步行系统的目标相吻合，生态环境和景观享受应当纳入山地步行系统规划当中。

5.2.6　保护和构建城市生态网络

1. 分析 1：城市生态客观条件

物种的生存取决于栖息地的质量和可获得的食物。对于大多数物种来说，移动能力至关重要，生物要靠移动来觅食、休息、迁徙，以摆脱恶劣的环境。有鉴于此，国际上对于保护物种的方法，已经从保护分散的、岛屿化的自然区域转向保护和恢复相互连接的自然区域。

中国的城市绿地系统规划长期以来是一种立足于建成区，侧重于绿地建设的规划，城市森林规划要求城乡并重，建设与保护并重，不仅要确定开发建设的重点，也要确定必须加以保护的范围。

山地城市一般会有大量的植被和森林，丰富的自然资源条件对改善山地气候、城市环境质量、城市景观风貌，以及伴随的生态效益、经济效益、社会效益有很大作用。生态的保护制约城市的扩展和空间结构，也对山地人居环境的改善发挥了极大的作用。城市内部的绿地系统也为城市发展的重要组成部分。

2. 分析2：连通生态网络

生态网络的可持续发展、生态走廊与多中心城市结构的有机组织，达成山地森林城市的城市意象。防止指状发展带间的无序填充，保留生态绿地与开敞空间。优化生态网络，增加自然要素之间的连通性；通过有机的道路网络界定生态空间，保留既有自然山体，避免城市空间进一步拓展对山体的破坏作用；结合城市景观格局，在生态要素之间增加连接地块，如城市公共绿地、防护绿地、生态绿地等空间，以增加各个要素之间的连接，使之完整，还能在平面上增加绿色空间分维值，提高绿地空间的接触面积。

3. 分析3：明确绿化要素及完善规划编制体系

首先是要素的扩充，应将湿地、屋顶花园、垂直绿化、农田、水体纳入规划范围，不应拘泥于绿地的"地"，应从生态的角度进行要素重组；其次是绿化要素的分类应覆盖城乡，建成区外的绿地则统称为其他绿地，不能满足城乡一体化绿化系统规划的要求；最后是在分类方法上要进行突破，如可以采用城市森林分类"二分法"，除对绿地进行分类外，还应对植被进行分类，为全面提升绿化质量奠定基础。

城市绿化系统规划在规划编制层次上目前尚不完善，面对如此广阔的地域，如此复杂的现实条件，仅靠几个总体规划是远远不够的，应该针对不同的区域编制分区规划、控制性详细规划、修建性详细规划。一方面，确保绿化系统总体规划能够落到实处；另一方面，也建立起与城市总体规划各层次对应的关系，有利于规划的实施。

目前城市绿化指标仅有"绿地率""绿化覆盖率""人均公共绿地面积""服务半径"等有限的几个指标，这些指标只能保证绿地的数量，无法保证质量，因此急需要出台新的指标体系，全面引导控制城市绿化的发展方向，实现"数量与质量并重增长"的目标，建议建立由城市绿化总体规划指标体系和详细规划指标体系构成的完整的城市绿化指标体系。

4. 分析4：构筑林网化、水网化的绿色生态网络

1867年，奥姆斯泰德为波士顿做了一个被称为"翡翠项链"的公园系统规划，将分散的城市绿地连成一体，这一规划将19世纪末美国的城市公园运动引向系统网络的方向发展。

时隔一个多世纪以后，1991年，英国学者汤姆·特纳向伦敦规划顾问委员会提交了题为"走向伦敦的绿色战略"的报告，提出发展一系列相互叠加的网络绿色战略，如步行道网络、自行车道网络、生态廊道网络等。

　　森林被誉为城市的"肺"，水体被誉为城市的"肾"，构筑城市林网和水网，有助于改善城市生态景观、提升城市生态品质。针对城市森林和绿地呈斑块状且连通性差、森林覆盖率低、森林尚未形成网状格局的问题，有必要系统整合都市区森林屏障、道路系统、公园系统、林地、绿地、散生树木，实现城市林带网络化；利用网络化的城市森林，对城市周边、城市组团、不同功能分区和过渡区进行物理隔离，使城市景观格局进一步改善；把城市森林与江、河、湖、水库等连为一体，建成山水相连、林水相依的森林城市景观；实现城市和农村林网、水网互联互通，建设城市和农村林水一体化的森林生态系统。

5.2.7　实施管制

　　对于以森林城市为目标的山地中小城市空间结构优化，需要政策制度的保障和多方面的支持，这里从政府、市场和公众三个方面来保障（表 5.12），同时要基本符合森林城市构建的量化标准，并在生态、经济和社会三个方面测算效益。

表 5.12　政府、市场和公众的作用

类别		简要内容
政府	制定相关的保障政策	纳入法律和制度的轨道，保障建设不因党委、政府调整或主要领导个人意志及注意力的转移而受影响
	引进项目，发展相关经济，开展相关产业措施	联合区域发展，引进相关生态项目，如流域生态链、产业生态链等
	运用多种形式监督	综合运用党委的纪律检查、人大监督、行政监督、司法监督、新闻舆论监督、人民群众的社会监督等形式开展监督
市场	生态补偿机制	根据生态系统服务价值、生态保护成本、发展机会成本，综合运用行政和市场手段，调整生态环境保护和建设相关各方之间利益关系的环境经济政策
	循环性的生态经济	建立生态产业链
公众	公众自发力量建设和保护	变为农民和林产企业发展的项目

5.3　山地森林城市空间结构优化实践

　　城市空间结构对城市环境产生极大的影响，尤其是自然环境较为复杂的山地城市，那么面对复杂多变的城市环境，如何将优化体系应用于实践是笔者思考的问题。本书根据不同城市的问题，制定不同的研究方法，在实践的优化过程中，按照城市概况—空间结构特点—优化策略—评估成果的流程，抽取在研究中需要优化的方面进行因地制宜的方法探索。本节按照这个流程，针对不同城市的关键问题，以重庆市开州为例，为类似问题的城市提供一定的参考和借鉴。

5.3.1　城市空间结构现状调查研究

1. 符合山地城市环境的基本条件

开州位于重庆市东北部，行政辖区面积为 3963km^2，地处大巴山南坡与川东平行岭谷的结合地带，长江三峡水库小江支流回水末端，全区户籍人口为 163.4 万人，开州城镇化率为 36.5%，城市规划区人口为 32 万人。开州用地规模和规划人口属于中小城市范畴，所以这里以开州为研究对象是合适的。

开州地形南北长，东西窄；地貌复杂，分"六山三丘一分坝"；开州属暖湿亚热带季风气候，气候适宜，四季分明。开州山水资源丰富，对城市的空间格局和城市风貌有很大的影响。

综上所述，选择开州作为研究对象是合适的。

2. 需要解决的关键问题——开州城市拓展

开州区规模不大，辖区土地面积总计为 789.00km^2，并且全区范围内山水用地较多。通过土地适用性分析可以看出，开州有条件建设区面积为 1200.00hm^2，允许建设区面积为 23 620.00hm^2。可以用来建设的土地比较稀缺，土地开发成本较高，可建设用地的不足对开州城市规模的扩张构成限制。

开州山水资源丰富，对城市的空间格局和城市风貌有很大的影响。同时，规划区内大范围地禁止建设用地作为林地、农地，为开州建设具备湖光山色的生态旅游城市创造了不可多得的环境条件，保护山体林地不进行破坏性开发是在城市建设中同时要兼顾的问题。土地和山水空间格局的双重制约是开州城市空间结构和城市规模的重要门槛。

5.3.2　开州城市空间结构特征

开州山水资源丰富，主城区围绕汉丰湖建设，湖光十色，环境优美，属于典型的环绿心生态型空间布局类型。

1. 研究层次

本研究针对开州主城区及全区范围。

在产业上，各功能组团分工不同，发挥每个城镇的资源优势和区位优势。

在交通上，连通主城与周边城镇的区域道路，充分发挥汉丰湖水域交通。

在生态上，保护山水格局，营造高质量生态环境。

2. 研究要素

节点要素：是指规划中的各种功能区块。

梯度要素：由于功能性质不同而形成的不同功能的核心区。

通道要素：以自然生态环境和交通廊道作为城市的通道。

网络要素：由自然生态环境及交通等通道要素，组成不同体系网络。

环与面要素：不同功能或通道的边界。

3. 演变规律

开州由围绕汉丰湖的主城区建设的单中心环形空间结构，形成的区域的多中心带型城市空间结构。

5.3.3　开州城市空间结构优化策略

1. 确定宏观区域整体观

1）借力渝东北发展策略，打造中心城市格局。借助于渝东北发展趋势，借力万州作为重庆市第二大城市的政策优势，在现有的城市构架上，打造渝东北仅次于万州的中心大城市格局，并选择合适与足够的城市拓展用地，以满足开州打造大城市的用地需求，向城市功能的全面提升和空间形态的跨越式发展迈进。

2）实施"同城化"策略，融入"万开云"城镇群。充分利用"万开云"地域相邻、文化相近、人脉相通的优势，统筹协调城市定位、产业发展、基础设施布局等，提高开州城市定位，加强区域联动，由竞争转向协作，使之共同体现"生态保护、移民致富"的战略核心作用和国家中心城市的战略支撑作用。

3）实施"加减法"策略，引导渝川陕腹地人口与产业集聚。优先强化市场腹地的联系和扩张，加强对腹地资源的吸附和加工能力，提升开州的流通能力和交通枢纽能力，引导渝川陕腹地人口与产业集聚，通过强化极核作用，发挥集聚效应，逐步带动区域发展。

4）利用交通条件，变区位优势为经济优势。区域交通构建五大出境通道，逐步形成西南经万州至重庆、东南经云阳至上海、东北经城口至陕西、西北经达州至成都、水路经小江出云阳通江达海的"五条高速便捷通道"。重点规划建设开州到万州、万州到云阳、云阳到开州的城际快速通道,加快建设三地边界重点镇之间的联系通道,构建"万开云"城镇群的高等级公路环线。建设高速公路、铁路站点、水上航运、小型飞机停机坪等,完善开州的区域交通和城市内部交通。

优化要素组织的完整性分为自然地理因素、生物环境要素、城市建设要素和发展趋势要素。其中,自然地理因素和生物环境要素前面已经论述,发展趋势要素这里不进行研究,所以本节仅从城市建设要素进行研究。

采取理性的直线型规划方式,形成城乡发展模式—城乡空间体系—城乡交通体系—现代产业体系—生态环境建设的研究内容。

1)城乡发展模式。建设西部水城、风情名镇、美丽乡村,构建与开州社会经济发展相适应的三级城镇化体系。

构建西部水城"一核多级四大城镇带"的大城市格局,截至2015年建成面积为40km^2,人口为40万人的生态滨湖宜居城市;到2020年建成面积为50km^2,人口为50万人的重庆市最佳宜居城市和中国西部灵动水城。

以旧镇改造为重点,以新区拓展为补充,注重产业开发、环境保护和公共基础设施配套,建设功能完善、整洁美观、生态优良,独具区域特色的风情名镇。加快建设临江、长沙、温泉、岳溪四个区域小城市,培育区域经济中心;建设铁桥、南雅、中和、敦好、郭家、大进、南门、河堰、九龙山、和谦、高桥等中心镇;其余乡镇突出各自特色,挖掘传统文化、民俗风情、自然资源等优势,建设旅游小城镇、商贸小城镇等特色小城镇。

以旧村改造为实质,以生产和土地相对集中为关键,以土地合作、就地置换为保证,搞好基础设施建设、突出建筑风貌、推进土地合作、培育主导产业、搞好生态环境保护,加速推进美丽乡村建设。

2)城乡空间体系。在开州原城镇布局"一核四极三大板块"的基础上,以交通干线引导,构建三大圈层城镇布局,形成由"一核三带"和"三大圈层"共同构架的动态有机结构。"一核三带"指全区增长极核和汉丰-竹溪-临江城镇发展轴、汉丰-白鹤-温泉城镇发展轴、汉丰-赵家-长沙城镇发展轴;"三大圈层"指核心圈层(含汉丰、文峰、云枫、丰乐、镇东、镇安、厚坝),紧密圈层(含白鹤、竹溪、赵家、渠口),外围圈层(含以临江、长沙、岳溪、温泉为核心,其余乡镇为辅助的网络城镇群)。

2. 规划视角符合"人-城市-自然"和谐相处的核心理念

开州规划采取"供需"平衡的观点(图5.1),核心即是保持生态环境与城市建设的平衡,符合优化体系的"人-城市-自然"和谐相处的优化体系核心理念。

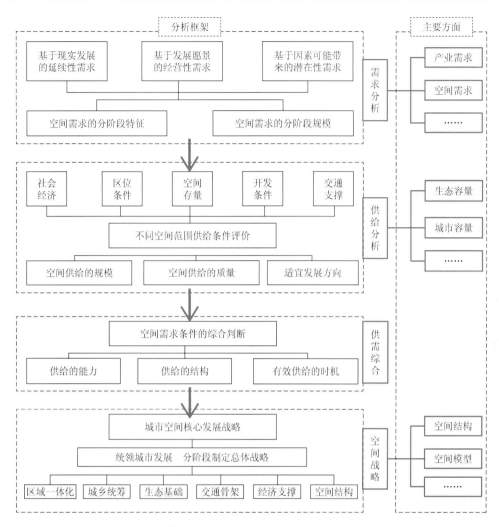

图 5.1　"供需"平衡的研究方法

3. 分析确定城市空间结构形态

1）城市空间发展模式。基于开州生态环境容量和资源环境承载力特征，注重发展紧凑型城市，提高土地使用效率，城市按照点轴增长极结构发展，形成"一核四组团"的空间格局（图 5.2）。

汉丰主城区是全区的政治、经济、文化中心，重点发展商务商贸、旅游服务、文教、房地产和物流配送，容纳人口为 32 万人；白鹤组团为城市的能源基地，开州区向北辐射的副中心，重点发展能源建材产业，容纳人口为 5 万人；赵家组团为全区重要工业基地，重点发展食品、轻工电子产业，容纳人口为 5 万人；竹溪组团重点发展商贸物流批发、绿色农产品加工、教育培训等产业，容纳人

图 5.2　城市功能格局示意图

口为 6 万人。充分利用开州独特的山水条件，保护组团之间生态屏障，建立城区绿地景观系统。

2）城市发展方向。汉丰湖和自然山体构成了开州独特的山水自然格局。根据山地带型城市拓展原则，开州采取"北进西拓南联"的基本原则，沿交通主轴向外带型发展，即南联长沙、北进郭家、西拓临江。

近期，充实汉丰主城区内涵，重点建设开州主城区的东部新区、西部新区、北部新区和赵家工业园区、开州港及临港生态工业园区。

远期，城南的长沙、岳溪充分利用靠近万州的优势，改善与主城及万州的交通联系，同时承接两地辐射，实现产业互补，形成城南城镇群带；城西的临江、铁桥充分利用开达高速公路和开州东部、川陕广阔的腹地优势，发挥集聚效应，促进产业人口集中，形成城西城镇群带；城北的温泉、大进充分利用丰富资源优势和渝东北、陕南的高地优势，坚持生态优先的可持续发展之路，体现区域增长极核作用。

4. 调整产业功能结构

现代产业体系。建设三峡库区特色产业基地，推进新型工业、现代服务业和现代农业相互融合、协调发展，着力打造具有核心竞争力的现代产业体系。

第一产业：建设优质粮油、柑橘、蔬菜、生猪、肉兔、竹材、中药材、生态渔业、草食牲畜等农业基地。

第二产业：形成具有地区优势的能源、建材、食品加工、轻纺电子、天然气化工五大工业集群。

第三产业：建设百亿商圈，大力发展"三色"旅游，打造三峡库区休闲生态旅游目的地，围绕汉丰湖发展高品质房地产业，形成渝川陕鄂边区商贸物流集散地。

5. 梳理城市交通骨架

城乡交通体系。全区综合交通结合"一核三带三大圈层"的城乡空间布局，构建环射结合的交通格局。

交通射线：在开万、开达、开城高速公路的基础上，提升和完善全区至大进、全区至铁桥、全区至岳溪公路的等级和质量，加强三大城镇群带与城市核心的关系。

交通环线：围绕"三大圈层"构建三大交通环线，内环以汉丰湖为中心，建设环湖路网，主要为旅游和生活线路服务；环城路以全区核心区为中心，建设环城路网［主城—赵家—渠口—厚坝—白鹤—镇安（竹溪）—主城］；外环路以主城区为中心，区域核心为节点，建设温泉（郭家）—天和—中和—临江—长沙（南门）—赵家—渠口—厚坝—郭家的外环路网，提升现有公路等级，新建临江至长沙的高速通道。

城市内部交通体系。全区内部交通重点建设区域性交通换乘枢纽，构建方便快捷的公共交通体系，环湖区域和重要商业中心实施交通静化形成以自行车路网和步行系统为主的慢行交通系统，打造山水旅游城市旅游线路。

6. 保护和构建生态网络

生态环境建设以城镇为支点，以流域轴、山脉轴及其他生态廊道轴为主线，在科学分析地区地质灾害和生态环境容量等基本情况的基础上，合理确定开州的区域生态安全格局，并划分层级、任务、范围明确的生态区域，重点保护和利用好汉丰湖、鲤鱼塘水库，做好库区消落带的专项治理。

5.3.4　开州城市空间结构成果评价

综上所述，为达到开州布局的合理性，将区域的观点引入规划中，充分利用开州山地、森林、水域的优势，得出合理的空间结构类型。对成果的评价侧重于布局合理的定性研究（表 5.13）。

表 5.13 开州布局合理评价研究

项目	优化体系成果特点	评价
生态布局	通过整合森林屏障、道路系统、公园系统、林地、绿地、散生树木，实现城市林带网络化；利用网络化的城市森林，对城市周边、不同功能分区和过渡区进行物理隔离，使城市景观格局进一步改善；把城市森林与江、河、湖、水库等连为一体，建成山水相连、林水相依的森林城市景观；实现城市和农村林网、水网互联互通，建设城市和农村林水一体化的森林生态系统	改善了城市森林不成体系的状况；加强了城市森林景观效应；加强了城乡统筹的区域观念；加强了城市建设与生态环境的关系
功能布局	一是加强绿化功能与城市化梯度变化的对应关系，合理划分各类绿化要素在生态、景观、游憩、经济方面的功能作用；二是加强绿化与土地使用在功能上的联系，处理好绿化与城市公共空间建设、历史文化保护、文化体育设施、应急避难场所、工业发展、土地使用综合分区之间的关系，建立完善的绿化功能体系；三是重点加强绿化与居住区的关系，细化深化现有服务半径要求，建立绿地规模、形态、设施与居住人口密度、人口结构、行为活动特点相一致的"有效服务半径"；四是深化公众参与制度，从专家权威式的封闭型规划向公众参与的开放型规划转换，提高规划的民主程度，使绿化能切实反映公众的需求	在不同的层面将绿化服务功能融入城市规划体系，同时加强城市的安全功能
交通组织	城区对外交通包括①公路：万开高速公路、101省道（渝巫公路）、202省道和021县道（开云公路）。②航运：建设渠口深水港和仓储区。③铁路、航空：主要依托万州火车站和万州五桥机场（约30min车程）。 沿渝巫公路（渝巫公路复线）向西南方向的汉丰-竹溪-临江城镇发展主轴；向北沿渝巫公路方向的汉丰-白鹤-温泉城镇发展主轴；向南202省道、万开高速公路方向的汉丰-赵家-长沙城镇发展主轴	形成多方式、多层次的网络化交通模式，加强了与外界的联系和城市内部交通的便利性，在一定程度上增强了城市的竞争力

5.4 本 章 小 结

本章是本书的重点，将山地城市空间结构及森林城市理论紧密结合，确定山地森林城市空间结构优化的策略和方法，接着将理论体系转化为目标的研究方法，并在实践中进一步调适和验证。

首先，明确基于山地森林城市的空间结构优化的目标及概念，并确定达到目标所应遵循的原则。

其次，通过判断山地城市客观条件，分析山地城市空间结构特点，借鉴森林城市理论，融合两者的优化途径，优化城市森林与区域环境、土地利用布局、功能组合、交通组织、山水格局等的关系。

山地森林城市空间结构构建方法中通过建立宏观区域整体观、分析确定城市空间结构形态、合理土地利用布局、调整城市功能结构、梳理城市交通骨架、保护和构建城市生态网络、实施管制几个方面，提出森林城市对山地中小城市空间结构优化的独特作用。

　　在研究理论体系的基础上，以开州为例，针对不同的问题，按照城市概况—空间结构特点—优化策略—成果评价的流程，在实践中将理论转化为研究方法。

　　通过城市概况判断城市是否符合构建山地森林城市的基本标准，并提出城市需要借鉴的关键问题；空间结构特征从层次、要素和规律三个方面论述；优化策略通过结合城市的特点和主要要解决的问题进行实践验证；最后，通过不定量方式对规划和优化成果进行分析。

第6章 山地森林城市理论——人居足迹

山地传统民居在漫长的历史发展过程中从最初只是单纯地为了遮风挡雨、安全防御的居所，慢慢发展成为个但能够反映当地的地域文化特征还能够反映人与社会、自然之间的联系的建筑物，是地域环境与地区传统文化相结合的产物。由于山地特殊的自然环境特征，在人们长期的房屋建设实践中，逐渐形成了与环境适应的理念，慢慢积累了许多生态经验，随着时间积累，这些经验具有极高的应用价值。本章在分析重庆自然环境特征的基础上，对重庆山地传统民居营建的生态特征进行分析，从总体布局、空间形态、细部营建三个方面展开分析。

6.1 重庆地区的自然环境特征及生态原则

6.1.1 重庆的自然环境特征

1. 湿热多雨的气候特征

重庆地处东经 105°17′~110°11′，北纬 28°10′~32°13′，位于中国西南四川盆地东南部，是青藏高原与长江中下游平原的过渡地带，从我国气候分区来看，处于夏热冬冷区。但受大气环流和地貌影响，其气候差异较大，属于典型的亚热带湿热气候，具有高温高湿、多雨风缓的湿热气候特性。

因地处四川盆地、两江交汇之处，受周围山脉和河流的影响，其气候特征有自身的独特之处。主要气候特点是：冬季寒风不易入侵，夏季静风显著，冬暖夏热，云雾雨量多，日照少，湿度大，风力小，无霜期长，有"火炉""雾都"之称。年平均气温在 18℃左右，夏季炎热，平均气温在 30℃以上，日最低气温超过 28℃，极端最高气温高达 43℃，全天无凉爽时刻，冬季较暖和，最低气温平均为 6~8℃；常年水量充沛，年降水量为 1000~1400mm，主要集中在每年 4~9 月，占全年降水量的 70%~90%，春夏之交（4~6 月）和秋季（9~10 月）是降水日数最多的时期，降水多在夜晚，夜雨总量约占年降水量的 60%~70%，故有"巴山夜雨"之说；年平均日照时数仅为 1259.5h，日照百分率为 25%~35%，夏多冬少，夏季日照时数约占全年日照时数的 40%~50%，冬季日照时数在全国日照分布图上处于最少地区，不到全年日照时数的 15%；因降水量多，日照少，加之水域纵横，重庆年平均相对湿度为 70%~80%，四季相差不大，是全国高湿地区且云雾较多；

重庆处于东亚季风区，又受东北、西南向平行岭谷地形影响，全年主导风向是东北风和北风，冬季盛行偏北风，夏季则偏南风明显增多，全年风速大都在 2m/s 以下，是全国风速最慢的地区。

重庆作为山城，该区域的气候除体现地理经纬度的大气候特点外，还具有典型的山地微气候特征：在山地环境中，不同的坡度、坡向和海拔，基地日照时间和日照间距也不同；凹凸起伏的山地地形表面在太阳辐射下吸热和放热过程存在快慢差异，使其表面温度会有所不同，从而形成山阴风、山谷风、山顶风、水陆风等。这种受山地地形因素微观影响后的地区小气候，正是与建筑发生直接关系的建筑微气候环境，因此在研究重庆山地条件下建筑与气候的关系时，除了要了解大区域气候特征外，还必须了解山地小地形要素对气候的微观影响，在设计时加以合理利用，这比平原建筑设计更加具有灵活性。

2. 复杂多样的地形特征

重庆区域范围介于东经 105°17′～110°11′，北纬 28°10′～32°13′，纵横幅度东西长为 470km，南北宽为 450km，辖区面积为 8.24 万 km²。位于四川盆地东南部，地处盆东平行岭谷、盆中方山丘陵与盆南山地的交接地带，山地丘陵较多，且水域分布广泛。

重庆整个地形从南北两面向长江、嘉陵江河谷倾斜，起伏较大，西北部和中部以丘陵、低山为主，东南部靠大巴山和武陵山两座大山脉，多呈现"一山一岭""一山一槽二岭"的地貌，地表多为页岩、泥岩等，以及覆盖在这些岩层上的各种黄土、黏性土、碎石土等滑岩土，结构极不稳定，容易发生地质灾害。全市地貌类型多样，有中山、低山、高丘陵、中丘陵、低丘陵、缓丘陵、台地和平坝八大类，其中山地面积约为 62 400km²，占总面积的 75.8%；丘陵面积为 15 000km²，占总面积的 18.2%；台地面积约为 2900km²，占总面积的 3.6%；平坝面积约为 2000km²，占总面积的 2.4%。

重庆地区山多水多，以长江干流为轴线，河流自西南向东北斜贯全境，汇集上百条大小支流，主要有嘉陵江、乌江、涪江、綦江、大宁河等，地势沿河流、山脉起伏形成南北高、中间低，从南北向河谷倾斜的地貌。

6.1.2　重庆地区传统民居的生态范畴

1. 对气候的适应

由 6.1.1 节的基础气候研究可知：重庆夏季太阳辐射强烈,常数十天连晴高温,气候较为炎热，且常年湿度大、静风频率高，加剧了人们的闷热感；但该地区冬季却不十分寒冷，相对其他夏热冬冷地区气温还较高，室外温度低于 0℃的天数较少。这种典型的高温和高湿天气下，白天加强通风有利于提高舒适度，在夜晚温度下降也不多，仍需要通风散热。因此，该地区适应气候的最重要策略就是通风散热除湿。

重庆地区山地传统民居中有很多很好的加强自然通风的做法，因为传统民居所处的社会时期经济技术都较为落后，一些加强自然通风的措施较好地结合了经济性和技术适宜性。例如，在传统居民总体布局中充分利用地形风捕获更多的风环境，组织通畅的气流路径；在建筑设计中利用大屋檐或者出挑空间形成气候调节空间；利用小天井改善室内通风环境；利用底层架空来通风防潮等。

2. 对地形的适应

重庆地区地貌涵盖了条状山邻、低缓的丘陵及平坝。这种地质构造使整个重庆地区地势起伏较大，高低悬殊，地貌类型复杂多样，其中山地地貌面积占60%，丘陵地貌面积占30%，是典型的山地区域。区域内大中型河流较多，河流与山地作用形成了较多的河谷。地表多为页岩、泥岩等及覆盖在岩层上的易滑岩土。易滑动的结构面在各种外部因素的诱发下，易造成滑坡、泥石流等自然灾害。

这种复杂的地形地貌是山地传统民居的重要制约因素，在传统时期人们对待自然地形的态度是被动地适应环境，这主要是因为技术水平受限，但正是这种对待自然地形的态度，使山地传统民居产生了丰富的适应特殊地形的建筑形态，为克服自然地形的限制，人们创造了多种解决方法。在崇尚农业生产的传统时期，人们将平整用地留作农田，而在山坡沟坎上修建房屋，复杂的基地使各家各户在建造房屋时尽可能顺应地势地貌：一方面，趋利避害地进行场地选址以营造舒适的室内外微气候环境；另一方面，无论是群体布局形态，还是交通道路的组织，以及小到房屋具体的接地形式，山地传统民居都是尽量契合山地的起伏变化，不去破坏原有的地形、地貌和自然景观，使建筑成为融入环境中的有机景观。山地传统民居的这种被动适应地形的原则，避免了过多地对地形的开挖所带来的对山地极为脆弱的生态环境。

3. 对当地建材的适应

传统社会时期的经济条件落后，加之山地地形给交通运输带来很大的不便，而建造房屋所需的材料数量又较多，所占造价比例大，故山地传统民居多就地取材，采用当地盛产的材料建造房屋，避免远距离运输建材而产生能源消耗，这就使就近从自然界获取建筑材料成为传统民居的生态原则之一。不少自然材料只需在建筑现场临时做简单加工就可作为建筑材料，以前人们还会有意识种树以便为将来建造房屋提供梁木，这种利用当地建材建造房屋也是一种对环境的生态适应性。

就地取材是山地传统民居在建材利用方面的基本原则，而在此基础上更为积极的措施则是根据材料的不同性能对材料进行综合利用，如重庆地区传统民居中的典型的竹篾夹泥墙就是对木、竹、土的综合应用，这也是通过对当时盛产的建筑材料的综合运用，合理有效地发挥各种材料的性能，以应对当地高温高湿的气候特征，以此创造舒适宜人的室内微气候环境，这无疑体现了传统民居智慧运用建材的能力。

此外，传统民居在重建、改建、扩建中还常使用回收的旧材，如对梁坊等结构构件的再利用，对破碎的砖石用于地基中等做法，都是循环利用材料以节约资源，这也是传统民居对材料使用的经济性的表现。

6.2　重庆山地传统民居选址布局的生态特征

漫长的历史进程中山地传统民居从最初无意识的趋利避害到后来的风水之学慢慢地发展完善成熟，其营建思想涵盖了各个方面，有着丰富的内涵。从生态学及对现代住区建设的启发性而言，山地传统民居在对气候、地形等自然环境的适应性方面有着丰富的经验成果。

6.2.1　背山面水、择高而居的选址

选址是山地传统民居营建初期的重要工作，大自然的资源分布不均匀，选址的目的就是找到微气候环境良好、资源配置合理的理想居住场所。

1. 山地传统民居选址程序和要点

1）辨方位。古代人们根据自然现象或自制工具来辨别方向、识别空间，是纳阳、通风等生态措施的基础。

2）品水。水是人们生产生活必要的资源，但也是带来灾害的重要原因，古人在营建选址时对基地高程、水上交通等综合考虑以避免灾害。在基地高程的选择上，既满足便于取水的要求，又能防止洪涝，必要时修筑防水沟以便排水和防御之用；古代主要的交通方式是水上运输，故选择水势平缓宽阔地区以便行舟泊岸，避免在水流屈曲、常有风浪的地区营建居所，这也是民居选址的特征。

3）观风。风对建筑环境的塑造具有双重意义，一方面加快风速能促进空气更新和有利于散热；另一方面风速过快及冷风会使人舒适度降低。因此对风的利用和防避是山地传统民居选址所需考虑的重要内容。从较大尺度来看，重庆地区属于亚热带季风性湿润气候，冬季盛行偏北风，夏季多为偏南风，因此选址要领是夏季利用南向暖风、冬季防避北向寒风，重庆山地传统民居选址多朝南向，不仅

利于采光纳阳，还有助于通风；从较小尺度来看，山地地形起伏会造成地面受热不均从而产生山谷风、山阴风等局地小气候，在湿热的重庆地区，静风频率较大，山地传统民居有时会择高而居以加强对小地形风的利用。

4）择地形。在山地地貌特征地区，地形的选择不仅会影响阳光、水势、风向、植被等自然因素，还会涉及土方平衡和排水防洪等技术问题，在地形选择时应考虑位置高低、形态适度等。山地传统民居中常见的选址模式有以下几种。①选址于高地、台地地形：一般为较平缓的山丘顶部、脊部或山顶台地，周围地势大都低于基地地势，且坡度较陡、相对高差大。②选址于坡坝地形：主要为山坡、梯坎或二者兼有的地形，多见于河流两侧的山坡上，形成背山面水的选址格局，由于背后为山岭、前面有河流，平地较少，因此其对传统民居选址的总体布局有明显制约作用。③选址于谷盆地形：底部平坦、轻微倾斜的山间盆地和河谷阶地，宽窄不一的谷盆两侧或四周山体较陡峻，故山地传统民居的选址多集中在平坦的底部，部分向坡度较缓的山脚地段延伸（图6.1）。

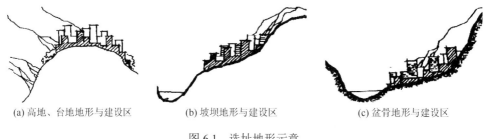

(a) 高地、台地地形与建设区　　　(b) 坡坝地形与建设区　　　(c) 盆骨地形与建设区

图6.1　选址地形示意

2. 山地传统民居选址的生态经验

在"天人合一"的哲学思想指导下，古人在村落选址上尊重自然生态环境的内在肌理和自然规律，合理利用当地气候提供的自然环境选择宜居之地。西南地区山水交错、植被丰富，其村落理想的择居模式是"背山面水、择高而居"。

（1）背山面水

所谓"负阴抱阳，背山面水"，即选址后面有主峰来龙山，左右有次峰或岗阜的左辅右弼山，或称为青龙、白虎砂山，前面有弯曲的水流，水的对面有一座对景山案山，轴线方向最好是坐北朝南，只要符合这一格局，其他朝向也是可以的，选址正好处于这个山水环抱的中央（图6.2）。

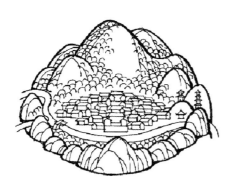

图6.2　理想民居选址格局

从现代生态学的观点解读"背山面水"这种理想择居模式:"背山"可凭借周围山体环抱抵御风沙形成良好的生态小气候;"面水"可凭借水体与临水陆地的得热不同而产生的水陆风给民居提供良好的通风、散热,改善夏季居室内的热环境(图 6.3 和图 6.4)。

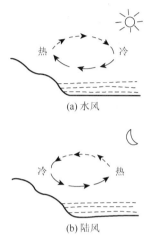

(a) 水风

(b) 陆风

图 6.3　水陆风示意图

图 6.4　中山古镇

（2）择高而居

古人认为"土愈厚,其气愈厚",即高亢之地必是因蕴涵着丰富"生气"而隆起的,久居于这种高地必使人畜兴旺。故"高亢"处的宅地一直被认为是风水极佳的宝地。

从现代生态学的角度解读"择高而居"的选址特征:一方面,山体高地既易获得夏季凉风,又可获得较谷地低的气温和湿度,所形成的舒适微气候适合山地传统民居建筑;另一方面,因山坡的地势因素所产生的山谷风可加强山地传统民居的通风散热效果,山坡绿化还可冷却夏季的热风起到自然空调的作用(图 6.5 和图 6.6)。

6.2.2　错落有致、密集紧凑的群体布局

在山地传统民居营建过程中,自然环境作为重要的制约因素,对村落的布局形态产生了深远的影响,其群体布局表现为各种布局模式,遵循利用良好自然资源、规避不利因素的原则进行布局。

1. 密集聚落类型

山地传统民居一般采用密集聚落形式,这与人类的群体社会活动行为相适应,

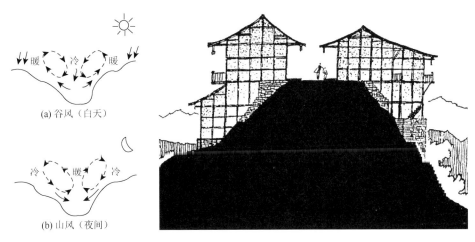

<table>
<tr><td>图 6.5　山谷风示意图</td><td>图 6.6　重庆某民居</td></tr>
</table>

在农村至今仍保留着以血缘、地缘为纽带的密集居住方式。从类型学的角度来看，有如下几种布局方式。

（1）团块型

团块型布局，表现为传统聚落的空间布局在平面上的形态主体轮廓的长短轴之比小于 2：1，其结构紧凑集中、较规整。这种布局形态的村落多因用地被山体、河流等隔断而用地较为分散，建设用地较少，布局呈现团块状，分布在各零散用地中，这种集中紧凑的空间结构模式可有效地组织生产、生活，节约建设用地，减少建设和投资运营费用。

（2）带型

带型布局，表现为传统聚落的平面二维空间主体轮廓的长短轴之比大于 2：1，多数达到其至超过 4：1，村落形态呈条线形发展，以盆谷地形和坡坝地形出现频率最高。此类型村落布局模式最适宜在河谷谷底、山体边坡或河谷阶地上发展，如重庆九龙坡走马镇，是沿山脊的带型布局方式（图 6.7）。

图 6.7　重庆九龙坡走马镇平面示意图

（3）放射型

放射型布局的总平面向三个或三个以上方向发展，大多是因受到复杂地形的制约，在原有的团块型或带型布局的基础上，村落用地沿多条交通线路扩展演化而来。此类型村落布局模式可在多种类型地貌中形成，但盆谷地形是其最适合发展的地貌，尤其是两江交汇的河谷地段。例如，大足区铁山镇（图 6.8）。

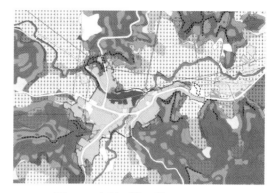

图 6.8　大足区铁山镇平面示意图

（4）组团型

组团型布局由若干相互分隔的建设用地构成，各片区的布局模式可以用上述的任何一种形态，呈分散型布局结构。因各组团的形态、环境差异较大，组团型空间形态有利于创造丰富多变的环境空间，常见于多种独立小地形、综合体、复合地形。例如，铜梁区安居古镇山势崎岖陡峭、水体蜿蜒曲折，道路因山势就水形，场镇内建筑呈六个组团各自分散布置（图 6.9）。

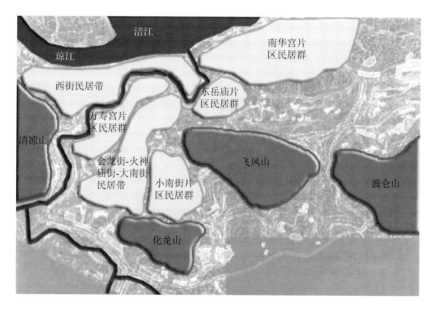

图 6.9　铜梁区安居古镇平面示意图

2. 错落有致、密集紧凑的群体布局的生态特征

山地传统民居的群体布局反映了地域环境的宏观特性，其整体形态与整体

自然环境之间的关系密切。重庆复杂的自然地理环境，使山地传统民居群落呈现出多样的形态。

（1）错落有致的群落形态以适应山地地形

山地传统民居群落的建造是依附于自然环境而存在的，通过改变其自身的布局形态来与自然环境融合，故山地地区复杂的地貌形态限制了山地传统民居群落的生长，山地传统民居群落布局形态也直接反映了地域地理环境特征。在山地丘陵地带，山地传统民居群落布置在平行于等高线的错落台地上，或将山地传统民居群落垂直于等高线高低错落布置，以减小对山体生态的破坏；在狭窄的河谷或山体边坡地带，山地传统民居群落则顺应河流或山体的走势，呈带状布局；在宽阔的盆谷地段，山地传统民居群落则可选择最佳朝向，自由发展。在重庆地区建设用地多为山地与平坝的混合用地，山地传统民居群落布局形态多根据地形的局部差异作灵活调整，相互交织存在，在保护山体生态的同时，还能尽可能多的争取建设用地。

（2）密集紧凑的群落形态以适应湿热气候

山地地区因地形地貌的阻隔，建设用地较少，在经过几次大规模的移民后，人口剧增使重庆地区人多地少。古人为了争取生存空间，多将传统民居群落相对集中而密集布置，使建筑密度增大，且不太注重朝向和方位，这也是山地民居与平原民居最显著的区别之一。这种密集群落形式在提高土地利用率的同时，也能较好地适应重庆地区湿热的气候特征：山地传统民居群落多呈"重屋累居"的布局形态，使房屋之间形成相互遮挡，在炎热的夏季可减少太阳直射到外墙的面积，以降低房屋的辐射得热，达到降温的目的，且房屋相互遮挡形成的阴影空间又可给人们提供宜人的活动空间；而在冬季这种紧凑的布局又可减少房屋外墙热散失，以起到保温的作用（图6.10）。

图6.10　"重屋累居"山地传统民居形态

6.2.3　自由灵活、随形就势的交通组织

山地地区的地形地貌起伏、破碎，建筑建造在标高变化复杂的地形条件下，高低错落的围绕山体分布，通过流线复杂的立体交通组织连接建筑，内部交通因受山体、河流等的阻隔，往往较难到达。但山地传统民居内的道路交通组织具有安全、高效的特点，其主要根据村落所处的地形条件，合理地处理道路与建筑的竖向关系，从而进行自由灵活的布置。

　　山地传统民居内部交通多为人行交通，以街巷组织布局，通过坡道和梯坎来消化道路高差，坡道一般用于较平缓的坡地上，梯道则用于较为陡峭的坡地上，两者常混合使用来丰富街道空间。因街道是根据地形来布置的，故与等高线或平行或垂直或斜交（图 6.11）：渝东南石柱土家族自治县的西沱镇，其青石阶梯道主街就垂直于等高线布置，随山势起伏转折，沿街民居以吊脚、筑台、爬崖等方式修筑，依附于街道两旁，呈现一种立体式场镇空间形态（图 6.12）；龚滩古镇内部道路则平行于等高线布置，顺应地形蜿蜒曲折，如"S"形（图 6.13）。

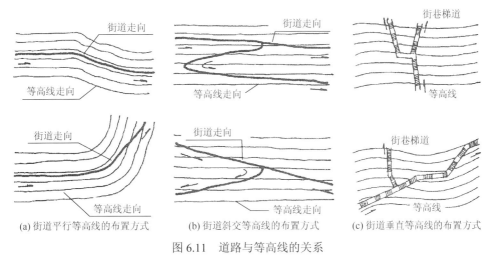

(a) 街道平行等高线的布置方式　　　(b) 街道斜交等高线的布置方式　　　(c) 街道垂直等高线的布置方式

图 6.11　道路与等高线的关系

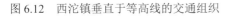

图 6.12　西沱镇垂直于等高线的交通组织　　　图 6.13　龚滩古镇平行于等高线的交通组织

6.3　重庆山地传统民居空间形态的生态特征

6.3.1　灵活的平面组合模式适应地形限制

　　不同于平原地区民居多采用规整的四合院形制，山地传统民居因受地形条件的限制，其平面组合形式随具体的场地条件限制而富于变化，自由灵活的平面组合模式下也蕴涵着丰富的生态经验。

1. 平面组合类型

在传统的社会时期，人们崇尚农业生产，将平整用地作为农田，尤其在山地地区地形地貌复杂多变，山地传统民居多建造在山坡上。因山间用地受地形限制，选择用来建造房屋的平整场地大多面积较小，因此平面组合模式有一字形、"L"形、三合院、四合院等多种形式，但类似于平原地区的多重进深的四合院形式较少。

一字形平面组合是最简单最基本的平面组合模式，这种模式占地不多且机动灵活，易于建造；"L"形平面组合，即在横向一字形平面组合的一侧加横向厢房，形成一个半围合的场地，称"院坝"，这种模式在山地传统民居中较为普遍地被采用；三合院是在"L"形平面组合的基础上再增加一侧厢房形成，为一正两厢形制，正房前有范围较为明确的半围合式庭院，根据地形条件的需要，两厢长短间数可不同，为不对称的组合形态，在山地条件下较四合院有明显的优越性；四合院是将三合院围墙一面改为房屋，以庭院为中心布置周围房屋，通过调整四周房屋间数的多少和正房、厢房、倒坐的组合关系来灵活的适应山地地形变化（表6.1）。

表 6.1　山地传统民居平面组合类型

类型		图示说明	实例照片
灵活的平面组合	一字形	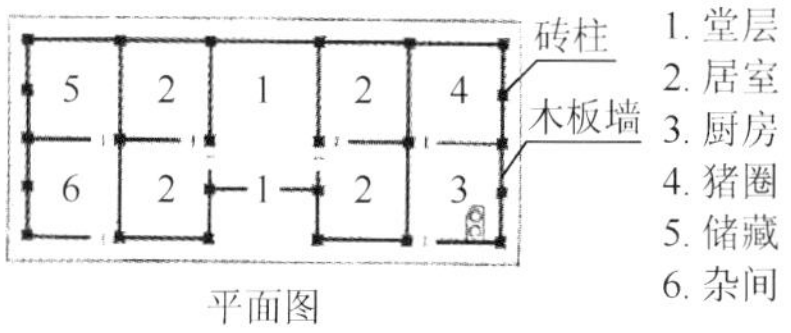 平面图 砖柱 木板墙 1. 堂屋 2. 居室 3. 厨房 4. 猪圈 5. 储藏 6. 杂间	
	"L"形	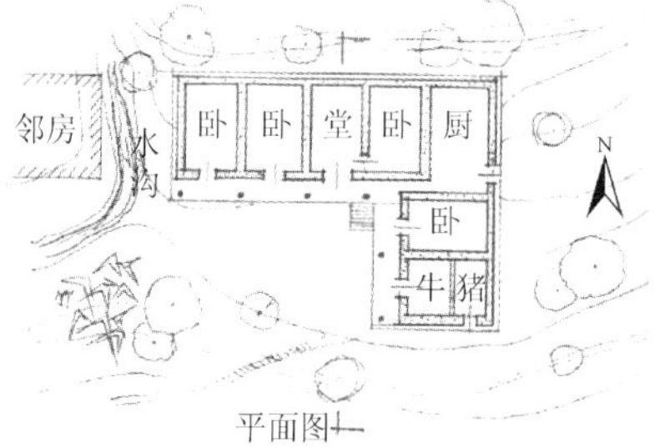 邻房 水沟 卧 卧 堂 卧 厨 卧 牛猪 平面图	

类型	图示说明	实例照片
灵活的平面组合	三合院 平面图	
	四合院 平面图	

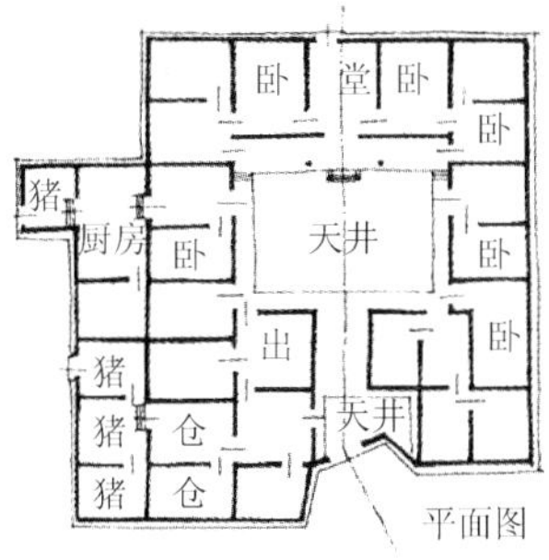

　　山地传统民居平面组合自由灵活，多依山就势，因注重农业生产活动，房屋多结合室外场地布置，以供晾晒谷物之用，功能布局上会考虑农具的储藏空间和家畜的饲养空间。

　　2. 平面组合的生态特征

　　（1）分解体量以适应山地地形

　　重庆地区山地丘陵地形较多，地形复杂，场地环境有其特殊性和唯一性，即使是相邻的场地也会因等高线的密集程度和走势不同而有很大的差异性，因此山地传统民居的平面组合在较大程度上受自然地理条件的限制，其多根据具体场地的变化合理地分解体量。山地地区的传统民居不同于平原地区的形制规整的四合院民居，而是将大体量分解成适合场地环境尺度的多个小体量，通过围合或半围合的院坝空间联系这些自重轻、结构简单的小体量，可以较易适应山地地形的变化，减少对自然山体的破坏，同时也能将自然景观引入室内（图6.14）。

　　（2）以"间"为单元自由扩展

　　不同于平原地区规整的四合院形制，山地传统民居采用自由生长的平面组合模式，以"间"为基本单元扩展房屋，因"间"是以四柱承重、四壁围合的空间，故其可扩展性较强。传统社会时期人们以血缘、地缘为纽带形成大家族聚居模式，

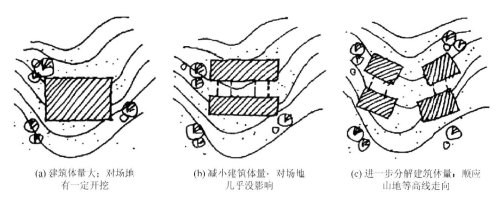

(a) 建筑体量大；对场地　　　(b) 减小建筑体量·对场地　　　(c) 进一步分解建筑体量，顺应
　　有一定开挖　　　　　　　　　几乎没影响　　　　　　　　　山地等高线走向

图 6.14　建筑体量对地形的影响

随着家庭人口的变化可不断扩建或拆除房间，而不影响其他房间的使用。同时为保证居住空间的完整性，平面组合不苛求形制，而是顺应场地地形或道路的变化进行自由组合，以适应山地条件下局促的场地环境（图 6.15）。

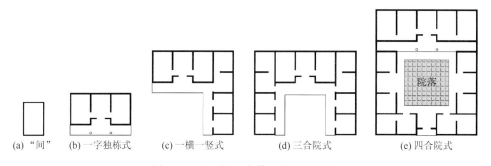

(a) "间"　　(b) 一字独栋式　　(c) 一横一竖式　　(d) 三合院式　　(e) 四合院式

图 6.15　以 "间" 为单元的扩展形式

（3）功能的应变性

山地传统民居的应变性主要是功能布局和承重结构的应变性。山地传统民居以 "间" 为基本单元建造房屋，各房间的内部空间大小基本相同，功能空间的划分较自由，可根据家庭成员的具体需求来安排各房间的使用功能。此外大家庭多建造大宅院以满足家庭居住需求，随着家庭人口结构的变化，也可将大宅院分为多个小宅院，以适应多个小家庭居住需求。

6.3.2　庭院空间改善居住舒适度

从生态的角度看，建筑扩大规模的同时应保证建筑室内空间的品质，现代建筑采取的策略是各种通风、给排水管道等设施，而山地传统民居则是采用庭院空间来营造舒适的室内外居住环境。庭院作为分解和连接各房间的半室外空间，能很好地连通民居内部与外界自然气候，起到调节室内微气候的作用。在炎热多雨的西南山地地区，庭院空间尺度较小，被称为天井。天井是山地传统民居的重要特色之一，可较好地解决通风、除湿、采光等问题。

1. 庭院类型

随着家庭结构和经济条件的发展，山地传统民居通过围绕天井来扩建或改建房屋，就平面组织而言，有沿纵深方向扩展的串联式天井和沿水平方向扩展的并联式天井（图6.16）。

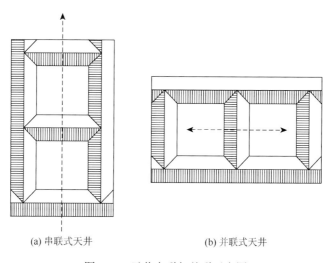

(a) 串联式天井　　　　　　　　(b) 并联式天井

图 6.16　天井串联与并联示意图

串联式天井是沿中轴线展开，向纵深方向延展，因重庆地区用地紧张，山地传统民居进深较大，这种类型组合的天井在该地区较为多见；并联式天井是向水平方向延伸的一种组合形式，该类型天井因面宽较大不利于节地，在重庆山地传统民居中较为少见，而多出现于宗祠、会馆等公共建筑中。

2. 庭院空间的生态特征

（1）加强通风散热以改善室内微气候

重庆地区高温、高湿的气候特征对建筑的通风需求较高，但该地区常年静风频率高，风压通风效果不太明显，山地传统民居充分利用天井空间的热压通风原理来实现建筑内部的自然通风。天井空间狭窄，四周房屋围合的竖直界面使空气水平运动受阻，内部空气通过上部风口与大气连通，而呈现垂直运动状态。夏季，天井下部空气因房屋遮挡受太阳辐射少而温度低，上部空气因受太阳辐射多而温度高，于是室内湿热空气顺天井向外排出，冬季则正好相反。为了加强天井的热压通风，还可在夏季开启四周门窗，促进天井内空气流动，使建筑获得较好的通风除湿效果，冬季关闭四周门窗，减少天井内空气流动，达到保温防寒的效果（图6.17）。这样，天井空间就成为整个建筑气候调节与缓冲的空间，可塑造宜人的室内外微气候环境，如重庆沙坪坝秦家岗周家院子（图6.18）。

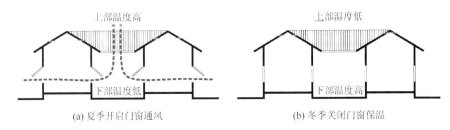

（a) 夏季开启门窗通风　　　　　　　（b) 冬季关闭门窗保温

图 6.17　天井通风示意图

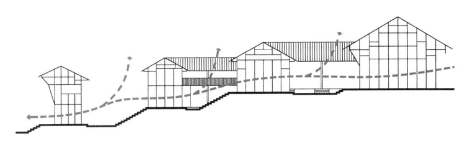

图 6.18　重庆沙坪坝秦家岗周家院子的天井通风示意图

图 6.19　利用天井采光

（2）改善大进深民居的采光问题

重庆地区山多平地少，建设用地紧张，山地传统民居采用窄面宽大进深的布局来节省用地，因此而导致房屋内部的采光较差。为了解决这一问题，山地传统民居在宅院内通过合理的布置天井空间，以增加中后部房间的采光效果（图6.19）。

（3）作为上下交通空间消化场地内部高差

除通风散热和采光外，天井还是重要的垂直交通空间，山地传统民居多建于坡地之上，后进建筑基地与前进建筑基地常存在高差，将基地做分台处理，通过在天井空间设置踏步来消化此高差，这也是该地区山地传统民居中常见的做法（图6.20）。

6.3.3 单体空间缓冲室内外气候

为了适应重庆地区湿热多雨的气候，山地传统民居在空间营建中除了利用庭院空间来改善居住舒适度，还设置有檐下空间、吊脚空间、屋顶阁楼等过渡空间来缓冲室内外温度。就建筑与环境的角度而言，这类空间是联系室内外的重要纽带，体现了建筑与环境生态性统一特征。

图 6.20 利用井院调节地形高差

1. 檐下空间

重庆山地地区夏季炎热多雨，空气湿度大，年平均照度小，因此其山地传统民居屋檐一般出檐深远构成檐廊空间。作为建筑与室外的过渡空间，檐下空间能遮挡强烈的阳光，减少外墙受热，避免强烈的太阳辐射过多地进入室内，且有利于增加热压风流，使在炎热的夏季檐下空间较室内更为通透阴凉。在日照不足的冬季，檐下空间较室内更易获得充足的阳光，缓解室外冷空气渗透进室内，减少建筑的热量散失。在阴雨季节，檐下空间还可遮蔽风雨，人行其中无须举伞，通行便利（图 6.21）。

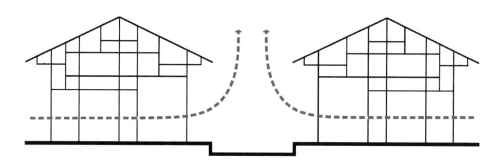

图 6.21 廊式街通风示意图

此外，檐下空间紧靠自家门户，给人以领域感，同时也是人们理想的休闲空间，有助于增加邻里关系，是一种有生命活力的空间（图 6.22）。其深出檐建筑形式在重庆地区具有较强的适应性和优越性，檐下空间让在其间活动的人们既无烈日蒸晒之苦，又无雨水张伞湿鞋之烦，并且多引穿堂风驱湿避热，十分凉爽，可谓一种全天候的交通空间。

图 6.22　涞滩古镇檐下空间

2. 吊脚空间

　　吊脚空间是重庆传统民居中最独特的空间形式之一，是干栏式建筑在山地地区的一种演变，因其与重庆地区的地形和气候较强的适应性而被传入。建筑一端倚靠山崖，一端以作为桩础的柱子落地，通过调节立柱的长短可很好地与复杂多变的山地地形契合，避免对山地地貌的破坏，也为建设用地较少的山地地区争取了更多的居住空间（图 6.23）。

图 6.23　吊脚楼

　　吊脚楼底部架空不与地面直接接触，从而有效地阻止了地面潮湿空气渗透进室内；重庆地区山谷河流众多，人们多临水而居，吊脚楼高度较大的架空可使洪水季节建筑不被淹没，具有极好的防洪功能（图 6.24）；底层架空空间水平方向气流不受阻挡，使风能贯穿建筑，获得良好的通风（图 6.25）；底层架空空间还常与内部天井空间结合布置，因为下部架空空间通风良好有利于降低天井内下部空气温度，加大天井上下空气的温度差，从而加强其热压通风效果（图 6.26）。

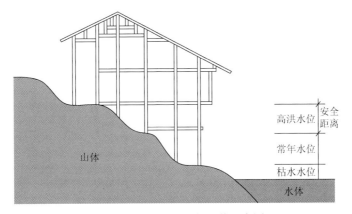

图 6.24　吊脚楼与水位涨落示意图

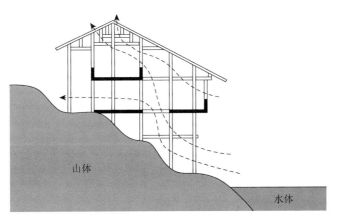

图 6.25　吊脚楼通风示意图

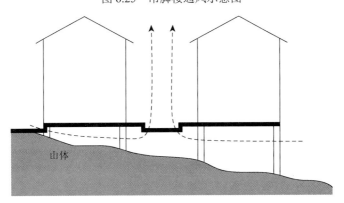

图 6.26　全架空式天井示意图

3. 屋顶阁楼

屋顶作为建筑垂直方向上的外围护结构，承受的太阳辐射最直接、也最持久，且重庆地区夏季日照强烈、气候闷热，因此屋顶外表面的空气温度较高，造成顶层室内温度较其他楼层高，针对这一问题该地区的民居常采用的解决方式有两种：一种是利用屋面的檩条和瓦片之间的缝隙通风；另一种是在坡屋顶与顶层之间设置阁楼通风。

（1）檩条和瓦片之间的缝隙通风

为适应重庆地区夏季炎热的气候，该地区传统民居屋顶多不使用苫背和望板。在屋面檩条上直接放置仰瓦，将俯瓦盖于两仰瓦之间形成缝隙，在屋面下不设置望板，采用"砌上露明造"。由于檩条之上没有苫背和望板的遮挡，顶层室内的大量热气就可以通过仰瓦与俯瓦之间的缝隙排出室外，形成气流的对流循环，从而利于通风散热除湿（图 6.27）。

图 6.27　利用仰瓦与俯瓦之间的缝隙通风

（2）阁楼通风

重庆传统民居通常采用坡屋顶，在坡屋顶和室内天花之间设置阁楼作为缓冲层，减弱了屋顶外表温度变化对室内温度的影响。同时在阁楼层设置有窗户，将窗户朝向夏季主导风向，通过风压使阁楼层中被加热的空气流动，即热空气排出，冷空气进入，利用对流散热将屋顶因太阳辐射吸收的热量带走，使外界太阳辐射的热量不易直接渗透进室内；冬季则关闭窗户，阻止寒风进入室内，达到夏季隔热冬季保温的双重目的（图 6.28）。

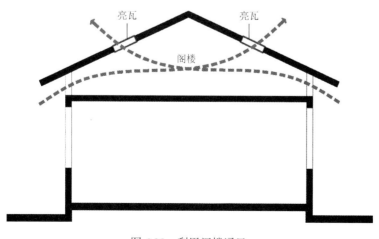

图 6.28　利用阁楼通风

6.4　重庆山地传统民居细部营建的生态特征

6.4.1　因地制宜的建筑接地形式

重庆地区山多平地少，在山地地形条件下修建房屋的主要困难在于如何处理复杂多变的山地坡面以建立水平基面作为房屋的底界面。受修筑技术和经济条件的限制，山地传统民居多采用最直接的接地方式，即依附自然山体而建，不对地形做过多的改造，只是在局部做一定的处理，从而保证山地生态不被破坏，使山地自然环境有一定自我修复的可能性。就不同的山地地形而言，山地传统民居主要采用的接地形式可以分为地表式、架空式、附崖式三种。

1. 地表式

地表式是通过将山地稍做改造或将建筑基面作适当调整，以使建筑底界面与山地地形契合的一种接地方式。对山地的改造主要有提高勒脚和筑台两种形式（图 6.29），对建筑底界面的调整主要有错层、掉层等。

(a) 勒脚式　　　　　　　　　　(b) 筑台式

图 6.29　地表式

勒脚式多用于坡度较缓的场地条件下，利用当地材料砌筑建筑基底，将建筑底界面放置在同一标高的水平面上，这种接地形式基本不改变山体的原有地貌，对山地的稳定性有利；筑台式是通过填土、开挖来砌筑平整台地作建筑的基地之用，在合院式山地民居中多采用分层筑台的方式形成错落有致的建筑形态，这种接地方式较为便捷有效，对山体的破坏度也较小，可避免过度的开挖。

错层是将同一建筑的底界面分解并将其放置在不同标高的场地基面上，通过楼梯来连接建筑各楼面层不同标高的内部空间；掉层则是指同一建筑的不同标高的底界面相差一层及以上，各楼面层在同一标高上。这种通过调整建筑内部空间来实现与山地地形相契合的接地方式，多与提高勒脚和筑台相结合，以使填挖土方量降至最低，从而保护山地的原生态环境，同时也创造了传统山地民居中丰富的内部空间形态。

2. 架空式

架空式是将建筑底界面与基地山体完全或部分脱离，利用支柱或建筑局部支撑房屋，人为营造一个水平基面。这种接地形式较为灵活，可根据支柱的长短来适应不同坡度的山地地形，其在山地传统民居中较为常见。

就建筑底界面架空程度而言，架空式可以分为架空、吊脚和悬挑。①架空是建筑底界面全部以支柱落地，从而形成水平基面，如有干栏式（图6.30（a））和吊脚式（图6.30（b））两种；②吊脚是建筑底界面部分落于基地上，其余以支柱架空；③悬挑是使建筑底界面的大部分位于基地，通过将局部一端以无支撑悬空的方式来争取更多的空间。

(a) 干栏式　　　　　　　　　　(b) 吊脚式

图 6.30　架空式

架空式接地方式因将建筑底界面与基地分离，从而能有效维护山地自然生态环境，且基本不改变山地地貌；其轻巧的结构形式对山地地形有很好的适应性，即可根据场地的坡度作灵活调整；架空式接地所形成的底层空间多作为储存空间使用，可在有限的基地条件下争取更多的使用空间；此外在湿热的重庆地区，底层架空空间还有利于通风防潮，改善居住微气候。

3. 附崖式

附崖式是将建筑一侧倚靠于陡峭崖壁，将建筑承重梁插入山体以崖壁的稳定性来承受建筑荷载，从而使建筑的竖直界面与山崖重合。

这种接地形式使在地势陡峭的基地上建造房屋成为可能，且使山地地区较多不利建设用地得到了充分的利用，从而提高了土地利用率；建筑依附于山崖而建，利用山体承载建筑部分重量，这样既节约了建筑材料，又增加了建筑结构的稳定性，同时建筑也遮挡了部分形态较差的崖壁，创造了独特的山地景观（图6.31）。

山地传统民居的接地本质就是采用较为有限的技术合理地处理建筑底界面与山地地形的关系，即尽可能减少对山体的改动以保护山地自然生态，同时也能尽可能多地利用山地地形以争取更多的生存空间从而节约土地。

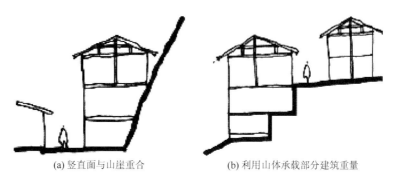

(a) 竖直面与山崖重合　　　　　　(b) 利用山体承载部分建筑重量

图 6.31　附崖式

6.4.2　就地取材、因材制宜

山地传统民居在建筑用材的选择方面受经济条件的限制，多采用当地盛产的材料，这样既节省了运输费用，又反映出了地域自然资源特色；在修建房屋的过程中，根据已选用的材料特性，结合当地的建造技术充分发挥材料自身特性，将不同性质的材料用在房屋的不同部位，"因材制宜"地综合运用多种建材；山地传统民居在拆建房屋时，还会将原有建筑材料用在新建房屋上，即循环利用建材。

1. 因地制宜、就地取材

材料的选择也与当地的材料资源丰富程度相适宜，重庆地区在温润的气候特征和多样的地形条件下，自然资源丰富，盛产竹木、页岩、砂石等。因经济技术水平的限制，山地传统民居多就地取材，使用当地盛产的竹、木、土、石等，以减少建材的运输成本。例如，山地传统民居中典型的竹篾夹泥墙就是以木材、竹子作为主要的建筑材料，黏土作为辅助的黏接材料，该墙体冬暖夏凉的特点也较适应当地的气候特征。

2. 因材制宜、扬长避短

"因材制宜"是基于因地制宜的较高层次的材料应用措施，山地传统民居对建材的运用不是单一的，而是在充分了解建材特性的基础上，结合当时的建造技术工艺对建材加以综合应用，将不同的建材运用于房屋的不同部位以发挥其性能。例如，山地传统民居采用的穿斗木构成承重体系，将木材作为房屋的主要承重骨架用材和门窗栏杆等细部构件用材（图 6.32）；竹材因质轻、硬度高且富有韧性，常被用来编制成墙体与木构骨架相结合作为房屋的围护结构；山地传统民居中对土的运用较为广泛，因土的黏性好而常将其用来作为辅助黏结材料，如竹篾夹泥墙的竹木骨架上多糊有泥浆，也有利用夯土技术将土用来砌筑墙体或地基基础；石材因坚硬耐磨，防潮性能好，多用来修筑房屋基础、裙墙或室内外铺地等。

图 6.32　木制门窗扇、栏杆

3. 旧材利用、节约资源

山地传统民居在利用废旧材料上也有着务实节俭的态度，如拆建房屋原有的建材能用的也会用在新建房屋上，树木变成房屋梁柱中加工的边角废料也会被充分利用。另外，还有将废弃建材转化为其他用途的措施。这样循环利用材料的措施在节约资源、减少污染等方面发挥了良好作用。

6.4.3　建筑局部的生态措施

除选址布局、空间形态外，山地传统民居的建筑细部也有较好的生态特性，主要体现在对当地湿热气候条件的适应。例如，采用通透开敞的门窗、可呼吸的墙体，在屋顶上设置猫儿钻、老虎窗、亮瓦等以加强通风散热，改善室内微气候。

1. 通透开敞的门窗

山地传统民居为穿斗木结构，类似于框架结构承重，墙体主要起划分室内外空间的作用，因此门窗位置的设定自由灵活，主要根据通风采光的需求而定。

因重庆地区湿热的气候条件，山地传统民居的门窗面积较大，在主导风向上，除承重结构的柱子外，外围护墙体上大多为通透的门窗。在平面上，前后墙的门窗根据局部主导风向的不同，来进行对位或错位布置，以利于形成贯通室内的穿堂风；在剖面上，一般将窗户设在较低的位置，从而在有利于人活动的高度范围内形成自然通风效果。此外，山地传统民居的窗户形式多采用镂空的形式，以加强通风效果，如格子窗、直棂窗等（图 6.33）。

2. 可呼吸的墙体

为适应重庆地区湿热的气候,山地传统
民居采用蓄热系数、传热系数都较低的墙体
材料,如竹、木、土等,并采取当时的手工
工艺对墙体做一定的处理以加强其通风散
热性能。该地区典型的竹篾夹泥墙就在主
体结构骨架(柱、坊)之间将竹篾手工编
织成多层网状,将编织好的网状竹篾的上
下两端卡在坊上作为房屋墙壁,然后在墙
壁的内外抹上起到黏结作用的泥土以加固
墙体,泥稍干后即可涂抹白色石灰,整个
墙体厚约一寸[①](图 6.34)。

图 6.33　通透的门窗

图 6.34　竹篾夹泥墙

这种墙体热工性能良好,因墙体材料的蓄热系数较低,在炎热夏季该墙体因
太阳辐射吸收的热量容易散出,从而使室内温度能较快降低;在冬季则因竹材、
泥土等材料的传热系数较小而具有较好的保温性能;此外,竹篾编织的墙壁孔隙
率高,吸湿性强,利于在高湿的气候条件下保持墙面干燥,故被称为可呼吸的墙
体,其良好的通风除湿性能对重庆地区高温高湿的气候环境有较强的适应性。

---

① 1 寸≈0.0333m。

3. 猫儿钻、老虎窗、亮瓦

山地传统民居除在檩条与瓦之间留有一定的缝隙，以形成通风散热的屋面，来适应湿热气候外，还在屋面设有一些具有地域特色的构造措施以弥补其不足，如猫儿钻、老虎窗、亮瓦。将屋面的几片瓦立着叠放形成猫儿钻，瓦片的多少和倾斜角度能满足挡雨需求即可；老虎窗是在垂直于屋面正脊方向上设置的"人"字形坡面，其极大地丰富了屋面的视觉效果；亮瓦则是将屋顶的少数砖瓦用透明瓦片代替，以加强室内采光（图6.35）。这些屋顶的细部构造措施除了有利于顶层空间的通风散热外，还有利于房屋的自然采光。

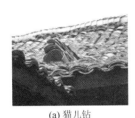  

(a) 猫儿钻　　　　　　(b) 老虎窗　　　　　　(c) 亮瓦

图 6.35　屋面特殊构造

6.5　综合权衡的住区规划布局

现代山地住区的生态设计策略，从宏观到微观贯穿整个设计过程，其规划布局就是从宏观层面综合考虑气候、地形等自然要素对住区建设的影响，即通过对基地要素的综合分析，确立布局原则，充分考虑各自然要素对规划布局的影响，从而减少对山地生态的破坏。山地传统民居的选址布局已形成了较为丰富的生态经验，如背山面水的选址模式、紧凑密集的群体布局、自由灵活的交通组织，这些生态经验的背后蕴含的内涵是和谐整体的设计思维，这对现代山地住区的规划布局有借鉴之处（表6.2）。

表 6.2　总体布局策略

宏观层面	山地传统民居的生态营建观	山地传统民居的营造经验	生态适应性	设计策略
选址布局	"和谐整体"的设计思维；充分尊重自然环境，全面考虑各场地要素之间的关系，综合权衡其对房屋建造活动的影响	背山面水、择高而居的选址	辨方位、水、风、地形，择宜居之地，利于通风散热	综合权衡地基地质、地形、气候、景观等各要素的布局原则
		错落有致、密集紧凑的群体布局	顺应山地地形的聚落形态，适应湿热气候的密集紧凑布局	兼顾气候与地形的规划布局
		自由灵活、随性就势的交通组织	依山等高线自由组织道路交通	合理的竖向道路设计，并选择适当的车行路网

　　山地住区的规划布局往往受很多因素的限制和影响，因此需要从全局上去把握和兼顾各种因素。重庆地区气候具有高温、高湿、风缓、日照少的特点，即整体生态条件比较严苛。因此在山地住区规划布局中，应站在全局的高度，同时兼顾坡度、坡向等地形要素及日照、风速、风向、降水等气候要素，从而使建筑取得有利的生态条件。当各种要素难以兼顾时，应进行适当的取舍，抓主要因素忽略次要因素；同时充分利用重庆地区多变的地形、河流湖泊及植被绿化等因素所形成的局地小气候，在具体的规划布局中，综合权衡以改善建筑外部生态条件。

6.5.1　综合分析基地要素的布局原则

1. 影响总体布局的基地要素

　　1）地质。在山地住区的建设中，安全性是最根本保障。因此其设计之初应仔细考察场地，并利用地勘资料、实测地形等分析基地的土壤、地质、水文条件，从而选择地质状况良好、承载力适宜、无潜在地质灾害的地块进行规划布局，进而规避地质断层和各种地质灾害易发地带，确保山地建筑的安全性。如果遇到不利地质条件，应该采取相应的处理方法来改善地质条件，以增加建筑的安全性（表 6.3）。

表 6.3　建筑地基地质标准

类别	土层及岩层情况	允许荷载/(kg/cm²)	地下水位	建筑条件	施工准备	评价	附注
I	土层厚度：0.5m 以下 岩层：砂岩为主，地质坚实	5	低	好	很少	优	
II	土层厚度：0.5～1.0m 岩层：砂岩、页岩为主	4～5	低	较好	少	良	本表所划分的类别是根据部分地区的一般调查分析，按照土层厚薄、优劣和建筑地基条件制成的，仅供参考
III	土层厚度：1～2m 岩层：以页岩为主	3～4	一般	尚可	一般	中	
IV	土层厚度：2m 以上 岩层：以实土层及承载力较差的岩层为主	2.5 以下	较高	差	较高	可	
V	有滑坡、塌方现象的土层及岩层	—	高	很差	极大	劣：不宜建筑	

　　2）地形。山地住区的建设成本较平原要高，而且不同坡度的地形住区建设成本也有较大差别。当然，从建设技术角度而言，各种坡度的地形都可以修筑建筑，但是坡度越大，建筑的设计与施工难度会越大，对生态环境的改变也就越大。从集中修建的住区而言，坡度较大的基地建设成本较大，因此应选择合适坡度的地形，从而确保山地地形的可建性。重庆大学的唐璞根据多年对山地建筑的实践研

究，在其著作《山地住宅建筑》一书中提出了丘陵山地坡度分级标准，通过坡度来划分坡地的类型，确定其可建性，这对现代山地住区的布局设计具有重要的指导意义（表6.4）。

表6.4　丘陵山地坡度分级标准

坡地类型	坡度	住宅布置及设计基本特征
平坡地	3%以下	基本上是平地，道路及房屋布置很自由，唯需注意排水
缓坡地	3%～10%	住宅区内车道可以纵横自由布置而不需要梯级，住宅群体布置不受地形的约束
中坡地	10%～25%	住宅区内需要梯级，车道不宜垂直等高线布置，住宅群体布置受到一定限制
陡坡地	25%～50%	住宅区内车道需与等高线成较小锐角布置，住宅区布置及设计受到较大的限制
急陡地	50%～100%	车道上升困难需曲折盘旋而上，梯道需与等高线成斜角布置，建筑设计需作特殊处理
悬坡地	100%以上	车道及梯道布置极困难，一般不适于作建筑用地，修建房屋工程费用大，建筑设计需做特殊处理

3）气候。现代住区设计中一个非常重要的要点在于如何利用气候要素创造宜人的室内环境。在重庆这种云雾多日照少的湿热山区，良好的自然通风非常重要，不仅有利于除湿，而且可以降低机械式通风降温手段所带来的能源消耗，是提高民居舒适度的有效途径。但重庆地处西南山区，全年静风频率较高，这种情况下季节主导风向往往并不是决定建筑布局的主要风向因素，而随山地地形高低起伏形成的地形风例如，山谷风、水陆风、庭院风等与建筑布局的关系更为紧密。因此在山地地区建筑总体布局时应充分利用其山地地形这一风向特点进行合理的规划布局，通过引导地形风来促进建筑的自然通风，创造适宜的局部小气候。

4）景观。在山地住区中，基地内景观资源较为丰富，景观朝向也成为住区建设的考虑因素，如沿河而建、坐山而居，利用丰富的山水资源建设具有良好景观视野的居住环境。

2. 综合考虑基地要素的总体布局原则

山地地区的建设条件比较严苛，完美地块数量稀少，大多数地块都呈现为有利有弊的、复杂的基地条件，山地住区的总体布局需综合权衡各种影响要素，在保证安全性的基础上，权衡考虑地形、景观、气候等各方面的需求，从而综合确定布局方案。根据不同基地的特点，大体可以分为地形、气候、景观这几种导向性布置原则。

在以地形导向性为布局原则的基地中，复杂多变的地形作为其根本的决定因素，在依地形布置建筑的基础上，综合考虑基地内的坡向，巧妙利用自然环境或建造手段来改善不利朝向所带来的室内热环境；在以气候导向型为基地布局的原则中，就需要考虑山的南北坡的日照充足程度和有利于通风散热的风向；在以景观导向性作为基地布局的原则中，山水等景观要素成为设计布局的首要布局因素，而有时候气候朝向与景观朝向并不能完美一致，这时需要优先考虑室内的景观性，然后通过建筑手法进行遮阳处理。

综合上述分析，住区总体布局应综合分析地形、气候、景观等各影响要素，选择其最为重要的决定性因素，并在此基础上趋利避害，择优而建。

6.5.2　充分考虑气候与地形的规划布局

1. 满足日照、通风的朝向与间距

就重庆地区湿热的气候条件而言，在选择布局方式时应充分考虑利用通风除湿。夏季温度较高需要通风散热，冬季日照较少则需纳阳保温，因此在建筑朝向、建筑间距选择上要在满足自然采光的基础上保证最为有效的自然通风。

（1）建筑朝向

对于居住建筑而言，把握的原则就是夏季防日晒，冬季多日照。就重庆地区而言，夏季高温冬季偏冷更是如此。从地理学上分析，重庆地区夏季太阳入射角大，太阳照射住宅南向房间的深度较小，遮阳措施能够得到最大的遮阳效果，通过门窗传递的太阳辐射也较少；而在冬季，太阳高度角大，南向房屋获取的太阳照射时间和深度都较多，通过门窗传递的太阳辐射也较多，这样南向房间具有冬暖夏凉的特点（图 6.36）。从夏季防热和冬季纳阳的角度考虑，重庆地区南偏东 37°到南偏西 37°的朝向为最佳朝向。

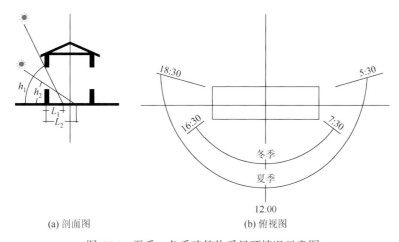

(a) 剖面图　　　　　　　(b) 俯视图

图 6.36　夏季、冬季建筑物受日晒情况示意图

h 为角度；L 为距离

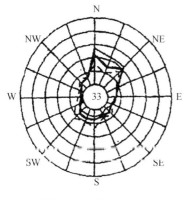

图 6.37　重庆风玫瑰

就通风而言，重庆处于东亚季风区，冬季以偏北风居多，夏季偏南风居多，全年风频最高的风向为北风到东北风区间（图 6.37）。建筑朝向选择以南向到南偏西 45°或北向到北偏东 45°，有利于重庆地区建筑的通风散热。

因此据上分析，综合考虑冬、夏两季日照与自然通风因素，发现南向到南偏西 22.54°是重庆地区建筑的最佳朝向区间，而南偏西 22.5°～37°和南向到南偏东 22.5°是相对次好朝向区间。

需要指出的是，这个最佳朝向区间范围是根据区域气候特征，在无地形遮挡的条件下推算出来的结果。但是在具体的山地条件下，地形主导的微气候可能与区域气候不一致。在重庆地区风速较小，静风频率较高的条件下，必须优先考虑风的影响，有时候局部地形风的频率和作用甚至高于地区主导风向。在这种情况下，进行建筑规划布局的时候应该充分权衡地区主导风向和地形风之间的影响，从而充分利用好各种风向资源（表 6.5）。

表 6.5　地形风的利用

类别	平、剖面布置图示	原理	案例	说明
山谷风	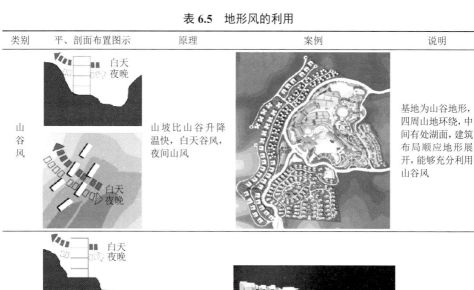	山坡比山谷升降温快，白天谷风，夜间山风		基地为山谷地形，四周山地环绕，中间有处湖面，建筑布局顺应地形展开，能够充分利用山谷风
水陆风		地面升降温皆快于水面，白天风从水面吹向地面，晚上风从地面吹向水面		靠近水面建筑低矮，后排建筑则渐次升高，这样能充分利用从水面吹来的水陆风

续表

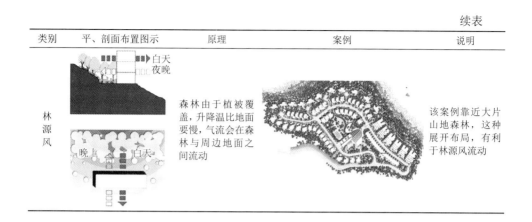

类别	平、剖面布置图示	原理	案例	说明
林源风		森林由于植被覆盖，升降温比地面要慢，气流会在森林与周边地面之间流动		该案例靠近大片山地森林，这种展开布局，有利于林源风流动

（2）建筑间距

重庆处于我国光气候分区中第五区，年平均总照度弱，全年的日照时数少，如果能争取到足够的日照时间，那么能够较大幅度改善重庆住宅的居住条件。住宅的日照与住宅规划布局间距的控制有很大的关系，因此采用合理的建筑间距对重庆住区设计有着重要意义。在《城市居住区规划设计规范》中对住宅日照标准作了规定：重庆地区属于Ⅲ类气候区的大城市，以大寒日为标准，居住建筑底层窗台在大寒日应保证有效连续日照时间不得少于 2h（表 6.6）。

表 6.6　住宅建筑日照标准

气候区划	Ⅰ类、Ⅱ类、Ⅲ类、Ⅶ类气候区		Ⅳ类气候区		Ⅴ类、Ⅵ类气候区
	大城市	中小城市	大城市	中小城市	
日照标准	大寒日				冬至日
日照时数/h	≥2	≥3			≥1
有效日照时数/h	8～16				9～15

日照间距的计算公式为 $L = H/\tan\alpha$，式中，L 为日照间距；H 为前排建筑后墙檐口高度与后排住宅底层窗台高度的差值；α 为冬至日正午的太阳高度角，重庆地区冬至日正午时的太阳高度角 $h = 40°16'$，经计算重庆日照间距系数为 1.18，$L = 1.18H$。这表明在重庆地区，基地平整情况下，前后建筑间距控制在不小于建筑高度 1.18 倍的情况下可以满足基本的日照需求。

前述是在假设基地平整条件下的理想数据，在实际情况中，由于复杂的山地起伏地形，前后建筑并不一定处于同一绝对标高，这样建筑间距的控制需要考虑这个地形坡度和高差。就重庆地区而言，在山的南坡方向上的建筑阴影较平地上的建筑的阴影要小，坡度越大，阴影越小；而在山的北坡，这种情况相反，而且

坡度越大，阴影越大。以平地日照间距系数 1.1 为基数，通过作图法可知正南坡
和正北坡各典型坡度下的日照间距系数见表 6.7，在北坡 40° 及以上坡度冬至日前
后因为山体遮挡无日照，故不做分析。所以，位于山南的建筑的日照间距可以适
当缩小，坡度越大，缩小距离越大，这样也有利于节约用地面积。而山的北坡则
刚好相反，其建筑间距应较平地适当增加。

表 6.7　重庆地区正南坡和正北坡各典型坡度下的日照间距系数

坡度	正南坡日照间距		正北坡日照间距	
	日照间距系数	折减值	日照间距系数	折减值
0°	1.1	1.0L	1.1	1.0L
10°	0.92	0.84L	1.61	1.46L
20°	0.79	0.71L	2.50	2.27L
30°	0.67	0.61L	4.75	4.32L
40°	0.57	0.52L	—	—
50°	0.48	0.43L	—	—
60°	0.38	0.34L	—	—

另外，就通风的角度而言，建筑群的布置间距也会影响建筑群体中的风向和
风速。布置间距越小，通风效率越低，经验数据表明，当建筑间距与高度为 2∶1 的
时候，通风状况良好，当这个比值缩小到 1∶1 的时候，通风效率会下降。这个比
值是指平地状况下，在山地地形中，加入坡度这个变量因素，这个比值会相应有
所调整，在迎风坡上，这个比值可以缩小一点，也就是间距可以缩小；在背风坡
上，则需要扩大间距。据资料显示，当风垂直吹向建筑时，如果要在后排建筑迎
风面保持正压，建筑物的间距一般要求在 4～5H 及以上，若要恢复到原来的自然
气流状态，则建筑物的间距应为前排建筑高度的 6H。当建筑间距为 3H 建筑高度
时，后排建筑的风压开始下降；当建筑间距为 2H 建筑高度时，后排建筑风压显
著下降；当建筑间距为 1H 建筑高度时，后排建筑的风压接近零。另外，建筑迎
风面的长度、深度、高度对建筑通风间距有较大影响，当其深度不变，其长度和
高度增加时，其所需的通风间距也需要增加，而当其长度和高度不变，深度增加
时，其所需的通风间距降低（图 6.38）。

2. 地形制约下的规划布局形式

山地住区的规划布局形式不仅受气候条件约束，还受地形条件的约束，而通常
情况下，地形的制约是规划布局的最大限制因素。一方面是由于气候因素还可以通
过设备维护来实现室内的舒适热环境；另一方面是由于山地地形条件往往不易改造。

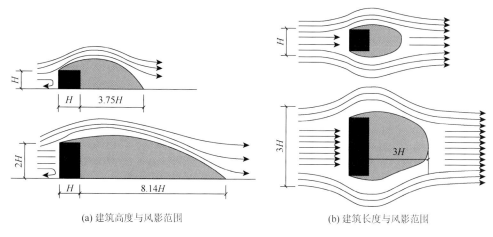

(a) 建筑高度与风影范围　　　　　(b) 建筑长度与风影范围

图 6.38　建筑高度、建筑长度与风影范围关系图

在大量的实践中，重庆山地地区也总结出了一些基本的适应地形的布局形式，从类型学上来讲，这些规划布局形式大致可分为组团式、带状轴线式、分台组合式等几种。

1）组团式布局。复杂山地地形通常适合采用组团式布局形式，这种形式能够化整为零，化劣势为优势。住区随地形分片布置成组团，每个组团相对独立而又互相联系，由道路、水系、绿化连接成一体。整个布局依山就势，自由而富于变化（图 6.39）。

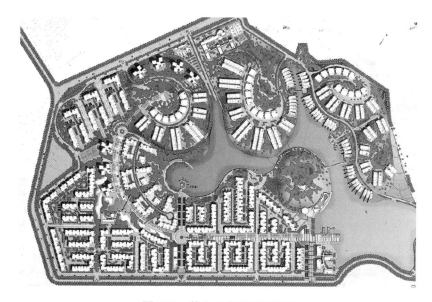

图 6.39　某小区总平面示意图

2）带状轴线式布局。山地中许多山连成山脉，在地形上形成了连续蜿蜒的线性地形特征，在这种地形条件下的建筑规划布局通常呈带状，具有主轴线，建筑群沿该轴线展开，规模大的建筑群还会通过相联系的支轴空间向周边发展，这种布局形式会有强烈的序列空间效果。川心居住区规划用地位于南山山谷，其间有南山河和驷马河两条河流经及两条宽约为 5m 的硬质路面道路，受地势影响，基地呈狭长形，在整体规划布局时，将两条河流作为天然的景观轴线空间，因受地形限制该景观轴线蜿蜒曲折，平行于等高线自由发展，将六大组团连为一体的带状轴线式布局（图 6.40）。

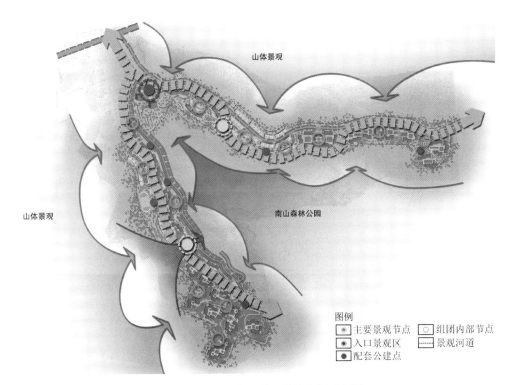

图 6.40　川心居住区景观轴线分析示意图

3）分台组合式布局。分台组合式布局是根据地形的高差，把坡地分成若干个不同的平台，尽量顺应原始地形的格局，以减小对山体的破坏，各平台通过踏步或坡道相连，从而形成对起伏地形适应性强的规划形态。川心居住区 a 片区地块 3 地形高低起伏，七块平整用地零散分布，且相对高差较大，该地块的规划布局采用分台组合式，根据具体地形地貌及坡度将这些平整用地分成不同标高的平台，建筑依山体层级跌落，通过原有枝状的车行道路相联系，组合成高低变化且集中紧凑的空间结构（图 6.41）。

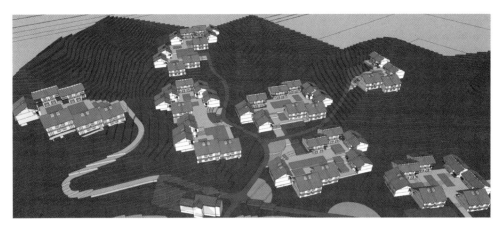

图 6.41　川心居住区 a 片区地块 3 鸟瞰图

6.5.3　合理竖向设计的交通组织

山地住区的交通组织结构的选择主要取决于基地地形，一方面要在满足山地道路爬坡要求的基础上有效地设计道路结构，使其能满足整个区域的功能要求；另一方面又要注意道路与山地地形的协调，通过合理的竖向组织，尽量减少对生态环境的破坏。最大限度地完善室外空间，保护山体环境，这是山地住区交通组织的核心问题。

1. 车行交通组织

对于现代住区而言，车行交通是非常重要的交通方式，它不同于人行交通的适应性，车行交通对场地的要求、道路的安排有着较高的要求，如车道宽度、转弯半径、坡度坡长要求等（表 6.8）。对于山地建筑而言，地形对车行交通的约束更为明显。

表 6.8　公路陡坡限制坡长

纵坡度/%	限制坡长/m
5～6	800
6～7	500
7～8	300
8～9	200

在山地道路建设基本参数的基础上，根据山地地形选择车形道路结构，按照地形的不同，相应的道路结构也有不同形态：枝状路网结构、环状路网结构、主线状路网结构和综合型路网结构（表 6.9）。

表 6.9 山地住区车行道路结构

车行道路结构	实例分析	说明
枝状路网结构	 重庆浩博天地	基地高差变化大,地形变化复杂,利用枝状路网结构能够较好解决场地高差衔接问题,但是尽端路较多,小区内联系不方便
环状路网结构	 重庆凤凰花园	当用地范围较为规整,场地中央为中心景观,道路组织环绕景观形成二层环路,这种路网结构车行交通联系紧密
主线状路网结构	 重庆纳帕溪谷	基地呈带型,而且位于坡地单一侧,采用主线状路网结构,较好地顺应了山势
综合型路网结构	 重庆开州川心居住区	基地内地形条件非常复杂,单一构型的路网结构无法较好解决场地内的交通问题,而且场地规模很大,采用综合的路网结构,因地制宜地解决场地车行交通问题

1)枝状路网结构。有的山地地形较为复杂,山坡与山脊较多,适宜于建设

的用地基本上为线性分布，或者分布高差很大。这种条件下的道路组织形式一般为枝状路网，这种路网形式端头多为尽端式。

2）环状路网结构。环状路网结构适用于地形较为规整的基地，可以为平地，也可以适应于简单的山地地形，如一个山头或一片山谷地。环状路网可以顺应等高线布置，形成结构完整的平面布局。

3）主线状路网结构。当场地呈带状用地，而且基地空间形态为单一坡地，可以采用主线状路网结构，建筑组织在道路一侧，这种形式与枝状路网结构优势一样，能够较好地利用山地走势，形成的空间景观与山势地形有较好的契合。

4）综合型路网结构。当场地内地形条件非常复杂，单一构型的路网结构无法较好解决场地内的交通问题时，或者场地规模超大时，可以将上述几种路网结构进行复合形成综合的路网结构，因地制宜。

2. 人行交通组织

人行交通相对于车行交通要灵活得多，因此，布局形式也自由得多。车行交通以便捷通畅为主，人行交通在便捷之余，往往讲求步移景异的景观趣味。对山地而言，一方面，便捷的步行系统非常重要，因车行交通受约束很大，而步行交通能够适应各种各样的坡度变化；另一方面，在山地地形上组织步行道路，地形的高差变化带来空间的转换和分割，具有独特的三维立体景观。

人行交通从组织形式来看，有人行坡道和台阶两种，人行坡道有着具体的坡度要求，台阶通过踏步与平台的结合可以适应大部分的地形坡度情况（图 6.42）。

图 6.42　某小区人行交通

另外，人行交通与车行交通可以分离也可以一起设置，在平地上，这两者通常合二为一，而在山地地形里，人行交通与车行交通在结合的基础上通常分设。而且值得一提的是，通过不同标高的分设，能够较好地实现人车分流，同时保证人行交通系统的空间降噪和景观质量（图 6.43）。

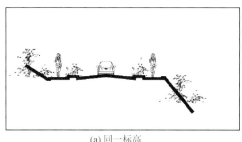
(a) 同一标高

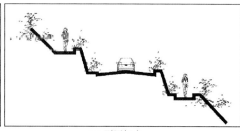
(b) 不同标高

图 6.43　车行交通与人行交通组织

总之，人行交通系统的考虑应该以人为本，在设计中应更多地考虑居民的感受，以及考虑其便捷性、趣味性、休闲功能等，充分发挥山地地形人行交通的立体空间景观效应。

6.6　动态应变的住区单元空间形态

住区单元空间形态设计是中观层面的内容，山地传统民居在这一层面的生态经验主要体现在采用关联性的营建策略来应对地形、气候等自然环境，笔者将其归纳为动态应变的设计思维。从现代生态建筑学的角度而言，山地传统民居是通过灵活应变的空间形态的设计来适应自然限制因素，以最少的能源消耗来创造符合人们舒适度要求的居住空间，这为现代山地住区的生态设计提供了可借鉴性的思路和手法（表 6.10）。

表 6.10　空间形态策略

中观层面	山地传统民居的生态营建观	山地传统民居的营造经验	生态适应性	设计策略
空间形态	动态应变的设计思维：营建策略的关联性，采取多层面的营建措施去解决一个生态问题，或采用一种营建措施综合解决多个生态问题，最大限度地节省资源	灵活的平面组合	灵活分解体量以适应地形，扩展方式和功能空间划分自由	依地形灵活组合单元平面、设置入户层
		庭院空间	区分梯度空间以加强通风散热，改善大进深采光问题，消化场地内部高差	平面上合理组织通风路径和套内温度分区，剖面上加强热压通风
		檐下空间、吊脚空间、屋顶空间等过渡空间	构造气候缓冲区，遮阳避雨、通风散热	利于休闲、适应气候等多重功能的过渡空间

6.6.1　顺应地形的灵活空间组合

山地传统民居依山而建，呈现高低错落的空间形态，其根据山地地形形成的灵活多变的空间形态对现代山地住区中的空间组合设计有一定借鉴意义。

1. 住宅单元群体空间组合

（1）自由行列式

将平地最常见的直线行列式的住宅单体化整为零，通过错动形成变化的行列式，这种变化原因通常如下：一是顺应地形的变化，每一个错动的单体依附于地形有不同的标高；二是朝向，通过错动扭转，保证整体顺应地形的同时，再保证每一户的南向朝向（图 6.44）。在川心居住区 b 片区地块，住宅通过因地形等高线变化，而将各单元进行前后错动以取得与地形和道路的

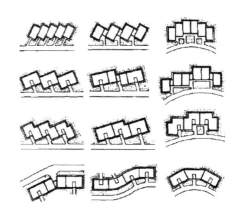

图 6.44　自由错动的行列式组合示意图

契合，同时通过前后两排住宅的错动还可形成院落空间，为居民提供公共休闲场所（图 6.45）。

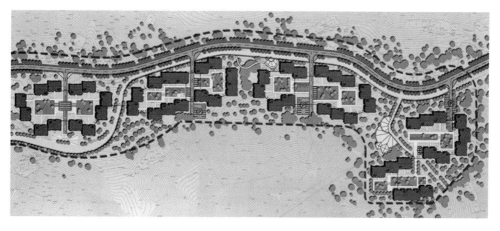

图 6.45　川心居住区 b 片区地块平面图

（2）围合式化整为零

围合式实际上是我国传统院落空间的一种衍生，传统院落是以四周为方位，其中为院落，强调的是围合的形制。但现代生活方式发生了变化，多以小家庭聚

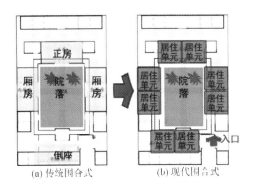

图 6.46　院落空间的重构

居，通过竖直交通空间来组合两个或多个户型的"居住单元"，是现代住区平面组合中的基本组成单元。因此现代住区的围合式是通过对传统民居进行重构了的围合空间，强调的是空间的围合，将传统民居中的正房、厢房、耳房等围合院落的房间转化成现代住区中的一个个独立的居住单元，以居住单元为基本单元重新组合成新的围合式空间（图6.46）。

此外，现代住区建筑体量相对传统民居，其体量更大，借鉴传统民居院落式布局的思想，还可将大体量型建筑化整为零。以居住单元为模块，根据山地地形的变化进行自由的重新组合，这种化整为零的重组可以消除围合式布局与山地地形的矛盾，且其围合院落不但具有传统院落的空间特色，亦具有山地院落竖向性的独特个性，是传承亦是创新与突破（图6.47）。

按照这个思考方向，笔者选取 6个居住单元为模块，对这种围合式布局进行了不同可能性的探索。如图6.48 所示，打破规则的院落形制，继承院落空间围合式的图底关系，随

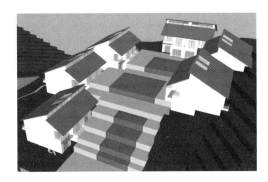

图 6.47　山地院落

着模块的增加，建筑群和院落呈现一种生长状态，这种半围合式的拓扑结构可以不断扩大。在这个过程中通过组合方式的变化可以实现不同的围合度和空间感受，能灵活地适应山地地形（图6.48）。

2. 住宅单体空间组合

（1）平面上的组合

住宅单体的平面组合主要是户型内各功能房间的组合，因现代住宅采用的是框架结构体系，其房间的尺寸都以相同的模式进行设计，这就给平面组合带来了一定的可变性。在同一个框架体系下，采用轻质材料作为分隔墙，灵活隔断各空间，有利于住宅内部的可选性和可变性，可提供满足各家庭生活需求的户型。图6.49 为同一住宅平面的多种组合形式，根据不同的家庭成员构成形成不同的户型空间。

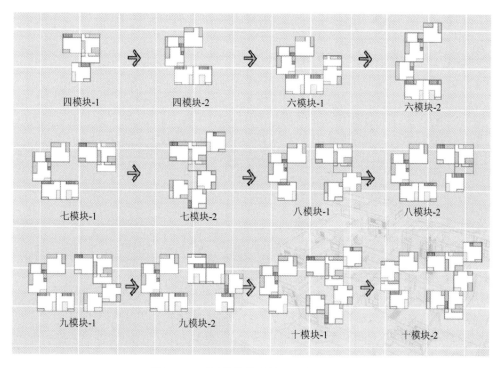

图 6.48　不同模块数量的组团单元建构

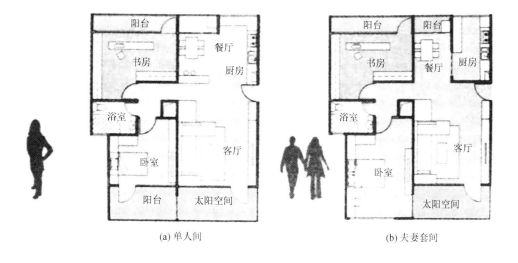

(a) 单人间　　　　　　　　　　　　　(b) 夫妻套间

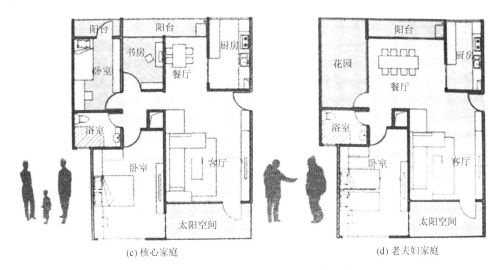

(c) 核心家庭　　　　　　　　　　(d) 老夫妇家庭

图 6.49　同一住宅平面的多种组合形式

（2）竖向上的组合

在山地传统居住区中，住宅单体的竖向空间组合主要与地形有关，在山地地形条件下，为减少对山体的破坏，在住区建设中应尽量让住宅依附地形而建，通过协调住宅内部的空间来实现建筑与山体的完美契合。

3. 住宅出入口设置

灵活的空间组织及多样的接地方式会形成多样的入户方式。山地住宅出入口的设置，与山地道路的组织有密切的关系。根据道路和建筑标高的不同，入户选择不像平地多从底层入户，山地住宅可以分为底层入户、顶层入户、中间入户和多层入户等。

（1）多、高层单元式住宅

多、高层单元式住宅的入户选择与建筑所处地地形有很大的关系。地形坡度较缓，建筑两侧高差不大，建筑适合底层入户；地形坡度较陡，道路与建筑低层标高可能相差较大，这时通常选择中间层入户，能够缩短交通距离；地形非常陡，坡度极大，建筑也可以在顶层入户，然后交通流线向下组织。

在实际住区建设中，建筑与道路不同标高的衔接可能会产生不同高度的出入口，这时应将上述多种单层入户形式加以综合形成多层入户，这样不仅缩短了住宅交通距离，而且在人车分流、减小干扰方面有着很好的优势（表 6.11）。

表 6.11　多、高层单元式住宅出入口设置形式

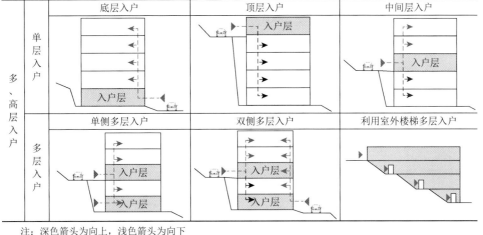

注：深色箭头为向上，浅色箭头为向下

（2）低层、低密度住宅

别墅、联排类低层、低密度住宅出入口的设置，不同于多、高层单元式住宅，它与室内平面和竖向上的功能空间组合有密切的联系。低层住户一般有自己的独立车库，在出入口的设置上就有车行入口与人行入口之分，根据住宅的车行与人行出入口的不同设置位置和形式，可大致分为车行与人行出入口均位于底层、中间层、顶层三种形式。值得注意的是应合理组织流线，保证室内空间组织的动静分区，客厅、厨房等房间多需随入户层设置，而卧室等私密空间的布置应较为隐私（表 6.12）。

表 6.12　低层、低密度住宅出入口设置形式

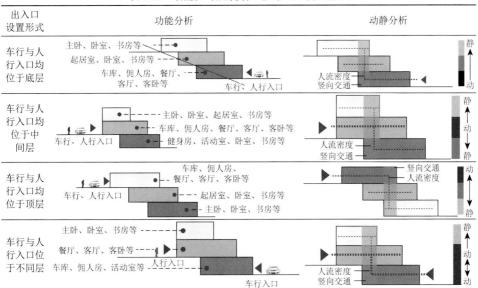

　　如图 6.50 的别墅，其人行出入口与车行出入口分别位于中间层和底层，为了保证室内的动静分区，将客厅、餐厅、厨房等主要活动空间与人行出入口同层设置，影音娱乐室因较为嘈杂而与车库同层设置，而需要安静环境的休息空间则设置在顶层，这样就很好地实现了功能空间的动静分区。

(a) 地下一层平面 −3.000　　　　　　　(b) 一层平面 ±0.000

(c) 二层平面 3.000

图 6.50　某别墅平面图（单位：mm）

6.6.2　通风隔热的功能空间

1. 利于通风的空间组合

在套内空间组合中，设计合理的通风组织、保证良好的自然通风是湿热重庆地区住宅设计的关键。自然通风主要是通过风压和热压差形成的空气流动来降低室内的温度与湿度，即引入新鲜空气改善室内的舒适度。因此在住宅平面设计和剖面处理上应在满足使用功能的前提下尽可能做到自然通风。

（1）平面组织加强风压通风

从图 6.51 可以看出，与单侧窗通风相比，穿堂风的平均风速是其两倍，因此为了提高风压的通风效率，要在平面组织中尽可能地设计穿堂风。在户型的平面设计中，穿堂风的通风路径主要通过各功能空间的组合而成，为保证其通风效率就需要使其通风路径通畅。笔者认为在户型设计中可以通过以下几种途径来做改善：南北向房间及其门窗应尽量对位布置，避免通风死角，使进深方向的空间开敞利于形成穿堂风；迎风面应尽量布置大空间或导风空间，如客厅、入户花园、凹阳台等，通过加大进风口面积来加强风压；户型平面设计应尽量做到大面宽、短进深，缩短通风路径以提高穿堂风的效率。

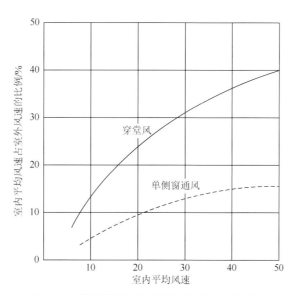

图 6.51　单侧窗通风与穿堂风的通风效果对比

平面风压通风与建筑洞口（门、窗洞口）的位置、面积关系密切，就此重庆大学暖通专业做过相关的实测和软件模拟分析，本书将其实验结果整理如下，见表 6.13。

表 6.13　开窗位置、面积对室内风速的影响

垂直型　　侧过型　　穿堂型　　错位型　　正排型　　侧穿型

不同开窗位置室内风速值对比

开窗相对位置设计形式	点 1 风速/(m/s)	点 2 风速/(m/s)	点 3 风速/(m/s)	室内平均风速/(m/s)	最大风速/(m/s)
垂直型	0.03	0.16	0.07	0.09	0.18
侧过型	0.05	0.04	0.03	0.04	0.07
穿堂型	0.06	0.21	0.04	0.10	0.22
错位型	0.18	0.09	0.04	0.10	0.20
正排型	0.01	0.03	0.01	0.02	0.07
侧穿型	0.19	0.06	0.01	0.08	0.19

开间的1/6　　开间的1/3　　开间的2/3　　出口大于入口　　入口大于出口

不同开窗面积室内风速值对比

开口宽度	点 1 风速/(m/s)	点 2 风速/(m/s)	点 3 风速/(m/s)	室内平均风速/(m/s)	最大风速/(m/s)
开间的 1/6	0.04	0.15	0.04	0.08	0.16
开间的 1/3	0.06	0.21	0.06	0.11	0.22
开间的 2/3	0.13	0.20	0.13	0.15	0.21
出口大于入口	0.03	0.19	0.03	0.08	0.21
入口大于出口	0.09	0.18	0.09	0.12	0.18

从表 6.13 中可以得出以下结论。

1）就门窗洞口的相对位置而言，垂直型的开窗位置的气流走向为直角转弯，有一定阻力，使室内通风不流畅，虽然最大的风速可达 0.18m/s，但室内涡流区明显，通风质量下降；侧穿型的通风直接、流畅，但室内涡流区明显，涡流区通风质量不佳，而且通风覆盖面积小，因此，这二者具有一定的采用价值。

穿堂型和错位型具有较广的通风覆盖面，通风直接、流畅，室内涡流区较小，阻力小，通风质量就好，二者产生的室内最大风速大于等于 0.20m/s，且平均风速也达到了 0.10m/s，因此这两种形式在条件允许的情况下应优先考虑。

2）就门窗洞口的面积而言，当门窗开口宽度为开间宽度的 1/6 时，室内的风速值较小，而且覆盖面少，可见低于开间宽度的 1/6 时，门窗面积不利于增强自然通风效果。当门窗开口宽度增加到开间宽度的 2/3 时，室内气流覆盖面积大，室内平均风速也是几种对比形式中最大的，当窗宽超过房间宽度的 2/3 时，室内风场变化不大，因此在情况允许的情况下，窗户的开口面积可取开间宽度的 1/3～2/3，其通风效果最佳。

另外，利用空气动力学的原理，控制进风口的面积和出风口的面积可以改变进风口的风速和出风口的风速。当进风口小、出风口大时，流入室内的风速可能比室外的平均风速大，因而可以增强自然通风的效果；当进风口大、出风口小时，流入室内的风速小，室内覆盖面广，涡流区不明显，整个室内都能感觉到气流，从而能提高室内的舒适度。根据实际情况，可通过加大进风口面积减小出风口面积，或加大出风口面积减小进风口面积来达到通风要求。

（2）剖面组织加强热压通风

除户型的平面布置外，剖面设计对住宅的通风也起到很大的影响。户型的剖面主要是通过设置能产生热压差的竖向空间来加强室内通风，如利用楼梯间拔风、跃层等来获得良好的自然通风。

1）利用楼梯间拔风。楼梯作为贯通住宅上下的竖向空间，利用其竖向上的高差作热压通风设计，能起到很好的拔风作用。为了提高楼内通风效率，将上、下空间贯穿的楼梯间做高出屋面处理，如图 6.52 所示，并在高出屋面一侧设置高侧窗作为出风口。夏季将出风口开启，楼梯内因太阳辐射温度高，使热空气上升而从出风口排除，底层入口空间的冷空气进入楼梯间内，从而促进各楼层的空气流动，加强热压通风；冬季将出风口关闭，楼梯内因太阳辐射升温，可为各楼层提供良好的热环境，达到冬暖夏凉的效果。

2）利用跃层通风。跃层空间是水平空间与竖向空间组合而成的室内空间，可通过风压和热压的共同作用实现自然通风，但在设计中应注意将热压通风和风压通风的空间进行合理的组合，尽量保证其通风作用的一致性以加强通风效果。皮阿诺的热那亚建筑工作室是这一方面的典例，通过坡屋顶与顶部跃层空间的组合来使风压和热压综合作用，来加强室内自然通风效果（图 6.53）。

热压通风是通过温度差来形成的，热压的大小取决于建筑室内外空气温度差所导致的空气密度差和进出风口的高度差。热压的计算公式为

$$\Delta P = H(\rho_e - \rho_i)$$

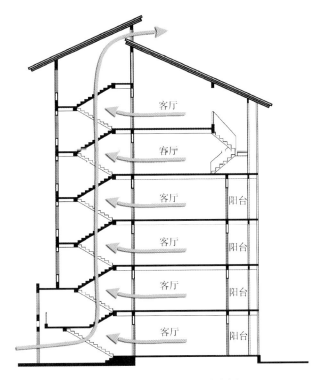

图 6.52　户型 A 剖面风路分析

 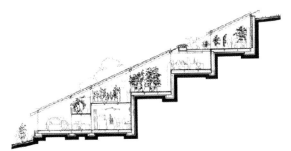

图 6.53　热那亚的建筑工作室跃层通风

式中，ΔP 为热压（kg/m²）；H 为进、出风口中心线间的垂直距离（m）；ρ_e 为室内的空气密度（kg/m³）；ρ_i 为室外的空气密度（kg/m³）。

　　由上式可知，要形成热压，建筑物的进、出风口一定要有高差，热压的大小与高差成正比；此外，室内外空气一定要有温差，从而因温度不同形成密度差，热压也与密度差成正比，这两个条件缺一不可。图 6.54 表示了在热压作用下的自然通风的形成：当室内存在热源时，室内空气将被加热而密度降低，并且向上浮动，造成建筑内上部空气压力比建筑外大，促使室内空气向外流动，同时在建筑下部，不断有空气流入，以填补上部流出的空气所让出的空间，这样形成的持续不断的空气流就是热压作用下的自然通风。

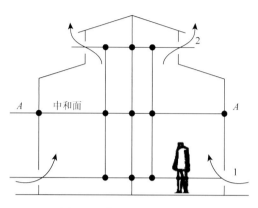

图 6.54　热压下的自然通风

与热压作用相关的两个重要概念是余压与中和面，室内某一点的空气压力和室外同标高未受扰动的空气压力的差值称为该点的余压。余压值从进风孔 1 的负值逐渐增大到排风窗口 2 的正值，而在 A-A 平面上余压值为零，这个面称为中和面。显然，只有处于中和面以下的窗洞，空气才由室外流入室内，并从中和面以上开启的洞口排出室外。热压作用下的自然通风量 N 可用以下公式计算：

$$N = 0.171 \left[\frac{A_1 A_2}{A_1^2 + A_2^2} \right] [H(t_n - t_w)]^{0.5}$$

式中，A_1、A_2 分别为进风口、排风口面积（m^2）；t_n、t_w 分别为室内外温度（℃）；H 为进、排风口高度差（m）。

由上式可知，在室内外的温差不变情况下，如果已知排风口高度差 H 及进风口面积（A_1）、出风口面积（A_2）就可以求出热压通风量。根据数学公式 $a^2 + b^2 \geqslant 2ab$ 可推导出 $ab/(a^2 + b^2) \leqslant 1/2$，即当进、排风口面积 $A_1 = A_2$ 的时候可取得最大值 1/2，而当 A_1 或 A_2 有一个值确定时，只有取两者面积相等时通风量可取得最大值，即排风口与进风口面积之比越接近 1 时通风量越大。

此外，不同高差在不同温度条件下产生的垂直方向的空气压力差也不相同，高差越大、温度越高的情况下空气压力差越大，能产生的烟囱效应也越强，室外环境温度较低时则可能产生反方向的空气压力差，从而发生逆向的烟囱效应，空气从底部排出，将室外空气从烟囱顶吸入建筑（表 6.14）。

表6.14 烟囱效应作用引起的压强差

排风口与	垂直高度空气压力差/Pa				
进风口温度/℃	5m	10m	20m	50m	100m
−10	−2.32	−4.64	−9.28	−23.2	−46.4
0	0	0	0	0	0
10	2.32	4.64	9.28	23.2	46.4
20	4.64	9.28	15.56	46.4	92.8

2. 利于隔热的空间组合

（1）套内温度分区

在户型设计中，各功能空间的使用性质及时间有所不同，从而导致了各房间的舒适度要求有所不同，根据使用时间的长短可以将各房间的热舒适性要求进行排列：客厅、卧室＞书房、餐厅＞厨房、卫生间。然后根据各房间的不同热舒适性需求进行合理分区，将热舒适性要求较低的房间设在太阳辐射加大的一侧，形成热缓冲空间，起到空间隔热作用，如在南北朝向的住宅中，将使用频率较高的客厅、卧室等房间布置在南向一侧，而将使用频率较少的厨房、卫生间、储藏间等布置东西向，以作为缓冲空间阻挡西晒（图6.55）。

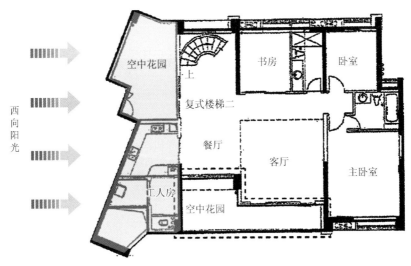

图6.55 辅助房间作热缓冲空间

（2）西向房间处理

在山地地区，为了节约用地或用地受限等原因，住宅不可避免会出现东西向排列，这时西向房间就应采取一些措施以减小西晒的影响：将朝西的房间或阳台的局部进行 45°转；将朝西各个房间处理成 45°错位（图 6.56）；西向的房间采用进深大的凹阳台，从而减少房间的太阳辐射。

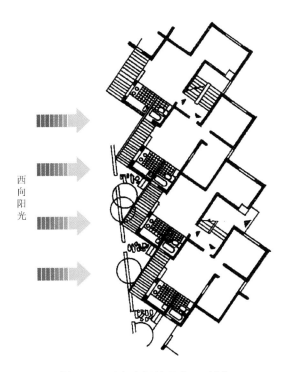

西向阳光

图 6.56　西向房间处理成 45°错位

6.6.3　多重考虑的过渡空间

1. 底层架空空间

底层架空空间在西南山地地区使用广泛，原为适应地形变化，附带通风避湿气的作用，由于西南山地湿气较重，因而这种方法在西南山地应用很广泛。同时其又结合天井、院落布置底层空间。

在重庆地区，许多当代的住区设计中也大量采用底层架空的形式，抛开通风避湿气的作用不谈，底层架空空间还有其他一系列优点：①底层架空空间与庭院空间结合，可以加强自然通风，改善室外微气候环境；②底层架空种植植物，可以营造视野开阔的休闲空间，同时大面积的绿化空间可以降低小区内的室外温度；③底层架空空间可避免夏季烈日和降水的影响，可为居民提供不受气候影响的公共休闲空间，也可以做成入口门厅或商业服务门面，以方便居民生活；④现在家庭拥有的汽车数量快速增长，利用底层架空层可作为停车位，这样就可不再占用专门的土地修建停车场；⑤底层架空空间使建筑物以支柱点接地，与山地地面接触面小，充分尊重了山地原有地貌，从而有利于保护山地生态（图6.57）。

(a) 底层架空种植绿化　　　　　　　　　　　　　(b) 底层架空作为休闲空间

图6.57　住宅的底层架空空间

2. 天井空间

重庆地区风速小，常年静风频率高，若只依靠风压通风来改善室内外居住环境，效果不是很理想，因此常常设置天井空间，因其空间尺度较小所接受的太阳辐射少，内部空气温度低，而外部空气因接受太阳辐射多而温度高，这样天井内外空气因温度差异而形成热压差，从而加强其通风效应，即所谓的烟囱效应。

对于当代重庆山地城市住宅而言，利用天井所形成的风环境对改善室内温湿度十分有效。另外，山地地区普遍建筑密度很高，房间布局很紧凑，天井可缓解由于建筑密度过高或进深过大后中部房间的采光问题。

然而，现代住宅与传统民居的不同是向高空发展，住宅建筑中的天井空间较高，故而存在一些不足之处，如底层房间采光较差、天井内部环境较差等。笔者认为针对上述缺点主要有以下改进措施：若在住宅中设置内天井，应尽量加大其面积，且结合底层架空将其处理成开口式，这样在改善天井内部环境的同时也有利于加强天井内通风；为加强天井的烟囱效应，可将天井设计成高出屋面，并在高出屋面部分设计出风口；若在高层住宅中设置天井，因底层采光和消防问题而不应将其设计成闭合式，应尽量考虑在多个水平方向设置开口；此外将天井的底层处理成夏季可开敞、冬季可关闭的架空式，并在其内种植植物，即可起到冬暖夏凉的作用。

　　天井在建筑设计中的应用往往是根据经验来判断，经验法形成的定性语汇欠缺科学合理的研究，但对尺寸定量化研究具有指导意义。湖南大学一篇博士论文《湘北农村住宅自然通风设计研究》中就采用了定量化的研究方法对天井尺寸与住宅自然通风的关系进行了模拟与优化，其选取了一栋内设天井的农村联排住宅进行了软件模拟，其南北向长度 S 的取值依次取为 8m、4m、2m 三种情况。其模拟结果为：当 S 为 8m 时，夏季一层气流向上流入二层卧室 4，而二层气流则越过女儿墙流入室外，卧室 6 通风效果较差；当 S 为 4m 时，夏季一层气流基本水平流动穿越一层北侧卧室 6，二层气流大部分依然越过女儿墙流入室外，仅少部分流入二层卧室 4，卧室 4 自然通风较差；当 S 为 2m 时，二层气流已无向上流动的空间，除极少部分垂直向上流出室外，绝大部分水平流入二层北侧卧室 4，此时一层气流也水平流入北侧的卧室 6，所有房间均获得较好的自然通风。所以，单以夏季住宅自然通风效果而论，得到天井的最佳定量化模式：以南北向长度为 2m 时最佳，随着天井长度的增加，气流向上运动的趋势将逐步增加，进而导致天井北侧房间自然通风的恶化（图 6.58）。

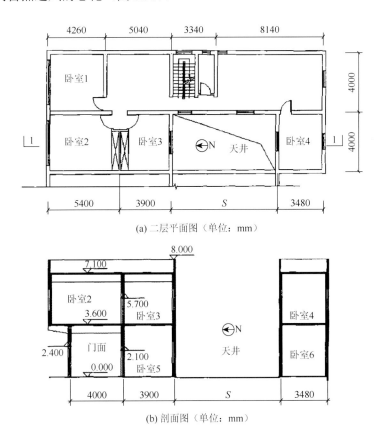

(a) 二层平面图（单位：mm）

(b) 剖面图（单位：mm）

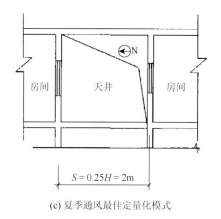

$$S = 0.25H = 2\text{m}$$

(c) 夏季通风最佳定量化模式

图 6.58　某住宅天井通风定量化模式

6.7　因地制宜的细部营建

　　细部营建设计是住区建设微观层面的内容，山地传统民居在这一层面的生态经验主要体现在采用适度合理的构造措施来应对地形、气候等自然环境，改善室内居住环境，就现代建筑生态观而言，这是一种被动式的生态策略，也是传统中庸思想的体现。山地传统民居这种"适中求和"的设计思维，正是现代住区生态建设所需要的，在人们舒适度需求和自然环境的变化规律中找到平衡，采用合理的技术手段来创造与自然环境相融合的人工居住环境，而不是以空调等设备的调节来实现与大自然隔绝的绝对舒适的居住空间，这种设计策略不仅可以减少对自然资源的浪费，而且具有可普适性（表 6.15）。

表 6.15　细部营建策略

微观层面	山地传统民居的生态营建观	山地传统民居的营造经验	生态适应性	设计策略
细部营建	"适中求和"的设计思维：构造措施的适度合理性，在室内物理环境和外部自然环境这两个变化因素之间进行权衡，采取适度的细部构造措施营造实用的、可改善的室内居住环境	因地制宜的建筑接地	根据具体基地地形采用地表式、架空式、附崖式等适宜的接地形式，减少对山地生态的破坏	合理的场地底界面处理方式，同时协调建筑底界面的住宅空间组织，实现建筑底界面与场地底界面的完美契合
		就地取材、因材制宜	选用当地盛产的建材，根据材料性能加以综合利用，适应高热、高湿气候	选用导热系数小、地蓄热性能好的墙体材料
		通透的门窗、可呼吸墙体、屋面特殊构造	通风散热以改善室内微气候环境	双层玻璃幕墙、屋顶阁楼、绿化墙面等防热通风的外围护结构

6.7.1　适宜的底界面处理

在复杂山地条件下，经济合理地处理场地底界面与建筑底界面是山地建筑的关键所在，适宜的底界面处理措施不仅可以保护山地生态环境，还可以提高土地利用率。笔者认为其主要措施是：首先应根据基地等高线变化采用合适的平整场地底界面的方式；其次通过各住宅单元内部空间组织来协调建筑底界面，从而实现建筑底界面与场地底界面的完美契合。

1. 适用于山地住区的场地底界面的处理方式

相对山地传统民居而言，现代住宅的体量较大，功能也较为复杂，但山地传统民居对场地界面的处理手法仍可借鉴，笔者认为目前常用的有筑台和架空两种形式。

（1）筑台

筑台是通过填挖的方式修筑平整台地，根据基地地形坡度、建筑进深的大小及其与场地周围城市道路关系的不同，以场地底界面作单层台地或多层台地处理。若场地较为平整或者住宅的进深较小，一般只修筑单个台地；若场地坡度较大且住宅的进深较大时，就需根据基地等高线将场地底界面处理成多个台地，即分层筑台，各层台地上的住宅空间通过内部楼梯相连，形成层层跌落的屋面形态，这种做法可以避免对基地的过分填挖而破坏山体生态，同时也可使建筑很好地融入周围的地形（图 6.59）。

图 6.59　对场地作分层筑台处理

（2）架空

架空在场地底界面上立支柱以形成平整的建筑底层地面，就形式而言可分为局部架空和整体架空两种形式。整体架空将底层空间全部架空形成通透开敞的空

间；局部架空则是对传统民居中吊脚楼形式的继承与更新。现代建筑的钢筋混凝土框架结构较之山地传统民居的穿斗木结构对复杂的山地地形有更强的适应能力，无论是架空的高度、层数及空间跨度都有了很大的提高，其独立的点式基础使建筑在基本维持场地自然地貌不变的前提下而能矗立于地质复杂、地层不稳的山地陡坡地段，通过调节立柱的长短来适应山地地形（图6.60）。

图6.60　某别墅效果图

2. 协调建筑底界面的住宅空间组织

（1）错层式

为适应山地复杂的地形变化，错层式是根据山体天然高差将住宅内部空间设置在多个标高上，通过楼梯或台阶相连接，错动的高度可根据具体的标高差而定，较为灵活。错层式可以是在套间内，也可以是在各户型之间。

（2）掉层式

当住宅内部底界面的高差达一层及以上时，可将标准层平面的局部做掉层处理。掉层空间可作车库之用，若景观或朝向较好，可布置客厅、卧室或作公共活动空间之用。

（3）跌落式

地形坡度较陡时，将场地作分层筑台处理，根据台地大小可以以栋或者户为单元顺着台地跌落布置，形成台阶式布局。这种方式能够较好地适应地形，同时从形态上能良好地呼应地形关系。

（4）错叠式

错叠式与跌落式类似，对于地形有较好的适应能力。错叠式是指房子横向错动，以适应坡地地形。通过房屋的错动距离及错动的层数可以适应不同的坡度。这种接地方式的另一个好处是，可以利用下层的屋顶作为上层的室外活动场地，但是存在的问题是视线干扰及功能布置上的考虑，卫生间等管道设置的对齐布置存在困难，以及卫生间与楼下客厅、卧室的上下规避问题（表6.16）。

表 6.16　适应地形的山地住宅空间组织

分类	适应坡度	实例	特征
错层式	10%～30%坡度，较缓的山 可布置客厅等层高要求较高空间	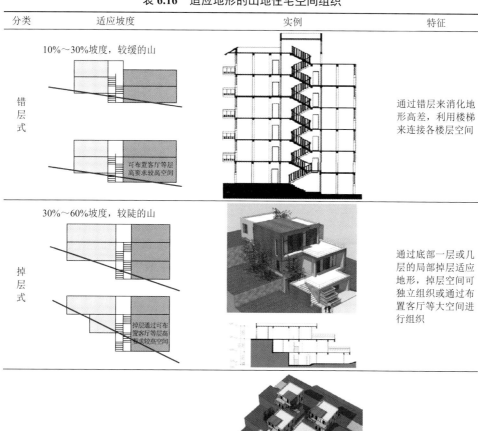	通过错层来消化地形高差，利用楼梯来连接各楼层空间
掉层式	30%～60%坡度，较陡的山 掉层通过可布置客厅等层高要求较高空间		通过底部一层或几层的局部掉层适应地形，掉层空间可独立组织或通过布置客厅等大空间进行组织
跌落式	调节不同跌落高度 d 以适应不同的山地坡度 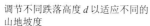	 	以户或栋为单元，根据地形顺坡势跌落，成台阶式布局，布置较为自由，对户型影响不大，具有较好的景观面
错叠式	房子横向错动，以适应坡地地形。通过房屋的错动距离及错动的层数可以适应不同的坡度 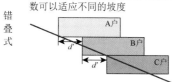		具有大露台，需关注上、下不同户间的干湿、动静、视线干扰

注：d' 为宽度；d 为距离

6.7.2　防热通风的围护外层

重庆地区高温高湿的气候特征对外围护结构技术要求较高，夏季白天需要隔热，晚上需要散热，同时要兼顾通风除湿，而冬天则需要保温，这就需要外围护结构具有良好的热量传递性能。重庆地区传统民居的外围护结构在应对气候方面的一些措施值得借鉴，如选用热工性能良好的竹木作为主要的建材，通过各种构造方式来改善墙体和屋顶，从而达到改善室内微气候环境的目的。现代建筑的建造技术水平较传统时期有很大的提高，因此在吸取传统民居构造技术经验的同时，需要使用现代成熟的技术对其进行创新，使之能为大规模的住区建设所用。

1. 表面材料的选用

湿热地区的显著特点是高温和高湿，且昼夜温差小，白天环境温度高，夜间降温也不多。重庆传统民居的墙体选用当地盛产的竹、木作为主要材料，其蓄热系数低，选用泥土作为黏结材料，其导热系数小。重庆传统民居中典型的竹篾夹泥墙具有冬暖夏凉的功效，且墙体多为白色抹灰，对太阳辐射有较好的反射作用。因此，总结重庆传统民居选材的经验，墙体材料宜选择导热系数小、低蓄热性能且高反射性能的材料：导热系数小的材料可以减少白天因太阳辐射传入室内的热量；低蓄热性能的材料可以减少墙体中的储热量，从而减少夜间的室内得热；白色或浅色材料能较好地反射太阳辐射，以减少墙体的辐射得热，从而降低室内温度。

一般而言，外墙面越粗糙、颜色越深，对太阳辐射的吸收率越高、反射率越低。重庆地区夏季太阳辐射强烈，建筑物外表面应尽量采用浅色调处理，忌用深色作表面处理，而且应对表面进行光洁处理，以减少对太阳辐射的吸收，从而降低室内的得热量和自然通风时的内表面温度，当无太阳直射时，能将外围护结构内部在白天积蓄的太阳辐射较快地辐射出去。由表 6.17 可知，外墙面采用石灰粉刷处理，其表面对太阳辐射的吸收率为 0.48，采用红砖外墙面，则其吸收率为 0.75。采用石灰粉刷较后者减少对太阳辐射吸收的比例为 36%左右，因此选择浅色光滑的表面材料，对降低室内热环境有重要意义。

表 6.17　不同外墙面材料的太阳辐射吸收系数 ρ 值

外墙面材料	表面状况	色泽	ρ 值
水泥屋面及墙面	光滑	青灰色	0.70
红砖墙面	不光滑	红褐色	0.75
硅酸盐砖墙面	不光滑	灰白色	0.50
石灰粉刷墙面	新、光滑	白色	0.48
水刷石墙面	旧、粗糙	灰白色	0.70
浅色饰面砖及浅色涂料	光滑	浅黄、浅绿色	0.50

2. 墙体设计

（1）利于通风的双层墙体

重庆地区年平均湿度较高，通风除湿对改善室内舒适度具有较好的功效，重庆传统民居的典型墙体——竹篾夹泥墙，孔隙率大，吸湿性强，具有较好的通风性能，可使墙面保持干燥，被称为可呼吸的墙体。

采用现代成熟技术开发的双层玻璃幕墙也具有良好的通风性能，可较好地改善室内舒适度，但其作用原理与传统民居有所不同。双层玻璃幕墙的原理在于其在内外两层幕墙之间形成一个通风换气层，由位于换气层上下两端的进风和排风设备带动自然空气送至室内，通过调节热通道内上下两端进、排风口，在通道内形成负压，利用室内两侧幕墙的气压差和开启扇可以在建筑物内形成气流，在两层玻璃幕墙中间的热通道由于阳光的照射温度升高变得像一个温室。夏天打开热通道上下两端的进、排风口，由烟囱效应产生的气流将通道内的热能源带走（图 6.61）。

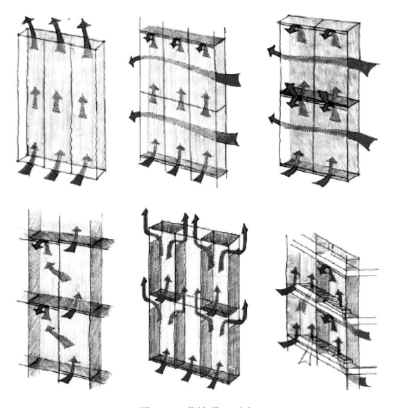

图 6.61　幕墙通风示意

此外，双层玻璃幕墙的通风换气层作为室内外环境的缓冲层，夏天能有效地隔绝室外高温空气对室内的热传递，冬季则可减少室内热量的散失，具有冬暖夏凉的优点。

（2）利于防热的绿化墙面

在湿热地区，绿化墙面能很好地降低室内温度，减少空调能耗，据测定，其墙面温度较普通墙面低6～7℃。由图6.62可以看出混凝土墙利用爬山虎降温的效果。研究发现，墙上棚架绿化比植物直接攀爬在墙上隔热效果更好，因叶片吸收太阳辐射能大部分被风或空气对流带走，从而使墙外表面温度下降最大达22℃，如果该墙采用240mm砖墙20mm厚水泥砂浆双面粉刷，其总传热系数为2W/(m²·K)，那么在稳定传热条件下，外表面温度小于22℃意味着每平方米的墙面没消失的热获得将减少158.4kJ。绿化墙面一般采用攀爬植物，因其攀爬的高度有限，一般用于低层住宅居多，随着节能减排的设计意识越来越强烈，设计师对绿化植物的应用也进行了探索。重庆的天奇花园就是在墙上向外突出300mm混凝土梁柱框架，在上面设沟槽，种植物遮阳，这样植物有了落脚点，并突破了高度限制，每一层都可以实现绿化遮阳。这种绿化遮阳一方面能够降低太阳辐射；另一方面能够增强墙体的散热性能，而且形成了一种垂直的别样的绿色景观。

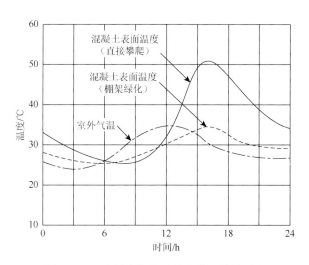

图6.62 绿化墙体与普通墙的降温效果对比

3. 屋顶设计

屋顶作为建筑物上部的外围护结构，不仅承受最长的日照时间，而且还要承受雨雪的侵袭。这些因素要求屋顶不仅要具有一定的刚度，而且保温隔热防水等措施都要做到位。对重庆而言，夏季炎热，如果屋顶不经过处理，顶层空间热舒适性之差可想而知。对屋顶的隔热处理，有如下三种措施。

1）屋顶阁楼。将接触到阳光的屋面与顶层住宅的天棚分离开，中间设置一层阁楼。这是重庆地区传统民居常常采用的一种策略，因为传统民居多坡屋顶，利用坡屋顶的三角空间做阁楼通风散热之用，不影响下部空间功能使用。同时在坡屋顶上开老虎窗，引入风流，通过风的流动带走阁楼的热空气，使下层住宅凉爽宜人（图 6.63）。

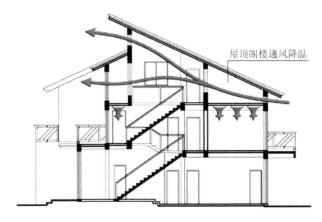

图 6.63　户型 C 屋顶阁楼通风分析

2）屋顶绿化。屋顶绿化是另一种能够降低屋面和顶层空间之间的热传导的技术手段，在屋面上进行绿化种植可以将大量的屋顶热吸收掉或反射出去，有效地阻止屋顶表面温度升高，从而降低屋顶下的室内温度（表 6.18）。绿地、水体吸收热量后能够通过蒸发散热，而且水的蓄热性好，植物也能够形成阴影，使阳光无法直接照射到楼板上，在屋顶和顶层空间之间形成一道屏障，同时屋顶绿化能够美化环境，创造宜人的生活环境。

表 6.18　夏季种植屋面和一般平屋面温度比较值（单位：℃）

项目	种植屋面			一般平屋面		
	最高温度	平均温度	最低温度	最高温度	平均温度	最低温度
屋面外表面	30.7	29.6	28.3	61.2	39.4	27.5
屋面内表面	30.5	29.3	28.5	36.7	32.6	29.2
室内空气温度	31.3	30.1	29.3	35.9	32.7	29.1
室内外墙面内表面	31.4	30.1	29.7	32.8	30.9	29.8

注：测试时间周期为 24h；测试在白天关窗，夜间开窗的自然通风条件下进行

绿化屋顶因种植植物而存在自重较重的现象，笔者认为对于种植层中的植被及植土层厚度可以做如下改良：①采用耐旱优势植物——佛甲草为植被，植土层

厚度为 50mm，适用于要求自重轻、管理简单的新老屋面；②以浅根系植物与草花植被为主，可间植浅根灌木，植土层厚度为200mm；③采用花卉与小灌木植被，植土层厚度为 300mm；④对中等灌木与浅根乔木，植土层厚度为 450mm，且宜选择独立槽栽培或少量零散布局的原则。

3）设置通风间层。这种形式是屋顶阁楼通风散热的原理在平屋顶上的应用，其继承和发扬了屋顶阁楼这种传统民居的通风散热经验。通过在屋顶上铺设一层架空的面板，来达到通风散热的目的。面板挤受阳光的辐射，中间架空层四面通风，利用主导风向带走热空气，使面板与屋顶之间形成一道屏障，从而减弱热传导。同时面板能够对下层屋面起保护作用，避免屋面因阳光直射而出现防水保护层开裂等问题，维护屋面的防水性能。在自然通风条件下，通风屋面夏天对屋面的隔热效果明显。

目前我国常见的架空隔热屋面为架空屋面的坡度不宜大于 5%，架空层的高度应按照屋面宽度和坡度大小来确定，一般为 180～300mm，为了保证间层内有良好的通风效果，通常要求每段风道长度不宜超过 15m，空气间层以 0.2m 为宜，风道出入口正对的女儿墙上应开设足够大的可通风面积，进、出风口应无阻碍，保证有较大的通风量，架空隔热板与山墙间应留出 250mm 的距离，可考虑在架空空气层的导风口设置可调节的开闭装置，夏季开启，冬季关闭，以达到夏季隔热冬季保温的双重目的，使通风屋顶更加灵活地适应夏热冬冷地区的气候。

6.7.3 改善微气候的景观布置

1. 利于降温和通风的植物设计

在住区的景观设计中，植物的应用较为广泛，主要是可以通过通风降温来营造舒适宜人的住区外部景观环境。

（1）利于遮阳降温的植物布置

夏季植物枝叶茂盛，通过光合作用吸收太阳辐射，遮挡强烈阳光，使树叶遮挡下的地面附近空气温度降低；冬季植物落叶，对阳光无阻挡作用，因此在住区内结合植物合理布置公共休闲场地。这样可以为居民创造夏季凉爽、冬季温暖的宜人的活动空间。在建筑周围合理地布置植物则可以减小夏季强烈太阳辐射对室内温度的影响，有植物提供遮阳的住宅较周围没种植植物的住宅，其室内温度可降低 6℃，降温负荷至少可降低一半。

据调查资料显示，茂盛的树木能挡住 50%～90%的太阳辐射热；草地上的草可遮挡 80%左右的太阳光线。据实地测定，正常生长的大叶榕，在离地面 15m 高处，透过的太阳辐射热只有 10%左右；柳、桂木、刺桐等树下，透过的太阳辐射热是 40%～50%。

绿化的遮阴可以大幅度降低建筑物和地面的表面温度，绿化地面的地面辐射热是一般无绿化地面的 $\frac{1}{4}\sim\frac{1}{15}$（图 6.64）。

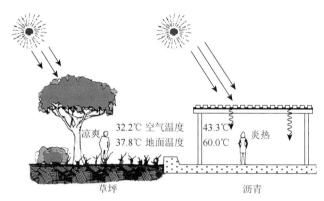

図 6.64　植物遮阳降温示意图

笔者认为，在住宅的东西向宜种植高大落叶乔木，夏季茂盛枝叶可遮挡强烈阳光以减少墙体得热，冬季落叶枯枝对阳光无遮挡可以保证室内有充足光照，使室内冬暖夏凉；在住宅周围地面宜种植低矮灌木来降低周围环境温度，从而减少住宅从周围环境辐射得热；在住区出入口或人流量较多的休闲场所宜布置人行树阵，为居民提供夏可降温、冬可纳阳的公共活动空间。

（2）利于通风的植物布置

树荫下的空气温度因不受太阳辐射形成"冷源"，而地面或建筑构件上方的空气因受太阳辐射形成"热源"，冷热源之间形成空气流动有利于通风。

在庭院中布置植物，通过合理的风路设计有利于形成穿越建筑内部的热压通风，以利于室内通风散热。例如，在中庭底部布置绿化就可以增强热压通风效果，而对于设置有底层开口的天井来说，在开口附近布置绿化环境，也可以起到增加天井热压通风的效果。

在建筑附近布置高度不同的灌木和乔木，可以把高处的风力引向建筑，也可以将低处的气流偏转吹向远离建筑的上空。在建筑南面外侧布置低矮灌木，内侧布置高大乔木可以将夏季的偏南风导向低空，对建筑夏季通风有利；在建筑北面则将两者位置对换，有利于偏转冬季北面的寒风（图 6.65）。

植物可以控制空气的流动，冬季可以通过种植防风林来减弱背面的寒风，而夏季栽种树木可以用作通风筒，将建筑周围的风收集起来，以此增加空气的流通。使用下面光秃、上面树叶茂盛的伞形大树来遮阴，这样有助于夏季凉风从地表附近通过，有利建筑低层获得良好通风，同时在树荫下也可以形成夏季舒适的户外活动场所（图 6.66）。

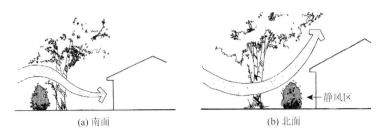

(a) 南面　　　　　　　　　　　　　(b) 北面

图 6.65　植物引导气流

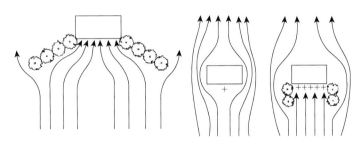

图 6.66　植物控制气流

有相关实验对绿化的种植进行了研究，一方面是绿化与建筑的间距；另一方面则是绿化种植范围。研究的目的是采用绿化改进建筑周边环境，在不影响建筑夏季通风的同时，改善冬季通风状况。研究表明：绿化与建筑的间距最合适的取值是 12m，在此种情况下，绿化种植范围应在东西侧各超过建筑边墙 4m（图 6.67）。

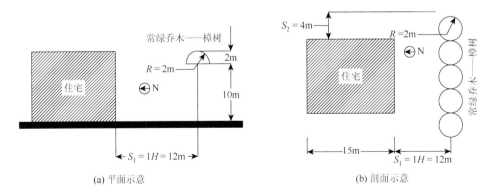

(a) 平面示意　　　　　　　　　　　　(b) 剖面示意

图 6.67　绿化与建筑间距及其种植范围

2. 调节微气候的水体设计

在居住区内布置水体，对于调节居住区内的微气候具有重要意义。在炎热的夏季，居住区内的水景可以降低居住区内的环境温度，有利于通风散热、改善空气质量等。水体的蓄热能力强，可吸收大量空气中的热，降低居住区内的环境温度；居住区内水景的设置还可以吸附空气中大量的尘埃以净化空气，产生的负氧分子对人体有益；因水体与陆地的比热容差异，大面积的水景周围可形成水陆风，从而改善居住区内的风环境。

华南理工大学早年调研资料表明：一个 $12m^2$ 的水域，能影响其上部空气温度变化 10℃左右，当水温为 20℃时，平均蒸发 1g 水，需要从空气中吸取 585cal[①]的热量。这样推算下来，在每平方米水面上蒸发 330g 的水，即可从空气中吸走 193 050cal 的热量。如图 6.68 所示，深圳万科第五园运用了大量的水面，来改善居住区的热环境。水的蒸发提高了空气湿度，但对重庆地区夏季室外降温的效果却很明显，而且水比热容大，水温年变化小，有利于稳定冬季室外气温。故居住区内的水景应布置在通风良好的位置，加强水体的蒸发以降低温度。

(a) 水面A　　　　　　　　　　　　　　　　(b) 水面B

图 6.68　深圳万科第五园水面

6.8　本 章 小 结

本章选取典型山地城市——重庆地区的山地传统民居作为"山地森林城市人居足迹"研究对象，分析山地传统民居在长期应对复杂自然环境的过程中形成的生态营建对策和营建观念，提出了传承山地传统民居生态营建观的现代住区的生态设计策略，并结合实际项目——开州川心居住区设计，从总体布局、空间形态、细部营建三个层面来探讨。

在山地传统民居生态营建观的基础上，结合实际项目进一步总结了山地传统

---

① 1cal = 1cal$_{IT}$（国际蒸汽表卡）= 4.186 8J。

民居中能为现代住区设计所用的生态设计策略：①在总体布局方面，应综合分析基地要素，区分其主次及利弊，确立总体布局原则。在规划布局时应充分考虑地形、气候等自然要素的影响，综合权衡采取合理的规划形式和道路交通组织。此外，还应充分利用基地中山地、河流等地理环境对气候的影响，从而改善住区微气候环境。②在空间形态方面，应结合重庆地区多变的山地地形和湿热气候条件等影响因素采取动态应变的生态策略。在进行单元空间组合时通过水平和竖向上的灵活空间处理来合理消化基地高差，在单体空间设计时，通过合理的设置平面功能空间及竖向空间来加强通风隔热，同时充分利用架空空间、天井空间来作为室内外气候的过渡空间，改善室内外微气候，为居民提供宜人的公共休闲空间。③在细部营建方面，结合当地的经济技术情况，采用适度合理的建造措施；选择合适的接地策略和建筑内部空间组织形式来适应复杂的场地地形；改良外围护结构和采用合理的景观布置来改善室内外居住环境。

当然无论是对山地传统民居生态理念的研究，还是对其在现代居住区设计中的探索与应用，都不是一个简单的论题，其中涵盖的较多问题还需要在学术研究和设计实践中继续完善。另外，山地传统民居的生态含义很广，本章的研究对象也只是结合项目选取了其中的生态营建策略这一方面作应用研究，其他关于山地传统民居的生态理论研究和生态文化研究等领域课题尚有较大研究空间。

第7章 2010年中国上海世博会重庆馆主题陈述方案
——山地森林城市·重庆

7.1 主 题 陈 述

以未来世界城市与自然和谐发展为蓝图；以中国上海世界博览会（简称世博会）主题"城市让生活更美好"为主线；以重庆独特的山地地貌为依托；以千年的城市发展为脉络；以直辖发展的优势为动力；以发展森林宜居城市为未来目标，用世界语言在世博会的舞台上，向世界展示一个城市与自然和谐交融的、具有独特影响力的山地森林城市。

7.1.1 主题演绎思索

在21世纪的今天，当我们享受着人类科技及文明进步的一个个成果，欣赏着屹立于世界各地上千座大都市的壮丽繁华时，人类城市对地球自然的破坏已近自然承受力的极限。城市作为人类文明的载体，是人类科技文明的集中地，未来人类的可持续发展必须关注城市发展与自然生态的保护，只有城市与自然和谐相处，才有人类未来的美好生活，也正是基于此提出了"山地森林城市"作为重庆馆的主题。

梳理历届世博会的成功之处，如今世博会已发展成与奥运会齐名的人类盛典。它是世界各国最新理念、成果的集中展现，并且能宣传和扩大举办国家的知名度与声誉，从而促进社会的繁荣和进步，重庆也将借世博会的舞台一展宏图。

思考怎样的"城市令生活更美好"：2010年上海世博会是历史上首届以"城市"为主题的综合类世博会，其传达的关注城市发展的理念也必将成为未来世界共同关注的主题。重庆馆主题也将在世博会主题的范畴内，站在世界城市发展的角度去搜寻。

用世界语言在世博会的舞台上，展现山地森林城市。重庆馆主题也将在世博会主题的范畴内，站在世界城市发展的角度去搜寻、思考未来城市发展之路。

挖掘重庆的新、奇、特之处——以湖泊山川为代表的山地森林城市。重庆地处长江、嘉陵江环抱之中，山即是城，城即是山，城在水中走，水在城中穿，重庆是一座立体的山水城市，这种山地森林城市景象也正是重庆最值得展现的地方。

探寻适合未来世界的城市发展模式：世界未来城市发展关注城市与自然生态的和谐发展，这也是整个 21 世纪的主题，重庆的山地森林城市发展模式是对这一大类城市问题创新性的探索，通过展示重庆的城市发展历程及当代城市建设的实践，为世界探索未来城市发展提供新的启迪。

世博会是世界的缩影，人们通过世博会认识和了解世界。世博会也是人类文明的盛会，是展示各国社会经济、科技、文化成就的舞台。一个半世纪以来，它以不断丰富和深化的形式与内涵，洋溢着人们对未来生活发展的憧憬与追求，促进了社会的繁荣与进步（图 7.1）。作为反映现代文明演进的载体与标志的世博会，如今已日益成为体现各参与国综合国力的竞技场和主办国经济发展的"加速器"。

阶段	关注点	代表	意义
19世纪中后期	展示工业革命成果及未来新生活方式	1851年英国伦敦世博会	现代意义上的首届世博会
20世纪初期	"技术中心主义"——电力、汽车、飞机等现代工业革命	1933年美国芝加哥世博会	首次提出"一个世纪的进步"的主题，从此各届世博会均有明确的主题
20世纪中期	反思现代工业，从而转向世界多元化	1958年布鲁塞尔世博会	以"科学文明和人道主义"为主题，此后世博会开始呈现多样化和新发展
20世纪后期	认识到人类活动对生态系统带来的威胁，追求人类共通的主题——自然	1974年斯波坎世博会	以"国际环境博览会"为主题，是历史上首次明确地将环境问题作为主题的世博会
21世纪	追求科技发展和经济进步的观念让位于人类和自然可持续发展的理念	2000年德国汉诺威世博会2005年日本爱知世博会2008年西班牙萨拉戈萨世博会2010年中国上海世博会	以"人类-自然-科技"为主题，表现人类利用科技力量挑战未来，与大自然和谐相处的理念

图 7.1　世博会发展历程

1. 思考世博会主题

中国上海世博会以城市为主题,展示了全球发展进入"城市时代"所面临的新阶段,从而促进人类对城市文化与自然遗产的保护和继承(图 7.2),交流推行可持续发展的城市发展理念,成功实践和创新技术,促进人类社会的交流、融合与理解。

图 7.2　中国上海世博会部分国家展馆设计

当今世界正经历一个快速城市化的过程,在这个过程中城市与地球生物圈的关系日益紧密,城市扩张与自然环境的矛盾被凸显出来,在城市建设中只有处理好城市与自然的关系,才能创造更美好的生活、更美好的城市,而未来人、城市、自然三者也必将融为一体,成为不可分割的整体。

重庆作为具有独特地貌的山地之城,历经千年所形成的城市及在这里生活的人们是重庆区别于其他城市最显著的特征,在这块看似不可能的建城之地,如今已矗立起了一座世界闻名的大都市,其独特的城市发展模式,使重庆成为一座名副其实的山地森林城市,也是世界上自然与城市相融合的典范城市。

2. 对话世界语言

重庆馆的主题将在世博会主题范围内,站在人类与自然和谐发展的宏观角度(图 7.3),从构想世界未来城市模式入手,以世界语言展现山地森林城市。

图 7.3　世界发展缩影

1) 城市化进程：世界城市人口比例从 1900 年的 13%提高到 1950 年的 29%，再到 2006 年的 50%，联合国预测，到 2030 年，全球将有 60%人口居住在城市。

2) 环境问题：城市化与工业化使城市变暖，其带来的直接后果就是荒漠化和海平面上升。1999 年，世界银行的研究报告指出，到 2050 年，全球变暖将使地球 1/4 的动植物消失，这将是自恐龙灭绝以来全球最大的一次物种灭绝。

3) 人类与自然的关系：人类与自然的发展可分为三个阶段，即①远古时期人类受制于自然的力量；②随着人类生产力的进步，人类开始逐步改造利用自然；③近现代人类科技飞速发展，但伴随人类的发展，自然遭受到前所未有的破坏。城市作为人类文明的代表，在人类与自然的发展中扮演了重要的角色，因此未来人类的可持续发展必须关注城市发展与自然生态的保护，只有城市与自然和谐相处，才有人类未来的美好生活。

3. 探求山城绝色

"两岸连山，略无阙处。重岩叠嶂，隐天蔽日，自非亭午夜分，不见曦月。至于夏水襄陵，沿溯阻绝。或王命急宣，有时朝发白帝，暮到江陵，其间千二百里，虽乘奔御风，不以疾也。春冬之时，则素湍绿潭，回清倒影。绝𪩘多生怪柏，悬泉瀑布，飞漱其间，清荣峻茂，良多趣味。每至晴初霜旦，林寒涧肃，常有高猿长啸，属引凄异，空谷传响，哀转久绝。"

——引自郦道元《水经注》

"清早江上雾濛濛的；雾中隐约着重庆市的影子。重庆市南北够狭的，东西却够长的，展开来像一幅扇面上淡墨轻描的山水画。雾渐渐消了，轮廓渐渐显了，扇上面着了颜色，但也只淡淡儿的；而且阴天晴天差不了多少似的。一般所说的俗陋的洋房，隔了一衣带水却出落得这般素雅，谁知道！再说在市内，傍晚的时候我跟朋友在枣子岚娅，观音岩一带散步，电灯亮了，上上下下，一片一片的是星的海，光是海。一盏灯一个眼睛，传递着密语，像旁边没有一个人。"（图7.4）

——引自朱自清《重庆一瞥》

图7.4　重庆市山城特色

4. 追寻未来城市

"城市是自然、经济、社会科学文化发展的中心，百年工业化加快了人类文明的步伐，也促进了城市化的进程。人类越来越多地聚居于城市，弘扬科学文化，提高生产水平，创造并享受着更加美好的生活。城市作为现代文明集中体现之地，为世界的繁荣与发展做出了突出的贡献。"

——第六届世界大城市首脑会议《北京宣言》

"全世界的生活环境已经超过可以控制的范围，并且在未来的20年，地球上的自然环境将会有更大的变化，这一速度将超过人类历史上任何一段时期。气候变化也许是我们这一代人最严峻、最无法避免的挑战。从喜马拉雅山冰河的融化，到全世界日益频繁严重的洪水。自然环境日益恶化的影响，也正发生在我们的生活里。"

——联合国环境规划署执行主任施泰纳

"我敦促个人、企业以及地方和国家各级政府迎接城市环境的挑战。让我们利用城市地区丰富的知识和天然的活力。让我们打造'绿色城市'，使人们能够在规划良好、清洁健康的环境中养儿育女，追求梦想。"

——2005年世界环境日　联合国前秘书长科菲·安南

"2008 年；全世界生活在城市中的人口将首次超过世界人口总数的一半，达到 33 亿人。而到 2030 年，生活在城市中的人口数量将达到 50 亿。与城市化相伴随的是：许多城市出现了贫困人口增加、住房、环境等问题。"

——联合国人口基金会《2008 年世界人口状况报告：不平等和
人口过多加剧贫困》

"北极暖化速度是全球平均暖化速度的两倍。然而这不仅是南北极的问题，也体现了气候变化对所有地区的影响　值此世界环境日，让我们认识到必须减缓南北极和全世界环境急剧变化的势头。我们每个人都应矢志尽自己的力量，防治气候变化。"

——2007 年世界环境日 联合国秘书长潘基文

"城市的可持续发展，重点是保护自然资源、促进生物多样化及强化生态系统。一个城市要把有限的土地资源用到社会生产和自然环境上，在城市的建设中切实保护好城市的自然资源，让它们同步协调发展。只有这样，城市才能稳定，才能持续地发展。"

——2004 年联合国亚太领袖论坛 联合国前副秘书长拉马钱德兰

7.1.2　主题演绎架构

主题演绎从探索城市与自然的关系开始，先从分析重庆原始地貌起源入手，讲述重庆独特的山地特征，然后探究在这块土地上历经 3000 年而形成的山地之城的内涵；联系当代及未来世界城市发展趋势，在注重生态自然环境的基础上，提出山地森林城市——重庆在世界城市发展上占有重要的一席之地（图 7.5）。

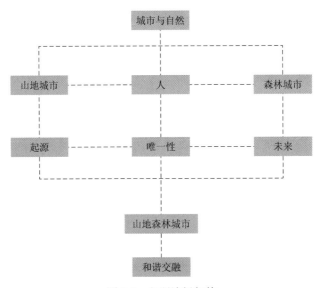

图 7.5　主题演绎架构

山地森林城市模式既能使城市人享受现代科技文明，又注重与自然生态环境协调，城市与自然和谐交融是人类真正实现可持续发展的唯一途径，也是人类美好生活的核心主题。

7.1.3　主题内涵·山地

"重庆以山为城，街道时高踞峰巅，亦复深陷崖下。人家因地势构屋，上楼阁，下地室，以求其平衡。"

——引自张恨水《张恨水说重庆》

重庆是世界最大的山地城市，重庆地域辽阔，地势起伏大，地貌形态以山地、丘陵为主，丘陵与低山合计占辖区面积的 82.5%，大于 7°的坡地面积达 82%，近 70%的人口居住在山地环境中（图 7.6）。

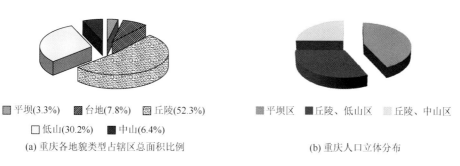

■ 平坝(3.3%)　■ 台地(7.8%)　▨ 丘陵(52.3%)

□ 低山(30.2%)　■ 中山(6.4%)

（a）重庆各地貌类型占辖区总面积比例　　（b）重庆人口立体分布

■ 平坝区　■ 丘陵、低山区　▨ 丘陵、中山区

图 7.6　重庆地貌类型、人口分布概况

重庆给人的第一印象莫过于她的"山-水-城"的城市景象（图 7.7），用余秋雨先生的话说这是一座"站立着的城市"。重庆建立在非常特殊的地形上，她横穿过长江的支流并饱受侵蚀，河流塑造了土地的外形，山川丘陵与蜿蜒的河流形成一体与人类城市相互辉映。重庆既符合中国现代城市的总体形象，又拥有自己不同于其他城市的特征，重庆的美来源于她的各种反差：大自然风貌的魅力、文物古迹的脆弱、长江的源远流长、城市现代化带来的无穷活力。

7.1.4　主题内涵·森林

森林一直被视为"生命载体"的颜色，象征着勃勃生机的万物，森林所承载的绿色也被人类视为生命起源，预示着生命的繁衍与传承。

森林的三层含义。森林的第一层含义是指大片树林，是万物共生之地；森林的第二层含义是指自然生态平衡；森林的第三层含义由前两层衍生而来，取其"万

图 7.7　重庆景象

物和谐共生"的广义，即实现"人与自然"之间的平衡和"人与人"之间的和谐，最终达到"人-城市-自然"的和谐交融（图 7.8）。

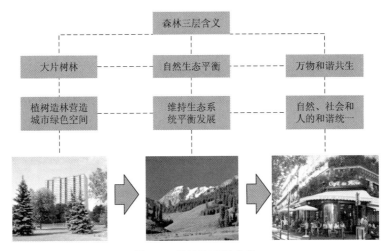

图 7.8　森林的三层含义

7.1.5　主题内涵·山地森林

重庆山地森林城市建设是在合理保护利用重庆特色山地水系生态资源的基础上，应用生态、科技等手段，使城市生态宜居、生态和谐。它创造了在复杂山地城市地貌条件下，构建生态宜居森林城市的先例；它是一种面向 21 世纪的世界上独有的城市发展模式；其对世界上许多同类型的城市都有借鉴意义。

地球表面由大陆和海洋两个最大的地貌单元所组成，总面积为 5.1 亿 km²，其中陆地占地球表面总面积的 29.2%。在陆地中山地面积最大，占陆地面积的 47.82%。尽管山地地貌遍及五大洲，但充分利用山地特征构筑的山地城市却很少，世界上现有的山地城市大都分布于发展中国家，如拉丁美洲的巴西、亚洲的巴基斯坦、阿富汗等（图 7.9），这些山地城市大都因经济等原因，城市发展对山地自然破坏严重，居住环境比较恶劣。

(a) 巴西某山地城市

(b) 巴基斯坦某山地城市

(c) 阿富汗山地城市 A

(d) 阿富汗山地城市 B

图 7.9 巴西、巴基斯坦、阿富汗等山地城市

重庆陆地面积为 8.24 万 km²，其中山地占其总面积的 86.9%，有"三分丘陵七分山，真正平地三厘三"的说法，重庆自古以来就是地地道道的山地城市。重庆山地城市发展与世界其他国家山地城市发展有很大不同，受中国古代"天人合一"思想的影响，重庆的城市发展基本上顺应本地的山地地貌，在群山中成组团式发展，其城市位于山中、森林位于城中，形成独一无二的山地森林之城，是世界城市与自然结合的典范（图 7.10）。

图 7.10 重庆城市发展现状

7.1.6 副主题演绎

重庆馆的展示通过城市发展的生态足迹、城市足迹、社会足迹三个方面来解析和探讨山地森林城市的主题（图 7.11）。对副主题的阐述充分涵盖重庆历史和时代背景，即回答"从哪里来到哪里去"的城市发展问题。

1. 生态足迹：重庆生态自然的起源与和谐

远古造山运动铸成了重庆这座与江、水密不可分的山水之城。城在水中走，水在城中穿，是重庆独特的地理特征，纵有百年、千年的时间也很难改变。在近现代重庆的城市发展历程中，重庆曾一度有"雾都"之称，重庆老工业的发展所带来的污染成就了这个称号，渴望蓝天、白云、青山的念想在重庆人心中扎了根。重庆已在思考中、实践中前行，山地森林宜居城市的构建就是重庆人对于地球家园的责任与承诺，师法自然，植树造林，使天更蓝、山更绿、水更清，使生态环境得到优化，从而营造绿荫森林环绕的山城。

图 7.11　副主题演绎框架

2. 城市足迹：重庆城市经济的发展与繁荣

重庆险山急水的地理环境本不适合人类居住，但勇于拼搏的重庆人却顽强地在这片土地生存延续，并成就了一个天地人和，又充满鲜活生命的世界。城市经济和产业发展的同时，重庆人的生活水平不断提高，对生活环境的要求也随之上升，更加注重经济发展和环境的和谐共处，并开始追求森林城市的美好家园环境。

3. 社会足迹：重庆人文历史的传承与跨越

当重庆人的祖先用最原始的工具在坚硬的石岩上留下第一道痕迹时，也代表着子孙后代与这方山水签下了一份永不反悔的约定。重庆人世世代代奋斗，建设自己的美好家园；重庆人追求和谐，创想未来，在追求经济和产业发展的同时，也创造了悠久的文化和厚重的历史。现代社会飞速发展，重庆人秉着生生不灭的决心，不断努力建设这座政通人和的山水之地。优越的山水资源、丰富的绿色森林、和谐的社会风貌，构成了重庆宜山宜水宜人的森林城市家园。

7.1.7　生态足迹·自然

重庆地域辽阔，辖区内江河纵横，峰峦叠翠。地形大势由南北向长江河谷倾斜，起伏较大。地貌以丘陵、山地为主，坡地面积较大，成层性明显，分布着典型的石林、峰林、溶洞、峡谷等喀斯特景观。其主要河流有长江、嘉陵江、乌江等。重庆中心城区为长江、嘉陵江所环抱，夹两江、拥群山，山清水秀，风景独特，各类建筑依山傍水，鳞次栉比，错落有致，是一座山水环抱的立体城市（图7.12）。

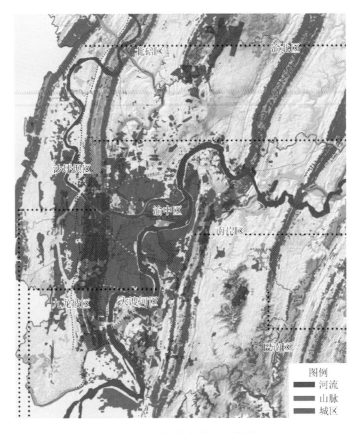

图 7.12　重庆生态足迹示意图

1. 山川

缙云山雄峙北碚区嘉陵江温塘峡畔，是 7000 万年前"燕山运动"造就的"背斜"山岭，古名巴山。

中梁山位于重庆主城区西面，紧接歌乐山，横贯主城区，是重庆主城著名的森林公园。

铜锣山位于重庆主城区东面，与长江干流平行，横贯主城区。

明月山位于重庆主城区东南面，是重庆市郊旅游名山。

2. 河流

长江干流自西向东横贯重庆全境，流程长达 665km，横穿巫山三个背斜，形成著名的瞿塘峡、巫峡、西陵峡，即举世闻名的长江三峡。

嘉陵江自西北而来，三折入长江，有沥鼻峡、温塘峡、观音峡，即嘉陵江小三峡。

7.1.8　城市足迹·经济

重庆中心区为三面环水的半岛，位于长江与嘉陵江的交汇处，城市轮廓依山傍水，城中有山，山中有城，故以山地之城闻名于世界。

纵观重庆 3000 年的城市发展（图 7.13），不论是古巴人的干阑为居，还是封建时期的凿岩为城，抑或是抗战时期的陪都后方，直至现在的山水名城、组团城区、壮丽三峡、山城夜景等，都可以看出重庆独特的山地特征在城市形成的每个阶段均起了重要的作用，山地既制约、影响了城市发展，同时又使重庆有了区别于世界其他城市的独特魅力。

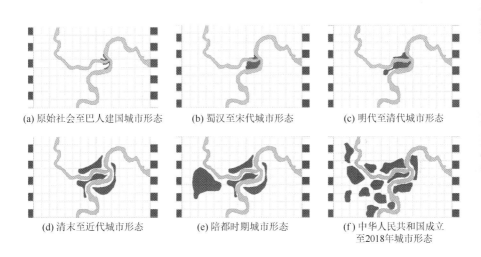

(a) 原始社会至巴人建国城市形态　　(b) 蜀汉至宋代城市形态　　(c) 明代至清代城市形态

(d) 清末至近代城市形态　　(e) 陪都时期城市形态　　(f) 中华人民共和国成立至2018年城市形态

图 7.13　重庆城市形态发展历程示意图

从巴人建国到隋唐五代，重庆由于自然条件制约，其经济发展落后于川西平原等地区，但因地势险要，重庆一直被作为高垒深墙的军事城邑和区域政治中心，此时期奠定了渝中半岛作为城市中心的格局。

宋代至明清，重庆作为长江源头的最大城市，因水运而迎来了经济的发展，明清重庆"沿江为池，凿岩为城，天造地设"，乾隆年间重庆"水牵运转，万里贸迁"，此时期的重庆，其城市已具有山地城市的雏形。

国民政府迁都重庆是中国近代史上的重大事件，重庆一跃而成为抗战时期中国的政治、军事、经济、文化中心，从避处四川东部的一座普通中等城市上升为一座国际名城。此时期重庆城市也随之迅速发展，江北、渝中、南坪、沙坪坝组团已具雏形，山地城市风貌已十分明显。

　　中华人民共和国成立后重庆真正迎来了大发展时期，各项事业均高速发展，城市发展充分结合重庆的山地特色，保护城市森林资源，逐步形成了"大分散、小集中"的组团式布局，城市与山地森林和谐交融成为重庆区别于世界其他城市最大的特色。

7.1.9　社会足迹·人文

　　重庆在3000年的发展过程中，上溯秦汉，中至明清，下及当代，经历了波澜壮阔的历史风云，同时也造就了属于长江文化范畴的本土文化的多元交融和地域特色。

　　重庆的山地体系地貌在重庆的历史发展中起了重要的作用，在这块本不宜生存的土地上，山川与城市合二为一，在这里已没有山、水、城、人的界线，展现在世界面前的是一座人与自然和谐交融的神奇之地（图7.14）。

图 7.14 重庆社会足迹

7.1.10 展示内容架构

展示内容架构包括三大板块九个方面。

1. 生态足迹——山地城市板块（地质构造&地理环境&森林绿地）

从重庆地质起源入手，以重庆的山地森林城市的地貌特征展现重庆的独具特色之处，以重庆处于西南枢纽的区位展现重庆发展的地理优势；以重庆 3000 年的城市发展史来展现山地森林城市的有机形成过程。

2. 社会足迹——山地森林板块（历史文脉&人文精神&地域景观）

从重庆历史文明进程的角度入手，以巴文化、丰都鬼文化、巫山巫文化等对中国乃至世界文化做出极大贡献的故事来展现重庆的文化底蕴，以陪都文化及抗战遗迹来展现重庆人文精神，以重庆大剧院、三峡博物馆来展现新重庆文化。

3. 城市足迹——森林城市板块（城市发展&经济发展&人居环境）

从构建山地森林城市的角度入手，以主城两江四岸为核心的重庆城市群来展现重庆的山地森林城市体系；以老工业基地来展现重庆城市经济发展史；以面向未来的微电子工业、软件园为代表展现重庆新的城市经济增长方式；以森林宜居城市来展现重庆未来人居环境（图 7.15）。

(a) 生态足迹板块

(b) 社会足迹板块

(c) 城市足迹板块

图 7.15　展示内容架构

7.2　主题展示内容

7.2.1　地质构造

1. 重庆地貌

重庆西北部方山丘陵区（7027km^2）：位于华蓥山、云雾山、巴岳山西北，属川中丘陵一部分。重庆中部平行岭谷低山丘陵区（11 055km^2）：位于华蓥山、云雾山、巴岳山以东，永川，璧山，长寿境内。重庆东南部中、低山区（5030km^2）：位于江津白沙、綦江永兴至巴南区一品，东温泉以南，綦江、万盛、江津、巴南区南部。

2. 地貌基本特征

重庆地势从南北向长江河谷倾斜，逐渐降低——南北高，中间低，从南北两侧到长江河谷，海拔下降 1000 多米，平均每 10km 下降 10m 以上。以丘陵、低山为主体的地貌类型组合——三分山，六分丘，三厘坝。坡地面积大，现代地貌过程较强烈，侵蚀地貌发育——平坦地不超过 4%，大于 7°的坡地面积达 82%。层状地貌明显，海拔 500m 以下的地区占绝对多数。

7.2.2　地理环境

"关于重庆，无论你用什么词汇描绘她的特征都有些苍白，上帝早已把她铸成一座与江与水密不可分的山水之城。这一外貌不可变，即使是巧夺天工之力；纵有百年、千年的时间也很难改变，而真正改变了又可能是一种灾难。山是城，城是山。城在水中走，水在城中穿。这就是重庆的地理特性，是全世界无数大都市不可比的'独美'。'独美'之处；也必有独险之路。"

——引自何建明《国色重庆》

重庆位于中国西南部，是长江上游最大的城市，辖区面积为 8.24 万 km²，也是中国最大的城市。重庆以山地丘陵为主，长江干流自西向东横贯主境，地貌结构复杂。重庆是复合型城市，城郭依山傍水，城中有山，山中有城，城中有水，以山地、江城闻名于华夏。

重庆地处西部地区和长江经济带的结合点，是西部地区的航运中心和战略枢纽。进入 20 世纪 90 年代以后，重庆的地位和作用更显重要。为此，国务院于 1997 年初提出了关于设立重庆直辖市的议案，八届全国人大五次会议于 1997 年 3 月 14 日正式审议通过设立重庆直辖市，并明确赋予重庆直辖市以重要的历史使命：进一步发挥重庆的区位优势、龙头作用、窗口和辐射作用，带动西南地区和长江上游地区的经济、社会发展。

7.2.3　森林绿地

"我敦促个人、企业以及地方和国家各级政府迎接城市环境的挑战。让我们利用城市地区丰富的知识和天然的活力。让我们打造'绿色城市'，使人们能够在规划良好、清洁健康的环境中养儿育女，追求梦想。"

——2005 年世界环境日 联合国前秘书长科菲·安南

重庆的森林绿地系统结构是"两带-四楔-多廊-三区"。其中，两带：沿都市区范围内长江、嘉陵江段两岸，结合地形，布置有公园绿地、防护绿地及湿地等，构成两带，即滨江绿带。四楔：由南北向平行排列的缙云山、中梁山、铜锣山、明月山，形成贯穿都市区的四条楔形绿地。多廊：沿都市区范围内城市道路、高速公路、铁路、河流两侧布置宽度不等的绿地，形成绿色廊道网络。三区：结合城市用地布局特色和用地性质对绿地布局的不同要求，按主城区、郊区小城镇、非建设区三个区域层次分别布局城市绿地（图 7.16）。

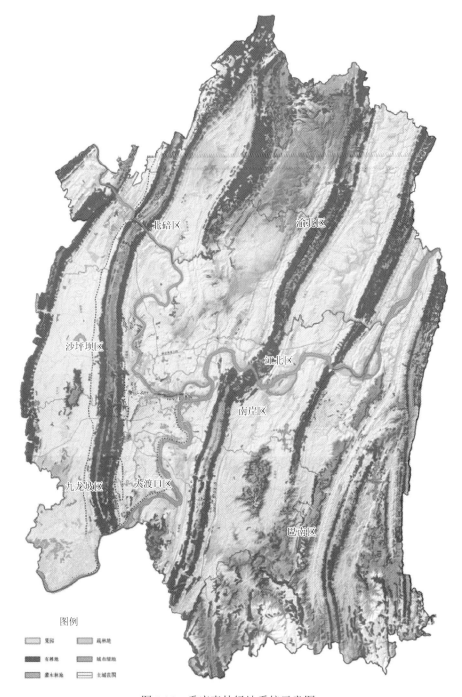

图 7.16　重庆森林绿地系统示意图

7.2.4　历史文脉

巴文化：是世代聚居于古代巴属领地（重庆）上的巴人在自身的民族繁衍、发祥的历史进程中，创立并与汉文化、楚文化、蜀文化等融合而成的一个包含多层次、多方面内容的区域文化形态，它是古代巴人及其巴属领地开发和进步状态的标志。

重庆有关资料记载，公元前 20 世纪巴人入川，建立以部落联盟为基础的奴隶制王国，并以重庆作为国都，称为"江州"。巴是重庆地区最早的名称。巴人吸收融合了原住民文化并加以发展，创造出了具有民族特色的巴文化。

整个重庆都是高山大川，而世世代代生息繁衍在这一地区的巴人，堪称是地地道道的山地民族，山地是他们聚居地的根本特征。巴人居住在山，耕种在山，烧伐在山，吃喝在山，交往在山。山既是巴人的宝库和生成依托，又是巴人面临的十分险恶的自然环境，它给巴人带来了生活和发展的艰辛，因此巴文化必然具有山地属性，或者说就是一种山地文化。

巴渝文化是巴文化的核心，从文化上看，巴文化源远流长，巴文化是伴随着巴人的诞生而诞生的，巴渝文化是整个巴文化的一个有机组成部分。

陪都文化：抗日战争期间的重庆同美国的华盛顿、英国的伦敦、苏联的莫斯科一起被列为世界反法西斯战争的四大历史名城，是中国的战时首都。在抗日战争时期，国民政府从南京撤至重庆，并将之定为陪都。随着国民政府迁渝，大批有志于民族复兴、抗日救国的青年学子纷至沓来。大批教育家、学者、文化艺术名流纷纷来渝工作定居，使陪都文化兴盛一时，重庆成为当时中国的文化教育中心，而陪都文化也成为重庆文化发展史上的一块奠基石。

据 20 世纪 80 年代统计，重庆大大小小的陪都遗迹有近 400 处之多，随着重庆大规模建设的开展，有些已不复存在；现存有代表性的遗迹主要有两类：一是蒋介石、宋美龄等人的官邸、旧居，以歌乐山林园、黄山蒋宋别墅、曾家岩德安里和小泉校长官邸为代表；二是国共合作抗战在渝留下的纪念地。后者以红岩村、曾家岩 50 号、桂园、《新华日报》营业部旧址等为代表。

7.2.5　人文精神

"重庆经过那么多回轰炸，景象该很惨罢。报上虽不说起，可是想得到的。可是想不到的！我坐轿子，坐洋车，坐公共汽车，看了不少的街，炸痕是有的，瓦砾场是有的，可是，我不得不吃惊了，整个的重庆市还是堂皇伟丽的！街上还是川流不息的车子和步行人，挤着挨着，一个垂头丧气的也没有。有一早上坐在黄家娅口那家宽敞的豆乳店里，街上开过几辆炮车，店里的人都起身看，沿街也聚着不少的人。这些人的眼里都充满了安慰和希望。"

——引自朱自清《重庆一瞥》

重庆的地域性格（图7.17）是伴随着这一方独特的山川景象而形成，从远古到今天，山城人在与自然的博弈中，从对抗逐步走向融合，如今的重庆，山、江、人的界限早已模糊，她们共同流淌着巴渝大地传承千年的血液。

自豪　坚强　豪迈　乐观　勤奋　勤奋

图7.17　重庆地域性格

在中国足球比赛场上，曾经有一个词风靡一时，那就是"雄起"两字，这个词是重庆人发明的。"雄起"这个词既表现了重庆人对山城的热爱和身为山城之子的自豪之情，又刻画了巴渝儿女豁达爽朗、勤劳聪慧、吃苦耐劳的性格特征和自强不息、开拓进取的品质共性，展示了重庆壮美的自然风貌和深厚的文化底蕴在重庆地域性格上的完美结合（图7.18）。

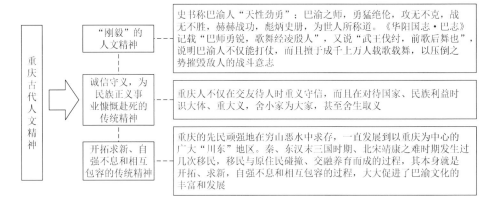

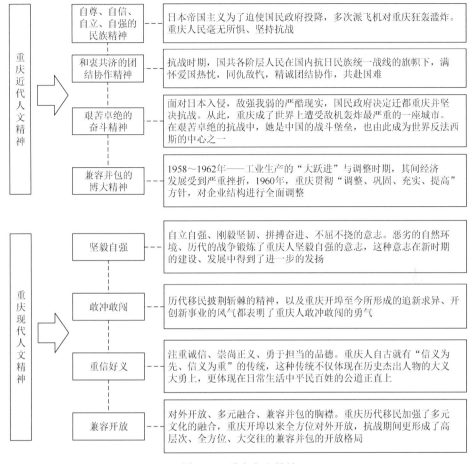

图 7.18　重庆人文精神

7.2.6　地域景观

"朝辞白帝彩云间，千里江陵一日还。两岸猿声啼不住，轻舟已过万重山。"

——李白

（1）山地森林地貌造就了重庆独特的自然景观

重庆是中国著名的旅游地（图 7.19），江河山川是上天赐予她的礼物，以独特的景观吸引八方游人，其中以峡谷风光为代表，集山、水、林、泉、峡洞于一体，融巴渝文化、移民文化、三峡文化、陪都文化、美食文化于一炉。

（2）长江三峡

重庆以壮丽的大江峡谷的三峡工程，神奇的湖光山色，雄奇的长江三峡，灿烂的古三国文化、三峡文化和天下奇特的名胜古迹为特色。其主要景点有长江三峡、涪陵白鹤梁水文碑林、丰都名山、忠县石宝寨、云阳张飞庙、奉节白帝城、大宁河小三峡（图 7.20）。

图 7.19　重庆自然景观

西陵峡　　　　　　　　　　　巫峡　　　　　　　　　　　瞿塘峡

水文碑林

水文碑林　　　　　　　　　　张飞庙　　　　　　　　　　石宝寨

丰都鬼城　　　　　张飞庙　　　　　白帝城

图 7.20　重庆三峡美景

（3）川江号子

在重庆至巫山这段千里川江上，由船工集体劳动所产生的许多歌咏船工生活的水上歌谣——川江号子（图 7.21），其作为民歌中的一朵奇葩，深受海内外人士的青睐。当你有幸站在澎湃激昂的西陵峡边，当耳边传来铿锵有力、纯朴粗犷的川江号子时，你定会被这饱满激情的古老神韵所陶醉，从而去追溯千百年来巴渝大地的神韵。

图 7.21　川江号子

> "长江上水码头要数重庆，
> 开九门闭八门十七道门，
> 朝天门大码头迎客接圣，
> 千厮门花包子雪白如银，
> 临江门卖木材树料齐整，
> 通远门锣鼓响抬埋死人，
> 南纪门菜篮子涌出涌进，
> 金紫门对着那府台衙门，
> 储奇门卖药材供人医病，
> 太平门卖的是海味山珍，
> 东水门有一口四方古井，
> 对着那真武山鱼跳龙门。"

1987年7月，法国阿维尼翁艺术节组织"世界大河相会在塞纳河"的民间艺术交流活动，蔡德元等重庆船工应邀前往，当他们将万千长江船工用血和汗凝成的呼亮歌声洒向舞台时，来自世界各地的观众和民歌手都惊呆了。国际友人用"江河音乐"的称谓来赞美蔡德元等人演出的川江号子，说它完完全全"体现了中国对传统民间艺术的重视"。

（4）山城夜景

山城夜景自古雅号"字水宵灯"，汇于此，形似古篆书"巴"字为清乾隆年间"巴渝十二景"之一。因长江、嘉陵江蜿蜒交，故有"字水"之称。"宵灯"更映"字水"，风流占尽天下。

因为城市是倚山而筑，建筑层叠耸起，错落有致，道路盘旋而上，蜿蜒曲折，加上主城所在的渝中半岛三面临江，所以欣赏这座城市惊艳的最好时机莫过于夜晚灯火辉煌时，奇特的山地河流加上现代化的高层建筑，辅以光怪陆离的霓虹灯光，夜的重庆更是流光溢彩，气势磅礴（图7.22）。

（5）中心都市

重庆中心城区是一座由长江和嘉陵江环抱的山水森林城市，城在山中，山在水中，水在城中，浑然天成，以山地建筑城市景观、现代大都市氛围、抗战历史遗迹、巴渝文化风情为主要特色。其主要景点：朝天门广场、解放碑购物中心、人民大礼堂、红岩革命纪念馆、歌乐山烈士陵园（图7.23）。

"云之上、山之巅、江之畔——我们俯瞰重庆、瞭望重庆，浏览重庆、亲近重庆。

那是一座会生长、会增高的山城——巨型石笋一般林立的高楼，比山峰更高的高楼，如此鲜明、鲜亮、鲜活地从茫茫雾气中钻出来，露出挺拔的脊椎与高昂的头颅，将人们记忆中关于山城往昔的阴霾尽兴驱散……人说，重庆起步虽晚但

光影的城市

站立的城市

图 7.22　重庆夜景

解放碑　　　　　　渝中半岛　　　　　　码头　　　　朝天门

现代都市　　　抗战遗迹　　　巴渝风情

洪崖洞　　　　奥体中心　　　磁器口　　　　三峡博物馆

人民大礼堂　　　　歌乐山烈士陵园

图 7.23　重庆都市景点

起点颇高，西有大巴山、东有巫山、东南有武陵山、南边有大娄山，群山簇拥的重庆，城高一尺，山高一丈，重庆因而站在了时代的最高点。"

——引自张抗抗《俯瞰重庆》

7.2.7　城市发展

重庆城市发展历程及形态。

巴国至蜀汉——川东区域军政中心。

宋代至明清——因商而兴，从城邑到城市。

近代至陪都——内迁而盛，多功能中心城市。

中华人民共和国成立至直辖——内向西发展，组团式结构成雏形。

当代及未来——直辖统率，现代化中心城市（图7.24）。

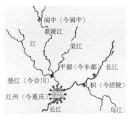

(a) 春秋战国巴国位置示意图

(b) 明代重庆城市形态示意图

(c) 清代重庆府治全图

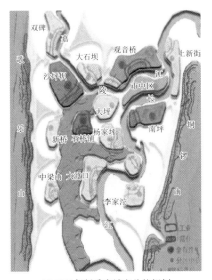

(d) 1983年版重庆城市总体规划

(e) 主城空间布局结构(2007～2020年)

图 7.24　重庆城市发展历程及形态

　　重庆是一座有着 3000 年历史的文化古城，在独特的山地水系环境中，她从一个封闭的城堡，发展为开放的、连接我国中西部的战略枢纽，从古代的区域军政中心，发展为立足于中国内陆，面向亚洲四海的国际性名城（图 7.25）。

1985年东水门

1910年朝天门

近代交通方式

1936年首条市郊公路

1915年重庆首家商业银行　1927年修建的嘉陵江码头

1945年客运缆车 1950年"解放碑"　1952年西南行政委员会大礼堂

20世纪60年代城市风貌

20世纪80年代城市风貌

20世纪90年代城市风貌

城市天际轮廓线——2020年重庆渝中半岛形象设计

图 7.25　重庆城市的过去和未来

7.2.8　经济发展

　　重庆从采集经济状态发展到现代经济状态，经历了漫长的历程，自然地理状况和资源条件是重庆经济发展的客观物质基础。

重庆市中心区处于两江交汇处，是西南地区与长江中下游及海外联系的水运枢纽，两江干流使重庆市成为西南唯一的内河外贸港口，也使重庆经济成为长江大流域经济的重要组成部分。

重庆的崇山峻岭中蕴藏着丰富的煤、天然气、石英砂等非金属矿藏，水资源和水能资源相当丰富，为工业化提供了良好的自然条件，是重庆成为全国老工业基地的基础。

重庆夏日漫长炎热，秋末、初春多雾，多春旱、伏旱等灾害性天气，此种气候条件在一定程度上会影响农业发展，但却有利于柑橘、茶叶等亚热带经济作物的种植，为重庆高效农业发展提供了条件。

7.2.9 人居环境

世界的发展必须将城市、生态、人类的发展相融合，面对自然环境的恶化，人口增长的压力，未来的重庆应该结合自身独特的山地森林风貌特色，走可持续发展的城市发展道路。

（1）生态之路

城市发展继续完善组团式的城市结构形态，充分利用山地资源条件；构建城市森林绿地系统，让城市拥有更多的绿地、更好的生态、更宜居的生活环境。

（2）科技之路

城市工业等各项事业以科技发展为先导，发挥重庆老工业及科技优势，以科技发展带动城市经济发展，走一条现代化的、环保的集约型发展道路。

经过改革开放、直辖十年，当今的重庆已发展成为中国西部最大的多功能的现代工商业城市，长江上游的经济中心，以山地水系为特色的国际旅游名城。面对未来世界的环境、资源、人口等挑战，重庆的城市发展既要传承千年的山地文化，保护城市生态资源，又要满足现代城市发展功能需求，走一条生态、科技的城市发展之路，打造宜居的山地森林国际名城。

（3）森林城市

合理保护利用重庆特色山地水系生态资源，应用生态、科技等手段，构建生态宜居的森林城市。实现"人与自然"之间的平衡和"人与人"之间的和谐，最终达到"人-城市-自然"的和谐交融。

7.3   2010 年上海世博会重庆馆方案展示

7.3.1   灵感来源

（1）江

长江和嘉陵江孕育了重庆悠久而璀璨的历史。通过两条在空间穿梭的雕塑般的灯带来表现长江和嘉陵江，灯带和谐地连接起重庆的过去、现在和指引通往未来的道路。光带是动态的，是流动着的。光带也是一个闪亮的、互动的、令人惊讶的舞台，它有着"黄河之水天上来"的气势，却又娓娓地述说着重庆的故事。

（2）山地

重庆——一座站立着的城市，座座大山赋予重庆特殊的地貌，而重庆人民靠着愚公移山精神，在起伏山地上因地制宜建造了独特的山地城市。重庆馆的建筑形态寓意大山之粗犷，从展馆正立面看去，既是抽象重叠的山地形态，又是现代时尚的城市建筑，不封闭的展馆前厅，宽敞的入口等待区，充分显示了长江上游地区经济中心城市的大气、开放和现代，吸引了过往游客相聚于此。

（3）森林

重庆人创造了山地城市建设的辉煌，却没有因此而止步，他们审视着世界城市发展史，以可持续发展的眼光憧憬着未来的重庆，一座生态的、宜居的、人与自然和谐相处的城市。展厅建筑体均使用环保材料，并从美学上用树的形态对其进行修饰，使游客仿佛置身大自然的怀抱，切身体会未来重庆的神韵。

7.3.2   河中的历史，历史的长河——设计说明

（1）设计核心理念

以"追溯城市历史，面向美好未来"为设计出发点，体现"城市，让生活更美好"的世博会主题。以"两江、山地、森林、城市"为设计形式与结构，体现重庆区别于其他城市的唯一性，即重庆馆主题"山地森林城市"。

以"两江环城"为引导线，用时间与序列串联起重庆城市的历史文明、当代发展、未来蓝图，即"生态足迹、社会足迹、城市足迹"三大副主题。以世界展览界最新的科技、材料、方法为技术支撑，创造一个科技的、绿色的、互动的重庆馆。

（2）概念提取

重庆两江交汇处的渝中半岛城市形态为山城起源，承载历史，嘉陵江与长江作为重庆的母亲河，渝中半岛作为重庆城市的发源地，几千年来养育了这一方人，

更是承载了重庆深厚的历史文脉,浓缩了 3000 年来重庆的历史变迁和经济、社会、文化等多方面的成就（图 7.26）。

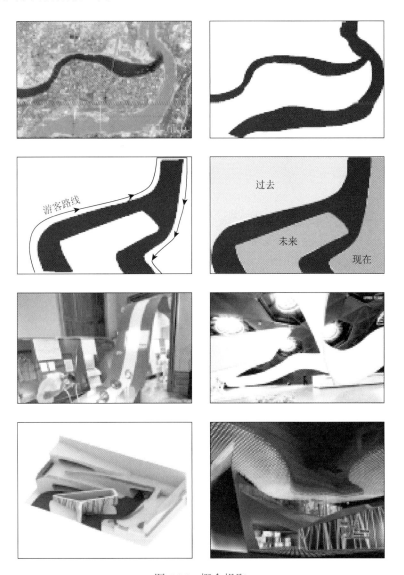

图 7.26 概念提取

重庆核心，引领未来。渝中半岛从古至今一直都是重庆城市的中心，在重庆未来的城市规划中，渝中半岛地带也是引领城市发展的核心地带，是展现未来重庆城市美好生活的最具代表性之处。

山地水系，世界唯一。渝中半岛两江环城的形态是重庆山、水、城交融的城市格局的完美体现，山城、水城、森林之城作为重庆的标志，是重庆区别于世界任何其他城市的最显著特征。

（3）设计构思

以重庆两江的线性形态作为展馆外部的视觉焦点与展示的序列引导线，以渝中半岛山地森林城市的特征作为展馆的形态构成与展区划分。

叙述城市的过去、现在、未来：以两江的自然形态把展馆有机地划分为三个主要展区，以江水为引导线，引领参观者体验重庆的过去、现在和未来。体验山地森林城市的城市形态以极具雕塑感的建筑形态，结合现代声光电技术，抽象模拟重庆的立体城市形态，使参观者在有限的展厅内便能对重庆独特的山地森林城市形态有最直观的体验。

提供参观者亲身体验城市的参与互动区：应用当代最新的展示技术，为参观者设置参与和互动设施，使重庆馆不但是一个包含大量信息的传统展馆，更是一个可以使参观者亲身体验城市的现代高科技展馆。联系人与自然、传统与现代把人与自然和谐发展的未来城市发展理念，以及重庆历史传统与未来发展一脉相承的理念贯穿于展示设计始终，在展示设计中不但有高科技的展示方式和技术手段，也有文物、图片等传统的展示手法。

参 考 文 献

柏春. 2011. 城市路网规划中的气候问题. 西安建筑科技大学学报（自然科学版），43（4）：557-562

陈昌笃. 1992. 十年来的我国景观生态学和全球生态学. 生态学杂志，（1）：15-16

陈遐林，汤腾方. 2003. 景观生态学应用与研究进展. 经济林研究，21（2）：54-57

程光华，翟刚毅，庄育勋. 2013. 城市地质与城市可持续发展. 北京：科学出版社

范弢，杨世瑜. 2009. 旅游地生态地质环境. 北京：冶金工业出版社

方可. 1998. 西方城市更新的发展历程及其启示. 城市规划汇刊，（1）：59-61

方倩，崔功豪，朱喜钢. 2003. 2000 年东京都市区战略规划评介. 国际城市规划，18（5）：41-44

房志勇. 2000. 传统民居聚落的自然生态适应研究及启示. 北京建筑大学学报，（1）：50-59

冯明，张先，吴继伟. 2007. 构造地质学. 北京：地质出版社

高娟，吕斌. 2009. "生态规划"理论在城市总体规划中的实践应用——以唐山市新城城市总体规划为例. 城市发展研究，16（2）：133-137

顾红男，邓希怡. 2014. 边缘绿地：冲沟地形下的山地城市设计策略. 规划师，（3）：32-37

洪志猛，叶功富，方添明，等. 2006. 城市森林结构格局的建设理念及合理布局. 林业勘察设计，（2）：30-33

黄光宇. 2006. 山地城市学原理. 北京：中国建筑工业出版社

黄光宇. 2005. 山地城市主义. 重庆建筑，（1）：2-12

黄光宇，黄莉芸，陈娜. 2005. 山地城市街道意象及景观特色塑造. 山地学报，23（1）：101-107

黄光宇，杨培峰. 2002. 城乡空间生态规划理论框架试析. 规划师，18（4）：5-9

黄海静. 2002. 壶中天地　天人合一——中国古典园林的宇宙观. 土木建筑与环境工程，24（6）：1-4

黄明华. 2008. 生长型规划布局——西北地区中小城市总体规划方法研究. 北京：中国建筑工业出版社

亢亮，亢羽. 1999. 风水与建筑. 天津：百花文艺出版社

克罗基乌斯 B P. 1982. 城市与地形. 钱治国，王进益，常连贵，等译. 北京：中国建筑工业出版社

李连璞，刘连兴，赵荣. 2004. "天人合一"思想与中国传统民居可持续发展. 西北大学学报（自然科学版），34（1）：114-117

李团胜，刘康. 2004. 生态规划——理论、方法与应用. 北京：化学工业出版社

李晓江，吕斌，梁鹤年. 2006. 和谐规划自由论坛. 城市规划，（12）：57-64

李尹博. 2013. 重庆山地多中心组团城市的有机形态研究. 重庆大学硕士学位论文

李媛，周平根. 2000. 我国西部地区地质生态环境问题及演化趋势预测. 中国地质灾害与防治学报，11（4）：78-82

刘滨谊，温全平，刘颂. 2008. 城市森林规划的现状与发展. 中国城市林业，6（1）：18-23

刘常富，李海梅，何兴元，等. 2003. 城市森林概念探析. 生态学杂志, 22（5）：146-149

卢济威，王海松. 2001. 山地建筑设计. 北京：中国建筑工业出版社

马克明，傅伯杰，陈利顶. 2004. 景观生态学原理及应用. 北京：科学出版社

马库斯 GC, 弗朗西斯 C. 2001. 人性场所——城市开放空间设计导则（第二版）. 俞孔坚，孙鹏，王志芳，等译. 北京：中国建筑工业出版社

芒福德 L. 1989. 城市发展史——起源、演变和前景. 倪文彦，宋俊岭，译. 北京：中国建筑工业出版社

毛华松，张兴国. 2009. 基于景观生态学的山地小城镇建设规划——以重庆柳荫镇为例. 山地学报, 27（5）：612-617

蒲蔚然，刘骏. 2004. 城市绿地系统规划与设计. 北京：中国建筑工业出版社

齐康. 1997. 城市环境规划设计与方法. 北京：中国建筑工业出版社

任超，袁超，何正军，等. 2014. 城市通风廊道研究及其规划应用. 城市规划学刊，（3）：52-60

沙里宁，1986. 城市：它的发展、衰败与未来. 顾启源译. 北京：中国建筑工业出版社

宋永昌，由文辉，王祥荣. 2000. 城市生态学. 上海：华东师范大学出版社

唐子来. 1997. 西方城市空间结构研究的理论和方法. 城市规划学刊，（6）：1-11

王树声. 2009. "天人合一"思想与中国古代人居环境建设. 西北大学学报（自然科学版），39（5）：915-920

王玉杰，解明曙，张洪江. 1997. 三峡库区花岗岩山地林木对坡面稳定性的影响研究. 北京林业大学学报，（4）：7-11

韦少港. 2011. 城市地质学与城市规划研究探讨. 江西科学，29（3）：343-349

温全平. 2008. 城市森林规划理论与方法. 同济大学博士学位论文

文毅，毕凌岚. 2013. 城市路网密度对绿地系统生态效能影响初探. 四川建筑，33（3）：10-12

吴菲，李树华，刘娇妹. 2007. 城市绿地面积与温湿效益之间关系的研究. 中国园林，23（6）：71-74

吴良镛. 2001. 人居环境导论. 北京：中国建筑工业出版社

吴良镛. 2009. 中国建筑与城市文化. 北京：昆仑出版社

吴勇. 2012. 山地城镇空间结构演变研究. 重庆大学博士学位论文

武前波，崔万珍. 2005. 中国古代城市规划的生态哲学：天人合一. 现代城市研究，20（9）：45-49

解明曙. 1990. 乔灌木根系固坡力学强度的有效范围与最佳构组方式. 水土保持学报，（1）：17-24

徐静. 2013. 基于生态安全格局的丘陵城市空间增长边界研究. 湖南大学硕士学位论文

许兆义，李进. 2010. 环境科学与工程概论（第二版）. 北京：中国铁道出版社

闫水玉，王正，赵珂. 2010. 重庆云阳县城可持续的城市形态规划. 城市规划，34（6）：75-79

闫水玉，杨柳，邢忠. 2010. 山地城市之魂——黄光宇先生山地城市生态化规划学术追思. 城市规划（山地城市生态化规划专版），34（6）：69-74

杨柳. 2005. 风水思想与古代山水城市营建研究. 重庆大学博士学位论文

叶功富，洪志猛. 2006. 城市森林学. 厦门：厦门大学出版社

叶镜中. 2003. 城市森林的布局模式与"绿色南京"营建. 南京林业大学学报（人文社会科学版），3（1）：13-15

叶骁军，温一慧. 2000. 控制与系统——城市系统控制新论. 南京：东南大学出版社

殷志强，陈红旗，褚宏亮，等. 2013. 2008 年以来中国 5 次典型地震事件诱发地质灾害主控因素

分析. 地学前缘, 20 (6): 289-302

曾卫, 陈雪梅. 2014. 地质生态学与山地城乡规划的研究思考. 西部人居环境学刊, (4): 29-36

张泉, 叶兴平. 2009. 城市生态规划研究动态与展望. 城市规划, 259 (7): 51-58

张庭伟. 2001. 1990 年代中国城市空间结构的变化及其动力机制. 城市规划, 25 (7): 7-14

张霄鹏. 2004. 浅析古代风水学的科学性. 西安建筑科技大学学报 (社会科学版), 23 (1): 43-49

赵明, 苏开君, 王光, 等. 2011. 广州"绿色亚运"增绿行动计划总体构思. 中国城市林业, 9 (2): 13-15

赵燕菁. 2004. 空间结构与城市竞争的理论与实践. 规划师, 20 (7): 5-13

邹德慈. 2002. 城市规划导论. 北京: 中国建筑工业出版社

左进. 2011. 山地城市设计防灾控制理论与策略研究. 重庆大学博士学位论文

Barradas V L. 1991. Air temperature and humidity and human index of some city parks of Mexico City. International journal of biometeorology, 35 (9): 24-28

Forman R T R. 1995. Land Mosaics: The Ecology of Landscape and Regions. Cambridge: Cambridge University Press

Miehe G, Kaiser K, Co S, et al. 2008. Geo-ecological transect studies in northeast Tibet (Qinghai, China) reveal human-made mid-holocene environmental changes in the upper Yellow River catchment changing Forest to grassland. Erdkunde, 62 (3): 187-199

Miller N L, Jin J, Tsang C. 2005. Local climate sensitivity of the Three Gorges Dam. Geophysical Research Letters, 86 (3): 101-120

Oke T R. 1981. Canyon geometry and the nocturnal urban heat island: comparison of scale model and field observations. Journal of Climatology, 1 (3): 237-254

Olehowski C, Naumann S, Fischer D, et al. 2008. Geo-ecological spatial pattern analysis of the island of Fogo (Cape Verde). Global and Planetary Change, 64 (3-4): 188-197

Sun Y, Püttmann W, Kucha H. 2001. Geochemical characteristics of a veinlet kupferschiefer profile from the Lubin Mine, southwestern Poland. Acta Geologica Sinica (English Edition), 75 (1): 66-73

Yeh T, Wetherald R T, Manabe S. 1984. The effect of soil moisture on the short-term climateand hydrology change-a numerical experiment. Monthly Weather Review, 112 (3): 474

Yin C, Zhao M, Jin W, et al. 1993. A multi-pond system as a protective zone for the management of lakes in China. Hydrobiologia, 251 (1-3): 321-329

附　　录

附件一

关于反馈主题陈述方案评审意见的函

重庆市人民政府办公厅：

　　根据上海世博会组委会联络小组印发的《〈省、自治区、直辖市参与 2010 年上海世博会方案〉实施细则》（世博组委〔2008〕227 号）和《关于请提交参与上海世博会主题陈述和首轮参与方案的通知》（世博组委〔2008〕273 号），贵市向组委会联络小组提交了主题陈述方案。组委会联络小组会同上海世博局组织专家对方案进行了评审，现将专家评审意见反馈如下：

　　一、贵市提交的主题陈述方案符合上海世博会主题陈述的基本要求，充分体现了贵市的特色。

　　二、专家从各自不同角度提出了一些具体建议，供参考：

　　1. 以"山地森林城市"为主题，体现了重庆城市发展的定位，主题鲜明，有一定深度，兼具国际视野和对未来城市发展的思考。

　　2. "生态足迹、城市足迹、社会足迹"三个副主题演绎逻辑性强，但尚未找到一条明晰的主线，结构需要进一步优化。

　　3. 山地、森林是自然背景，还应深入探讨人文内涵并明确通过展示要达到的效果；两者应均衡处理，否则，内容会显得单薄。

　　4. 方案表述较理论化，如何用通俗易懂、鲜明生动、视觉冲击力强的表现方式将其呈现出来，是展示设计的难点和关键。

　　5. 方案中提出了很多值得关注的问题，如人类发展和自然矛盾如何解决、不合理的老工业的发展如何转变等，但没有具体的内容支撑，对展示方案的准备仍有欠缺，建议在展示设计时进一步完善。

　　根据上海世博会组委会总体工作安排，请贵市及时将展示筹办工作重点由主题陈述转到主题落地、展示方案策划设计，并全面开展论坛、活动、网上世博会等各项筹备工作。

　　此函。

上海世博会组委会联络小组（章）

二〇〇八年十月十六日

附件二　专家意见

夏骏：1986 年硕士研究生毕业进入中央电视台；1995 年参与创办《新闻调查》后任制片人；2000 年任银汉传播公司总经理；2002 年至今任长河文化企业董事长。1986 年进入中央电视台任编辑、记者。历任中央电视台中国国际电视总公司节目制作部副主任、中央电视台新闻中心《新闻调查》制片人、北京电视台七频道运营总裁、《中华遗产》杂志社主编等。现任：华人文化集团董事局执行主席；北京科影中视文化发展有限公司影视制作中心总编辑；中国广播电视协会纪录片委员会副会长；中华民族文化促进会常务理事；2010 年上海世界博览会顾问。

主题定位有特色，是比较符合世博会风格的一个方案。主题集中，几个板块也分得有特色，但考虑到有限的几百平方米空间，还有简约集中的空间。主题集中，有深度。展览语言部分还不具体，这可能是下一工作期的任务。地方特色鲜明，与其他省（自治区、直辖市）区别鲜明。有亮点，主线鲜明。未来空间也有基础了。技术实现这方面还不明确。其他建议：这是目前所看到的方案比较成功的一个方案，主要是理念符合世博会风格。下一步如果在形式感上提纯集中，形成有震撼力的形态，则可能是一个不错的个案。

徐泓：女，中共党员，生于 1946 年 7 月。北京大学新闻与传播学院教授、博士生导师。曾获国务院颁发的政府特殊津贴。1998~2002 年初在中国人民大学新闻学院任教。教授，博士生导师。中国人民大学新闻与社会发展研究中心专职研究员，新闻与传播研究所所长。清华大学人文学院兼职教授。在 1998 年到大学任教以前是高级记者，曾任中国新闻社北京分社社长。首都女新闻工作者协会副理事长。从事以对外报道为主的新闻工作 20 多年来，发表各种体裁的新闻作品约 200 万字，多次获得全国性新闻奖。人民出版社出版了其人物采访专著《大人物小人物》。到高校任教以后，教学与科研方向为新闻实务研究与对外报道研究。与刘明华、张征合作的《新闻写作教程》，已作为 21 世纪新闻传播学系列教材由中国人民大学出版社出版。

符合山地森林城市的主题：山地森林城市。既抓住了重庆的地域特色，又从国际角度与未来城市发展模式上给予了智慧的回答。三点都符合地方特点展示创意：主题演绎有鲜明的主线，有很强的个性特征，又能回答城市发展中共性的问题"人-城市-自然"的和谐。副主题演绎逻辑性强，结构很好。其他建议：①这是主题演绎做得最好的一个方案。我认为关键在于重庆市领导在指导城市发展时思路非常清晰，抓住要领。重庆市的发展，是在多次讨论、集中各方智慧后形成的一个规划，符合科学的发展观，又结合本地实际有较大的理念创新。由此可见，"地方馆"能否做出特色与思路，真是对各地领导智慧的考验。②理论、逻辑都没有问题了，现在的关键是用什么样的展览内容与形式能够通俗易懂、鲜明生动、视觉冲击力强地表现出"山地森林城市"这个极其重要的概念。

朱良志：北京大学哲学系美学专业博士生导师，1955 年生，安徽滁州人，主要研究领域是中国美学和中国艺术。出版专著多种:《大音希声：妙悟的审美考察》《中国艺术的生命精神》《扁舟一叶：理学与中国画学研究》《石涛研究》《曲院风荷：中国艺术论十讲》《中国美学十五讲》《生命清供：国画背后的世界》。

符合世博会基本要求以山地、森林设计重庆城市方案，有特色，主题明确，表达的理念好。但展示内容线索还不够清晰。方案有深度，主题有特色，基础的结构比较好，对重庆城市发展描绘也比较客观。有地方特色，与其他省（自治区、直辖市）不冲突。有亮点，如山地、森林等与历史文脉的互动。可行性强。请注意人文方面的内容，山地、森林都是自然背景，如果处理不当，会显内容单薄。

穆荣平：中国科技大学理学学士、硕士，德国柏林工业大学哲学博士。现任中国科学院科技政策与管理科学研究所所长、研究员、博士生导师。中国科学院评估研究中心主任，中国高技术产业发展促进会理事、副秘书长，中国科学学与科技政策研究会副理事长兼科技政策专业委员会主任，《科研管理》期刊主编。长期从事科技政策、技术管理、高技术产业国际竞争力评价等研究，主持了多项国家和中国科学院重大研究项目，为"中国未来二十年技术预见研究"项目主持人和首席科学家。1999 年、2000 年先后获得中国科学院科技进步奖三等奖、北京市科技进步奖三等奖各一项。

基本符合要求。但是需要进一步修改。方案总体演绎逻辑清晰，结构还需要进一步优化，重点还需要进一步提炼。展示目标突出了重庆特色展示。展示主题"山地森林城市"和三个副主题"生态足迹、城市足迹、社会足迹"很好地突出了重庆的地域特色和文化内涵。展示内容已经形成了较好的结构，从山地、森林到山地森林城市，深度挖掘了地方特色和文化内涵，有一定故事化特征。展示举例基本能够反映展示内容，但仍需进一步提炼和精简。理念阐释合理。方案从探索城市与自然的关系开始，以人的生存、生活为核心，分析重庆原始地貌起源、讲述重庆独特的山地特征、探究 3000 年山地之城的内涵，提出重庆是世界上唯一的山地森林城市，深化和丰富了主题内涵。展示内容蕴涵了值得倡导的价值观。

展示语言基本客观、有逻辑性、可读性。展示内容基本是采用了规范的展览语言，没有过分炫耀和夸大内容，但内容仍需要更加通俗易懂化。

方案很有特色，体现了重庆地方特点和特有的历史文脉。与其他地区没有冲突和重复。

展示创意总体可以，主线清晰，亮点突出，为具体设计提供了较大的创新空间。但是，这些都需要进一步细化。

在方案基础上能够形成展示脚本。但是，展示仍然需要进一步发现和采用一些新技术手段，优化展示效果。

王磐岩：中国城市建设研究院有限公司副总经理、住房和城乡建设部风景园林专家。

山地森林城市的主题很新颖，既体现了重庆的特点，又结合世博会的主题。展示主题的演绎思路清晰，主题演绎构架明确，但展示内容单薄，有了山的表现，有了水的说明。但城市的主体——人的作用表现得较少，不确定主办者希望通过展示达到怎样的目的。有深度，但内容不够，展示语言的运用比较欠缺。地方自然特色较突出，人文特色不足。主线不够鲜明。看不出如何在有限的展示空间内表现主题，如何给观众以深刻的体验。请尽快形成展览脚本，并要注意技术实现手段上的多样化，注意与观众的互动。方案的整体构架是清晰的，但内容准备不足。例如，人类发展与自然的矛盾是如何解决的？不合理的老工业的发展是如何转变的？有哪些可借鉴的思路与做法？只有提法，没有具体的内容支撑，特别是对展示方案的准备更是欠缺，请尽快完善。

吴建中：1956 年 5 月生于上海。1978 年华东师范大学外语系日语专业毕业后留校任教。1982 年攻读该校图书馆学专业，获文学硕士学位。1982 年起在上海图书馆工作，先后从事外文采编、联合国文献资料管理等工作，1985 年任上海图书馆副馆长。1988 年在英国威尔士大学学习图书馆学与情报学，其中 1989～1990 年任职于威尔士国家图书馆，1992 年获威尔士大学哲学博士学位。1992 年回国。1995 年 9 月上海图书馆与上海科技情报研究所合并，任副馆长和副所长。社会职务有：中国 2010 年上海世博会主题演绎顾问，上海市图书馆行业协会会长，中国图书馆学会副理事长，上海市图书馆学会理事长，国际图书馆协会联合会管理委员会两届委员（2001～2003 年，2003～2005 年）、出版委员会和专业委员会（2001～2003 年）委员，国际知名专业杂志 *Libri* 和 *Library management* 编委，日本《终身教育与图书馆》杂志编委，上海交通大学、华东师范大学和南京政治学院兼职教授，硕士和博士生导师。2002 年获国务院专家特殊津贴。2006 年入选上海市领军人才培养计划。

重庆提出山地森林城市模式作为本次地区馆的主题，从既能使城市人享受现代科技文明，又注重与自然生态环境协调作为城市发展的目标，具有独特性。主题演绎基本符合上海世博会的主题。展示的理念和思路比较清晰，结构合理，但缺乏主题呈现内容。如何展现、展现什么不是很清楚。

对主题的理解有一定深度。但希望把 3200 万重庆人民如何把面对一个本不适宜居住的城市的故事讲生动，不仅需要理论的表述，而且要有可展示、通俗的表现方式。而主题陈述在这方面没有展开。

具有强烈的地方特色。有亮点，但也有难点。①建议把如何让本不适宜居住的城市的生活变得美好方面通过可展示的故事表达清楚。不仅在理论上更有说服力，而且在展示上更有表现力，在这方面还应多下一些工夫。②建议在主题呈现方式上突出某一方面的重点，如水的处理，或如交通的处理等，不要面面俱到，600m^2 的空间要把所有的故事讲清楚不容易。

郑时龄：1941 年 11 月生，中国科学院院士，1965 年毕业于同济大学建筑学专业，1993 年获同济大学建筑历史与理论专业博士学位。曾任同济大学建筑与城市规划学院院长、同济大学副校长等职。现为同济大学建筑与城市规划学院教授，同济大学建筑与城市空间研究所所长，同济大学中法工程和管理学院院长。还担任中国建筑学会副理事长，国务院学科评议组成员，法国建筑科学院院士，美国建筑师学会荣誉资深会员。

以山地森林城市作为主题，似乎还只是自然的层面，还应深入探讨人文方面的内涵，而且，山地森林城市可以用于表述许多其他的城市。在进行主题阐述的过程中，偏重概念，缺乏实际内容和案例，更多的是雄壮的口号。立意很高，如提出要站在世界城市发展的角度去搜寻、思考未来城市发展之路，但是没有具体的思路。

缺乏具体的展示目标，有中心思想，但是不能说明用什么展示内容来表述，无法用结构化和故事化的方式展示。整篇陈述犹如政府报告，比较空洞。方案试图理解展示主题，但是缺乏对重庆城市发展现状的理解，同时也无法用展览的语言表现。说明报告撰写者对展示主题缺乏深入的理解。陈述报告没有涉及重庆的特点，"山地森林城市"可以适用于许多城市，缺乏唯一性的表述。缺乏鲜明的主线，无法为下一步的具体设计提供想象空间。在目前情况下技术上能否实现，很不乐观，不能形成展览脚本，也无法判断是否有操作性。

希望重庆市能重视世博会的展示机遇。

注：曾卫教授工作团队在认真听取各位专家的意见后，对重庆馆设计方案做了相应的修改和完善，并呈现出了一个较为优秀的设计方案。

附件三

重庆馆主题确定为"山地森林重庆"

2009/7/27 15:19:51 ［稿源：新华网］ ［编辑：蔡娟］红网官方微博

明年召开的上海世博会，重庆应该以什么形象向世界展示？昨日，记者从上海世博会重庆参展工作领导小组办公室获悉，重庆馆的主题已经确定——"山地森林重庆"。

重庆馆主题　从上百方案中选出

"此次的主题陈述方案，是专家从数百个方案中确定的。"上海世博会重庆参展工作领导小组办公室一负责人说。何为主题陈述方案？该负责人打了个比方，比如装修房子，首先得确定装修的方案和格调。主题陈述方案，就是上海世博会重庆馆的布展方案，它确定了重庆馆究竟展现什么主题。

据了解，此次主题方案，是从社会上征集的方案中"海选"出来的。"我们总共收到了数百个方案。"该负责人介绍，最后经过专家的层层筛选，近日重庆馆的主题才确定为"山地森林重庆"。

重庆馆的主题为何定为"山地森林重庆"？昨天，这一主题的主要设计者之一的曾卫说，因为这是重庆的"唯一"。曾卫是重庆大学建筑城规学院的教授，"山地森林重庆"就是他带领的团队设计出来的。曾卫说，要告诉世界重庆什么样，就必须找到重庆"唯一"的东西，"山地森林，就是重庆的唯一"。

记者：为什么说"山地森林"是重庆的"唯一"？

曾卫：世界很多城市都有山地，也有树木，但没有一个城市能和重庆相比。巴基斯坦有山地城市，但没有森林；瑞士有山地也有森林，但城市规模不大。重庆城市建在山川丘陵与蜿蜒河流交汇一体的地方，历经千年。并且在不适合居住的地方，重庆人民安居乐业，并以重庆为自豪。这本身就是一个奇迹，就是区别于其他城市最显著的地方。在世界上，重庆是最大的"山地森林城市"，这是重庆的"唯一性"。

记者："山地森林重庆"的主题，还有什么寓意？

曾卫：森林一直被视为"生命的载体"，因此，在"山地森林重庆"主题中的森林，其实有三层含义。一是树木，二是代表生态，三是社会和谐。

将重庆定为"森林重庆"，也是"和谐重庆"。因此，重庆馆要展示的除了重庆的地理特点、生态环境之外，还将展示重庆经济的发展、社会的和谐。

记者：如何展现这个主题？

曾卫：在设计上，可以围绕"3个足迹"，来解析"山地森林重庆"。

一是生态足迹，主要从地质起源入手，以地貌特征展现重庆独具特色之处，以西南枢纽的区位发展展现重庆发展的地理优势，以3000年城市发展历史展现森林城市的形成过程。二是社会足迹，以巴文化、丰都鬼文化、巫山巫文化等故事展现重庆文化底蕴，以陪都文化及抗战遗迹展现重庆人文精神，以重庆大剧院、三峡博物馆展现新重庆文化。三是城市足迹，从构建森林宜居城市的角度，以主城两江四岸为核心的城市群展现山地森林城市体系，以老工业基地展现重庆城市经济发展史，以面向未来的新兴产业展现重庆新的经济增长方式，以森林宜居城市展现人居环境。

重庆从哪里来到哪里去？通过这个主题的展示，在上海世博会上，我们将以用世界能听懂的语言，告诉世界。

后　记

　　十年过去了，《山地森林城市》这本书终于画上了句号。从十年前的一次思想冲动或是创意，到最终形成了较完整的理论框架，前后经过了长期的知识积累和反复的推敲。

　　走向《山地森林城市》是一个必然！

　　我认为我是一个有着"山地"和"森林"情结的人，父母都是土生土长的山城重庆人。父亲早年在商务印书馆（重庆）工作，随后为支援边缘山区到达雅安；母亲抗战时期在重庆读书，随后也同父亲一道到了雅安。父母工作变迁前后都是在山地城市，很显然我就成了在山地和森林这样的城市进进出出的人。重庆是山地城市，地处嘉陵江与长江流域，环境气候条件适宜森林生长。雅安更是一个山水相间、适合森林生长的城市。记得我在农村当知青时，经常挖地、耙田、担粪、栽秧、打谷子、拉船、上山砍柴、烧荒等，所有这些活都是在山上、河流和森林之间。在父母文化素养影响下，我自然会想到要做一个读书人；在山地和森林自然环境中长大的情况下，我自然会研究和山地与森林相关的事物。学习和做学问的过程中，我曾受教于毕业于浙江大学的姑爷爷，是他常常对我讲到：当教授应该有专著；也受教于毕业于复旦大学的幺爷爷，是他告知我不要再用简本的英语词典，随着学历的提高，词汇量要加大，就应该改用牛津大字典；更受教于我母亲，我母亲一直希望我做一个读书人，这应该源于外公，外公曾要求他的后代应该是搞学术的人。由此可见，物质环境、文化环境和自然环境必然使我会在山地森林城市研究框架下，自然而然走到书写这本书的面前。

　　2010 年中国上海世界博览会是一个契机！

　　2008 年我受邀参加 2010 年中国上海世界博览会重庆馆主题的竞标，最终我们提交的"山地森林城市"在上百个方案中被选中。那时是我从加拿大回国到重庆大学执教的第二年，我与我的研究生们讨论重庆馆主题，我强调上海世界博览会重庆馆一定要是唯一的，一定是要在世界的舞台上展现重庆市独特的魅力。我联想到重庆最被人们认知的就是"山城"；我已故的导师黄光宇教授以创建山地城市学而著名；我在加拿大麦吉尔大学建筑系的导师曾经说过：重庆山城地势险恶，气候条件等自然环境似乎是不适合人类居住的地方，居然生活着这么多的人口，而且我常常看到重庆人在这片土地上生活得很幸福；我也回想到小时候看的动画片原始森林里的各种各样的动物都生活得自由自在、各种各样的植物都生长得郁郁葱葱，那就是一个最自由自在的和谐社会、一个最完美的世界。我希望我们未来的城市应该是和谐和完美的城市——山地森林城市。

《山地森林城市》研究是一个漫长的过程。

《山地森林城市》的研究是一个相当漫长的过程，其间有我研究室许多研究生们的参与。其大致分为以下几个阶段：第一阶段（2008~2010 年）主要完成了《山地森林城市》的概念与创意研究，包括上海世界博览会重庆馆主题演绎和重庆场馆设计；第二阶段（2010~2013 年）主要完成了《山地森林城市》的城市主体框架的研究，从理论和图示语言形式到城市空间结构具象的转化，以及在规划设计中城市布局与优化；第三阶段（2013~2015 年）主要完成了《山地森林城市》理论的具体量化和在实践与运用中的规划设计等工作；第四阶段（2015~2018 年）主要完成了《山地森林城市》的部分理论梳理和出版大纲的讨论。最后由我的研究生封建负责本书的编校与整理，并且和出版社进行了交接，其间进行了文稿的反复润色和图片的更换，最终顺利完成出版。

在此，感谢我研究团队中所有参与的研究生及合作者们的辛勤付出。

感谢中国科学院院士、同济大学原副校长、同济大学建筑与城市规划学院原院长、2010 年中国上海世界博览会主题演绎总顾问郑时龄，以及其他世界博览会专家们提出的修改建议，为重庆馆主题演绎最终圆满完成做出的贡献！

最后，我还要感谢我的家人对我的支持和帮助，特别感谢父母的谆谆教诲，尤其是在动乱年代，他们依然十分关注我的学习，最终使我的中学时光没有被荒废，在 1977 年高考中，我以优异成绩考入重点大学——重庆建筑工程学院。本书的完成也表达了我对已故母亲深深的怀念。

曾　卫

2020 年 4 月 15 日